JN325931

材料学シリーズ

堂山 昌男　小川 恵一　北田 正弘
監　修

金属腐食工学

杉本 克久 著

内田老鶴圃

本書の全部あるいは一部を断わりなく転載または
複写(コピー)することは，著作権および出版権の
侵害となる場合がありますのでご注意下さい．

材料学シリーズ刊行にあたって

　科学技術の著しい進歩とその日常生活への浸透が20世紀の特徴であり，その基盤を支えたのは材料である．この材料の支えなしには，環境との調和を重視する21世紀の社会はありえないと思われる．現代の科学技術はますます先端化し，全体像の把握が難しくなっている．材料分野も同様であるが，さいわいにも成熟しつつある物性物理学，計算科学の普及，材料に関する膨大な経験則，装置・デバイスにおける材料の統合化は材料分野の融合化を可能にしつつある．

　この材料学シリーズでは材料の基礎から応用までを見直し，21世紀を支える材料研究者・技術者の育成を目的とした．そのため，第一線の研究者に執筆を依頼し，監修者も執筆者との討論に参加し，分かりやすい書とすることを基本方針にしている．本シリーズが材料関係の学部学生，修士課程の大学院生，企業研究者の格好のテキストとして，広く受け入れられることを願う．

　　　　　　　　　　　　監修　　堂山昌男　　小川恵一　　北田正弘

「金属腐食工学」によせて

　貴金属などを除いた大多数の金属は酸素などとの親和力が強く，自然界では酸化物・硫化物等の鉱石として存在している．われわれが使っている金属は精錬により鉱石を還元状態にしたものであり，金属製品は常に酸化状態に戻ろうとしている．つまり，酸化による腐食は金属の宿命である．全世界での腐食量は莫大なもので，理想的な話だが，これを半減できれば，地球環境改善にも大きな寄与となる．腐食に関する学問と技術は機械類をはじめ，電子デバイスに至るまで非常に重要な位置を占めており，生活における安全・安心にも深く関わっている．

　本書は新世代の腐食と防食の研究に長年携わってきた著者が，その成果と教育実績をもとに，電気化学を基礎にして書き上げた金属腐食工学のテキストである．学生はもちろんのこと，広く技術者にもお勧めする．

　　　　　　　　　　　　　　　　　　　　　　　　　　　　　北田正弘

まえがき

　金属材料の腐食・防食の学問と技術は，非常に奥行きの深い分野である．それは金属材料そのものの性質と使用環境の性質，そして金属材料でできた機械・装置の使用状態が関わっているためである．われわれの願いは，機械・装置の仕様や性能が時代の要求に合わなくなり，これが更新されるまで，無事安全にその機械・装置の勤めを終えさせることである．金属材料はリサイクル性の高い材料であるので，損耗もなく綺麗な形で勤めが終われば，再び新しい高性能な機械・装置として生まれ変わらすことが可能である．だが，現実には，思わぬ腐食事故によって予定よりも早期に機械・装置を更新せざるを得なくなることも稀ではない．思わぬ腐食事故が起こるのは，使用中に環境条件が変わり，あるいは金属材料の性質が変わって，環境に適合できなくなるからである．

　このような複雑な腐食現象を解明し，環境に合った金属材料の開発とその正しい利用法のための科学と技術を提供するのが金属腐食工学である．金属腐食工学は境界領域の学問である．

　著者は長い間，金属材料の腐食・防食に関する教育と研究に携わってきた．その間感じたことは，金属腐食工学に関しては，境界領域の学問であるがゆえに適当な教科書がないということである．金属腐食は電気化学的現象であるので，その基本である電気化学は教育上重要であるが，電気化学の教科書は純電気化学が主体であり，腐食にはあまり関係のない事柄が多い．一方，腐食の教科書は腐食事例とその対策が主体であり，腐食の原因になっている電気化学機構についてはほとんど触れていないことが多い．そのため，長い間，電気化学を軸とする金属の腐食に関する教科書を作りたいと考えていた．

　本書は上述のような著者の長年の思いに基づいている．電気化学を腐食現象の解明に適用するという目的の下に，基礎から応用までを解説した．著者の教育経験からすると，優秀な学生は他分野に比べてレベルが低いと感じる学問には興味を示さないものである．また，企業の研究所等で講義をすると，若い研究者の多くは他分野の大学院教育を修了しており，高度な基礎知識と腐食防食の理論との結びつきを求めているように思われる．そこで，本書では腐食の電気化学をできるだけ高いレベルまで解説した．ただし，解説の具体的対象は，鉄鋼材料を中心とする狭い範囲の金属材料に

限った．本書が大学学部高学年あるいは大学院博士前期課程の学生諸君の参考書になれば幸いである．また，企業の若手研究者・技術者諸氏の腐食技術向上の手だてとなれば大きな喜びである．

　本書の原稿の作成に当たり，材料学シリーズ監修者の方々，特に北田正弘先生からは，有益なご意見とご助言を多数頂いた．深く感謝いたします．また，本書の刊行に関して，内田老鶴圃の内田学氏からご厚意あるお取り計らいを頂いた．厚く御礼申し上げます．

　　2009 年 1 月

杉 本 克 久

目　　次

材料学シリーズ刊行にあたって
「金属腐食工学」によせて

まえがき……………………………………………………………… iii

1　金属腐食工学の概念 ……………………………………… 1
1.1　腐食工学と腐食科学 ………………………………………… 1
1.2　腐食制御の基本的考え方 …………………………………… 1
1.3　腐食の電気化学理論の歴史 ………………………………… 3
1.4　腐食の局部電池モデル ……………………………………… 4
　　水素発生型腐食／酸素消費型腐食／局部電池モデルに基づく防食法
1.5　腐食の種類 …………………………………………………… 7
　　環境による分類／腐食形態による分類
1.6　金属腐食工学の分野 ………………………………………… 10
1.7　本書の目的 …………………………………………………… 11
　　参考文献 ……………………………………………………… 11

2　金属表面の状態と性質 …………………………………… 13
2.1　金属表面の性状と腐食現象の関係 ………………………… 13
2.2　金属表面の電子状態 ………………………………………… 13
2.3　表面自由エネルギー ………………………………………… 14
2.4　表面偏析 ……………………………………………………… 16
2.5　ステップ，キンク …………………………………………… 17
2.6　転位 …………………………………………………………… 19

目次

- 2.7 粒界 …………………………………………………… 20
- 2.8 結晶方位 ………………………………………………… 22
- 2.9 金属/水溶液界面の電気二重層 ………………………… 23
- 参考文献 ……………………………………………………… 25

3 電気化学反応の平衡 …………………………………… 27
- 3.1 電気化学反応の熱力学 ………………………………… 27
- 3.2 化学ポテンシャル ……………………………………… 27
- 3.3 電気化学ポテンシャル ………………………………… 28
- 3.4 真空中無限遠基準の相の電位 ………………………… 29
- 3.5 電極系 …………………………………………………… 30
- 3.6 金属と水溶液との接触 ………………………………… 31
- 3.7 水溶液と水溶液の接触 ………………………………… 32
- 3.8 電極系同士の接触 ……………………………………… 33
- 3.9 電極電位の表示法 ……………………………………… 34
- 3.10 電気化学反応の平衡電位 ……………………………… 35
- 3.11 電位-pH 図 ……………………………………………… 37
- 3.12 腐食状態図 ……………………………………………… 39
- 3.13 高温水環境の電位-pH 図 ……………………………… 40
- 参考文献 ……………………………………………………… 43

4 電気化学反応の速度 …………………………………… 45
- 4.1 分極電位での反応速度 ………………………………… 45
- 4.2 金属中の電子のエネルギー …………………………… 45
- 4.3 ショットキー効果 ……………………………………… 47
- 4.4 フェルミ準位と状態密度 ……………………………… 48
- 4.5 水溶液中の電子のエネルギー ………………………… 50

- 4.6　金属/redox 系界面での電子移行速度 …………………… 51
- 4.7　金属/redox 系間の電子移行の分極による変化 ………… 53
- 4.8　単一電極反応の反応速度 ………………………………… 54
- 4.9　Tafel の式 ………………………………………………… 58
- 4.10　分極抵抗 ………………………………………………… 59
- 4.11　物質移動過程律速の電極反応の速度 ………………… 60
- 4.12　定電位分極曲線の測定 ………………………………… 61
- 4.13　鉄のアノード溶解機構 ………………………………… 63
-     参考文献 …………………………………………………… 65

5　腐食・防食の電気化学 ……………………………………… 67
- 5.1　腐食反応の反応速度 ……………………………………… 67
- 5.2　腐食反応系界面での電子移行 …………………………… 67
- 5.3　腐食反応系界面での電子移行の分極による変化 ……… 69
- 5.4　腐食反応系の反応速度 …………………………………… 70
- 5.5　腐食速度の電気化学的評価法 …………………………… 73
     直線分極抵抗法／Tafel 外挿法／電気化学インピーダンス法／
     電気化学ノイズ解析
- 5.6　不働態化現象 ……………………………………………… 80
- 5.7　カソード反応と不働態 …………………………………… 81
- 5.8　高温水中における分極曲線 ……………………………… 83
- 5.9　CDC 地図 ………………………………………………… 85
-     参考文献 …………………………………………………… 87

6　不動態皮膜のキャラクタリゼーション技術 ……………… 89
- 6.1　表面キャラクタリゼーション …………………………… 89
- 6.2　In-situ 測定法と Ex-situ 測定法 ………………………… 89

6.3　必要とする表面情報 …………………………………………… 90
6.4　表面解析法の種類と得られる情報 …………………………… 90
6.5　In-situ 測定法 …………………………………………………… 91
　　エリプソメトリー／変調可視紫外反射分光法／光電分極法
6.6　Ex-situ 測定法 ………………………………………………… 100
　　X 線光電子分光法／オージェ電子分光法／二次イオン質量分析法
　参考文献 ………………………………………………………… 103

7　不働態化現象と不働態皮膜 …………………………… 107

7.1　耐食合金と不働態皮膜 ………………………………………… 107
7.2　不働態化現象とその特性値 …………………………………… 107
　　アノード分極曲線の変化／分極曲線の各領域での反応／分極曲線上の特性値と耐食性の関係
7.3　不働態皮膜形成反応 …………………………………………… 110
7.4　合金の不働態 …………………………………………………… 110
7.5　ステンレス鋼の不働態皮膜の性質と状態 …………………… 112
　　皮膜の厚さ／皮膜の組成／皮膜の電子エネルギーバンドギャップ
7.6　不働態化の過程 ………………………………………………… 118
　　ファラデーインピーダンスの周波数変化／不働態化過程のインピーダンス軌跡
7.7　不働態皮膜の成長 ……………………………………………… 121
　　金属／不働態皮膜／水溶液系の電位分布／鉄の不働態皮膜の成長
7.8　脱不働態化 pH ………………………………………………… 123
7.9　不働態皮膜被覆金属電極 ……………………………………… 124
7.10　半導体酸化物／水溶液界面での電子移行 …………………… 126
7.11　半導体酸化物電極の光電気化学反応 ………………………… 128

参考文献……………………………………………………… *130*

8　耐食合金と腐食環境……………………………… *133*

8.1　耐食合金の種類と使われる環境……………………… *133*
8.2　耐食合金の耐食性発現機構…………………………… *133*
8.3　実用耐食合金の種類と代表的合金…………………… *135*
8.4　代表的腐食環境と実用耐食金属材料………………… *135*
8.5　ステンレス鋼…………………………………………… *138*
　　ステンレス鋼の定義／ステンレス鋼の歴史／ステンレス鋼の種類／マルテンサイト系ステンレス鋼／フェライト系ステンレス鋼／高純度フェライトステンレス鋼／オーステナイト系ステンレス鋼／スーパーオーステナイトステンレス鋼／二相ステンレス鋼

8.6　純鉄……………………………………………………… *149*
　　酸性溶液中での純鉄の腐食特性／中性溶液中での純鉄の腐食特性

8.7　炭素鋼…………………………………………………… *152*
　　腐食速度のpHによる変化／酸性溶液中での腐食特性／中性溶液中での腐食特性／金属表面上の水膜の厚さと腐食速度の関係／大気中での錆層の形成／炭素鋼の錆層の組成／オキシ水酸化鉄および酸化鉄の生成経路

8.8　耐候性鋼………………………………………………… *161*
　　耐候性鋼と普通鋼の腐食挙動の違い／錆層の組成と耐食性の関係／耐候性鋼の合金元素の働き／海浜耐候性鋼／錆膜のイオン選択透過性／錆安定化処理

8.9　屋外暴露環境のモデル化……………………………… *169*
　　参考文献……………………………………………………… *170*

9 応力を負荷しない状態での局部腐食 ……………… *173*

9.1 不働態破壊と局部腐食 …………………………………… *173*

9.2 孔食 …………………………………………………………… *173*

孔食が起こる条件／孔食発生とアノード分極曲線の変化／水溶液中のハロゲンイオンの影響／ステンレス鋼の組成と耐孔食性／鋼中の非金属介在物の影響／不働態皮膜の組成と耐孔食性／Mo 添加によるステンレス鋼の耐孔食性改善／ピット内での Cl^- 濃縮・pH 低下とピットの成長／ピットの成長および再不働態化に伴う Cl^- 濃度と pH の変化／孔食の防止策

9.3 隙間腐食 ……………………………………………………… *186*

隙間腐食の起きる条件／隙間腐食発生と再不働態化の特性電位／隙間の間隔と隙間腐食の程度／隙間腐食の機構／隙間腐食の防止対策

9.4 粒界腐食 ……………………………………………………… *189*

粒界腐食の起こる条件／クロム欠乏帯と粒界腐食／粒界腐食機構のアノード分極曲線に基づく説明／溶接に起因する粒界腐食／平衡偏析，金属間化合物，リン化物などによる粒界腐食／粒界腐食の防止対策

参考文献 ………………………………………………………… *194*

10 応力を負荷した状態での局部腐食 ………………… *197*

10.1 応力を負荷した状態での不働態破壊と局部腐食 ………… *197*

10.2 応力腐食割れ ………………………………………………… *197*

応力腐食割れと腐食環境／応力腐食割れ発生の条件／応力腐食割れの形態／応力腐食割れの起点／腐食環境中における応力-歪み曲線／歪み速度と応力腐食割れ感受性の関係／低歪み速度引張応力腐食割れ試験／活性経路腐食型応力腐食割れ (APC-SCC)／変色皮膜破壊型応力腐食割れ (TR-SCC)／水素脆性型応力腐食割れ (HE-SCC)／APC-SCC と HE-SCC の区別法／

割れ発生臨界電位と割れ停止電位／応力腐食割れ成長速度とアノード電流密度の関係／応力腐食割れ成長速度と応力拡大係数の関係／応力腐食割れの防止策

10.3　水素脆性………………………………………………………… *215*
水素起因の材料損傷／金属表面における水素の発生と吸着／金属中の水素の存在状態／水素脆性が生じるときの負荷応力-破断時間曲線／水素脆性割れ成長速度と応力拡大係数の関係／合金の強度と水素脆性感受性／水素脆性割れの形態／水素脆性の機構／水素脆性の防止法

10.4　腐食疲労………………………………………………………… *223*
腐食疲労の S-N 曲線／腐食疲労に影響を与える因子／疲労亀裂成長速度と応力拡大係数変動幅の関係／腐食疲労と応力腐食割れの関係／腐食疲労破面の形態／腐食疲労の機構／腐食疲労の防止法

参考文献………………………………………………………………… *228*

欧字先頭語索引………………………………………………………… *231*
総索引…………………………………………………………………… *233*

1 金属腐食工学の概念

1.1 腐食工学と腐食科学

　金属製の装置や設備は，それらが長年使用される間に使用環境中の化学成分と反応し，反応部分は金属イオンや酸化物となって環境中に溶解するかあるいは散逸する．このように，金属が環境成分と反応して失われる現象は，腐食(corrosion)と呼ばれている．装置や設備の重要部分の金属が腐食されると，装置や設備は機能低下ばかりでなく，ときには破損の恐れが生じ，事故につながる危険性が増す．後述のように，腐食は多くの場合酸素や水と金属の反応であるので，金属を地球環境中で使用する限り避けるのは難しい．しかし，金属の腐食と防食に関する正しい科学知識と技術を使えば，金属の腐食速度を限りなく遅くすることが可能である．実用金属材料を適正な条件の下で有効に利用する技術は腐食工学(corrosion engineering)と呼ばれる．また，腐食工学のための基礎知識を提供する学問を腐食科学(corrosion science)と称している．社会的財産の腐食損失を軽減し，材料とその資源を節約するためには，腐食工学と腐食科学の振興を図る必要がある．

1.2 腐食制御の基本的考え方

　金属の腐食速度を任意の値に保つことを腐食制御(corrosion control)という．腐食制御の基本的考え方を図1.1に示した．図1.1の左側は材料が単独(素材)で環境中に置かれた状態を示しており，また，右側は各種の材料で作られた装置が環境中に置かれた状態を示している．素材の場合も装置になった場合も，環境との間には界面がある．ここでは，素材とそれで作られた装置の腐食を制御することを考える．
　まず，素材の場合には三つの方法がある．すなわち，材料の改良(耐食材料の使用など)，環境の改良(腐食性物質の除去，インヒビターの添加など)，界面の改良(塗装，カソード防食の適用など)である．素材だけを考えれば，腐食制御法はこの三つだけである．
　次に，装置の場合には四つの方法がある．装置を構成する材料の改良，環境の改

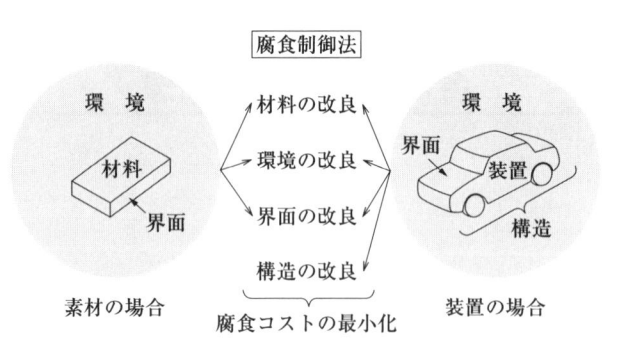

図1.1 腐食制御の考え方

良，界面の改良の三つについては素材の場合と同じであるが，装置となると，構造の改良(隙間を作らない，応力集中をなくす，異種金属接触を避けるなど)も重要になる．構造の改良は防食設計と呼ばれており，装置の作製においては忘れてはならない．

装置の腐食制御において，上記四つの方法のうちどれを採るかは，経済性と安全性の両面から判断する必要がある．腐食による経済的損失を腐食コスト(cost of corrosion)といっている．腐食コストは，式(1.1)に示すように，腐食損失額と防食対策費の和からなっている[1]．

$$腐食コスト = 腐食損失額 + 防食対策費 \tag{1.1}$$

腐食損失額には，腐食によって損耗や破壊した装置の補修や取り替えなどのための直接損失額と装置停止等に伴う生産減による売り上げ減少などの間接損失額が含まれる．また，防食対策費には装置の耐食材料化や防食メンテナンス向上のための経費が含まれる．

腐食損失額は防食対策の程度がよいほど少なくなり，逆に，防食対策費は防食対策の程度がよいほど増えるので，両者の和である腐食コストは防食対策の程度を適切にすることによって最小値に定めることが可能である．そのような関係を図1.2に示した[1]．この最小値以下の防食対策では装置は腐食問題を起こしやすく，耐食性に関する限り装置は品質不十分(under quality)となる．また，最小値以上の防食対策を採ると腐食問題は起こりにくくなるが無駄な経費をかけていることもあり，耐食性に関して装置が過剰品質(over quality)となる恐れがある．したがって，腐食制御の方法の選択は腐食コストを最小にするものを採るべきであるが，安全に対する社会的責任にも十分配慮する必要がある．

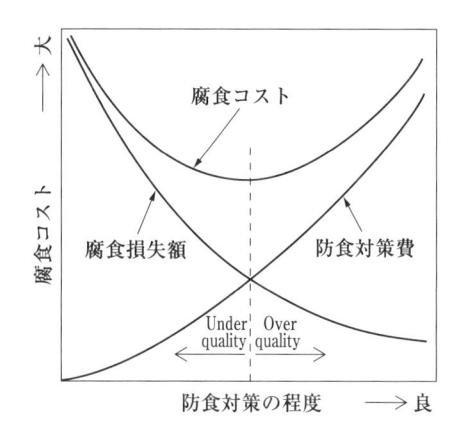

図 1.2　防食対策の程度と腐食コストの関係[1]

1.3　腐食の電気化学理論の歴史

　金属の腐食が電池的機構で進むことに最初に気づいた人は，フランスの de La Rive である．彼は酸中における亜鉛の腐食速度が亜鉛の純度によって変わることに気づき，これが亜鉛と不純物との間の電池作用によるものであることを発表した．その後の電気化学の発展と共に腐食の理論も進展してきた．今日の腐食の理論的解釈に大きな影響を与えているものについて，以下に年代順に示す[2,3]．

1830 年　de La Rive：亜鉛の不純物の電池作用説
1833 年　M. Faraday：電気分解に関するファラデーの法則
1844 年　M. Faraday：鉄の不働態の酸素吸着説
1883 年　S. A. Arrhenius：電解質水溶液のイオン解離説
1900 年　H. W. Nernst：可逆電極電位のネルンスト式
1923 年　J. A. V. Butler：可逆電位の理論
1923 年　U. R. Evans：酸素濃淡電池に基づく腐食の通気差説
1925 年　W. J. Muller：鉄の不働態の酸化皮膜説
1929 年　L. Tronsted：ステンレス鋼の不働態皮膜のエリプソメトリーによる確認
1930 年　M. Volmer：過電圧-電流曲線の一般式である Butler-Volmer の式
1938 年　C. Wagner：混成電位の理論
1938 年　M. Pourbaix：電位-pH 図

1.4 腐食の局部電池モデル

1.4.1 水素発生型腐食

鉄片を酸溶液中に浸漬すると,鉄片は水素ガスを発生しながら溶解し,全体的に均一に痩せ細っていく.このようなタイプの腐食においては,鉄の溶解反応である式(1.2)の単一電極反応と,水素発生反応である式(1.3)の単一電極反応が,同一の鉄表面で同時に起こっていることが知られている.全体としての反応は式(1.4)で表される.

$$Fe \rightarrow Fe^{2+} + 2e^- \qquad (1.2)$$

$$\underline{+ \quad 2H^+ + 2e^- \rightarrow H_2} \qquad (1.3)$$

$$Fe + 2H^+ \rightarrow Fe^{2+} + H_2 \qquad (1.4)$$

このように,異種の単一電極反応が同時に複数関与する反応を複合電極反応(complex electrode reaction)と呼んでいる.

複合電極反応が起こっている金属表面において,式(1.2)のように酸化反応(アノード反応,anodic reaction)が起こっているところをアノード(anode)という.また,式(1.3)のように還元反応(カソード反応,cathodic reaction)が起こっているところをカソード(cathode)という.水溶液に接した鉄片の表面においては,局部的なアノードとカソードが鉄の本体で短絡された原子サイズの小電池が無数に構成されている.このような小電池のことを局部電池(local cell)と称している.局部電池のモデルを図1.3に示した[4].図中のMは金属を,また,zはMの溶解原子価を表している.局部電池を流れる電流を局部電流(local current)という.Mが鉄の場合,局部電流は式(1.2)の鉄の溶解反応の速度と同じであり,腐食電流(corrosion current)でもある.腐食が局部電池機構で進行するという考え方は腐食の局部電池モデル(local cell model)といわれ,Evans[5]によって最初に提唱された.

式(1.4)で示した反応は水素イオンの酸化力によって進行するので,この腐食を水素発生型腐食(hydrogen evolution type corrosion)という.このタイプの腐食は水素イオンの濃度が高い酸性水溶液中で生じやすい.水素発生型腐食は金属表面での式(1.3)の反応速度に律速される.水溶液中での水素イオンの拡散速度は大きいので,水素イオンの拡散が反応を律速することはない.

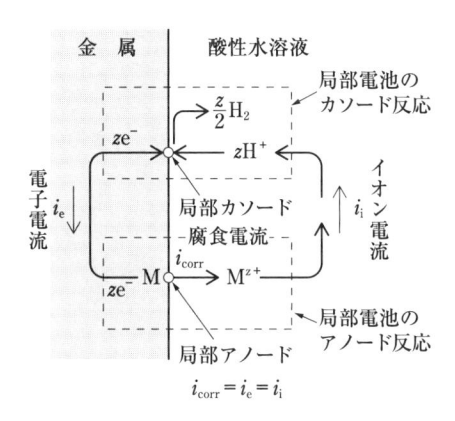

図 1.3 水素発生型腐食の局部電池[1]

1.4.2 酸素消費型腐食

　中性水溶液は水素イオン濃度が低いため，この溶液中の腐食では水素イオンの還元反応が局部電池のカソード反応になることは難しい．通常中性水溶液は大気から溶け込んだ酸素(溶存酸素)を含んでおり，この酸素の還元反応が腐食の局部電池のカソード反応となる．すなわち中性水溶液では，溶存酸素の酸化力によって進行するタイプの腐食が発生する．

$$2\,\text{Fe} \rightarrow 2\,\text{Fe}^{2+} + 4\,\text{e}^- \tag{1.5}$$

$$+\quad \text{O}_2 + 2\,\text{H}_2\text{O} + 4\,\text{e}^- \rightarrow 4\,\text{OH}^- \tag{1.6}$$

$$\overline{2\,\text{Fe} + \text{O}_2 + 2\,\text{H}_2\text{O} \rightarrow 2\,\text{Fe}^{2+} + 4\,\text{OH}^-} \tag{1.7}$$

このタイプの腐食は酸素消費型腐食(oxygen consumption type corrosion)と呼ばれている．酸素消費型腐食の局部電池モデルを図 1.4 に示した．局部アノードでは式(1.5)の金属の溶解反応が起こる，局部カソードでは式(1.6)の溶存酸素の還元反応が生じる．局部アノードで生成した Fe^{2+} イオンは直ちに溶存酸素によって酸化され，Fe(OH)_3 となって沈殿する．

$$4\,\text{Fe}^{2+} + \text{O}_2 + 10\,\text{H}_2\text{O} \rightarrow 4\,\text{Fe(OH)}_3 + 8\,\text{H}^+ \tag{1.8}$$

酸素消費型腐食では水溶液中での酸素分子の拡散速度は遅く，酸素分子の拡散が反応を律速する．また，沈殿した Fe(OH)_3 は時間の経過と共に FeOOH に変化し，錆層を形成してアノード，カソード両反応の進行を妨げる．したがって，腐食速度が時間と共に低下することが多い．

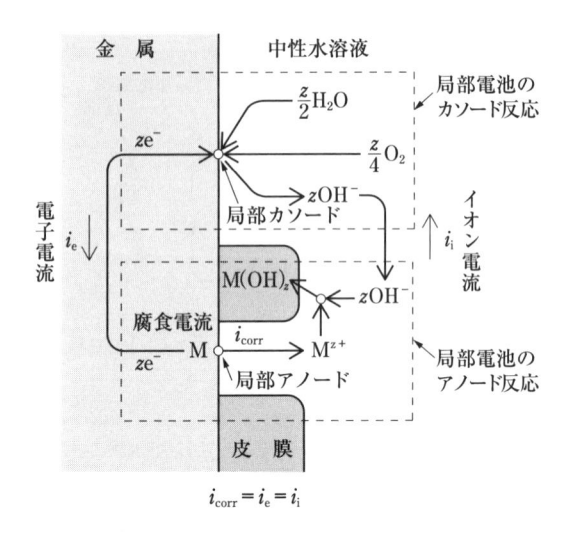

図 1.4 酸素消費型腐食の局部電池

1.4.3 局部電池モデルに基づく防食法

金属の腐食は局部電池機構によって進行するので，この腐食の発生および進行を止めるには，局部電池のアノードまたはカソード反応となる要因を除去するかあるいは局部電流が流れる回路を断てばよい．このような防食法の考え方を**図 1.5**に示した．例えば，アノード反応を抑えるには，金属 M の電位を下げて M^{z+} となるのを阻止す

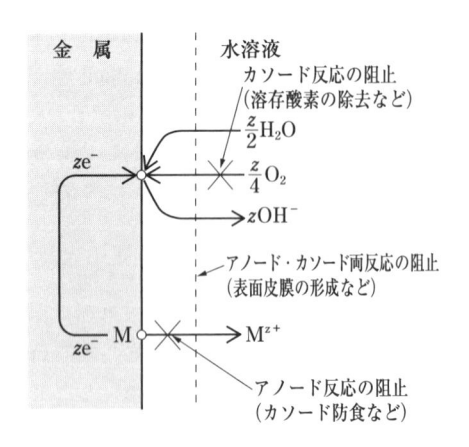

図 1.5 局部電池反応の阻止による防食法

ればよい．カソード反応を抑えるには，Mから電子を奪う溶存酸素を除去すればよい．そして，局部電流の回路を断つためには，電子の流れを止める絶縁性の表面皮膜を作ればよい．

1.5 腐食の種類

1.5.1 環境による分類

　腐食が起こる環境によって腐食を分類すると，水溶液腐食(aqueous corrosion)と気体腐食(gaseous corrosion)に大きく分けられる．水溶液腐食は湿食(wet corrosion)，気体腐食は乾食(dry corrosion)とも呼ばれる．これらの腐食の機構を図1.6に示した．水溶液腐食の場合，水素発生型腐食を例にとると，金属が金属イオンとなって水溶液に溶け込む点がアノード，水素イオンが水素ガスに還元される点がカソード，そして水溶液がイオン伝導体となって局部電池が構成されている．一方，気体腐食の場合には，酸化皮膜がn型半導体であるときには，金属が拡散金属イオンとなって半導体に溶け込む点がアノード，酸素ガスが酸化皮膜表面で酸素イオンに還元される点がカソード，そして酸化皮膜が半導体(ただし，皮膜成長中は電子とイオンが移動する混合伝導体)となって局部電池が構成されている．したがって，水溶液腐食も気体腐食も基本的電気化学機構は同じである．

　地球上の人間の生活圏は水圏であるので，地球上で使われる金属の腐食の大部分は水溶液腐食である．水溶液腐食は，大気腐食，海水腐食，淡水腐食，土壌腐食などと金属が使われる環境によって具体的に細分されている．一方，ガスタービンやゴミ焼却炉など，エネルギー産業や環境産業の重要装置では高温のガスが金属に触れる部分

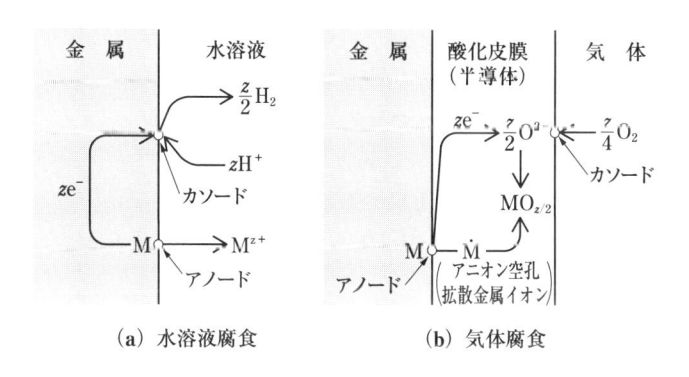

(a) 水溶液腐食　　(b) 気体腐食

図1.6　水溶液腐食と気体腐食の電気化学機構

があり，気体腐食が問題になっている．このような分野では，気体腐食のことを高温腐食と呼んでいる．

1.5.2 腐食形態による分類

水溶液腐食では，腐食の形態によって腐食の種類を分類している．分類された各腐食形態を図1.7に示した．腐食の形態は，材料に応力が作用している場合としていない場合は大きく異なるので，応力（一般に外部負荷応力を指すが，内部残留応力の場合もある）の作用の有無によって大きく分けられている．さらに，腐食箇所が試片全体かあるいは一部かによって，均一腐食と局部腐食に分けている．

（**1**）　応力の作用がない状態での腐食

　（ⅰ）均一腐食（uniform corrosion）

　　(a)全面腐食（general corrosion）：試片全体が均一に溶解し，減肉している腐食

　　(b)全面的脱成分腐食（general dealloying）：試片全体にわたって特定成分が均一に溶失している腐食

　（ⅱ）局部腐食（localized corrosion）

　　(c)孔食（pitting corrosion）：試片の一部のみに小孔状の溶解が見られる腐食

　　(d)隙間腐食（crevice corrosion）：隙間構造を有する試片の隙間部にのみ溶解が見られる腐食

　　(e)粒界腐食（intergranular corrosion）：試片の金属の結晶粒界が選択的に溶解している腐食

　　(f)局部的脱成分腐食（local dealloying）：試片の一部において特定成分が溶失している腐食

（**2**）　応力の作用がある状態での腐食

　（ⅲ）局部腐食（localized corrosion）

　　(g)応力腐食割れ（stress-corrosion cracking）：引張応力下でアノード反応による溶解によって試片の一部に亀裂が進展する腐食

　　(h)水素脆性（hydrogen embrittlement）：引張応力下でカソード反応による水素を吸収した試片の部分に亀裂が進展する腐食

　　(i)腐食疲労（corrosion fatigue）：繰返し応力下で試片の疲労亀裂が促進される腐食

　　(j)エロージョン・コロージョン（erosion corrosion）：水流中の砂粒などが衝撃的に当たる試片の部分のみが選択的に溶解している腐食

　　(k)キャビテーション・コロージョン（cavitation corrosion）：水流中の気泡など

1.5 腐食の種類　9

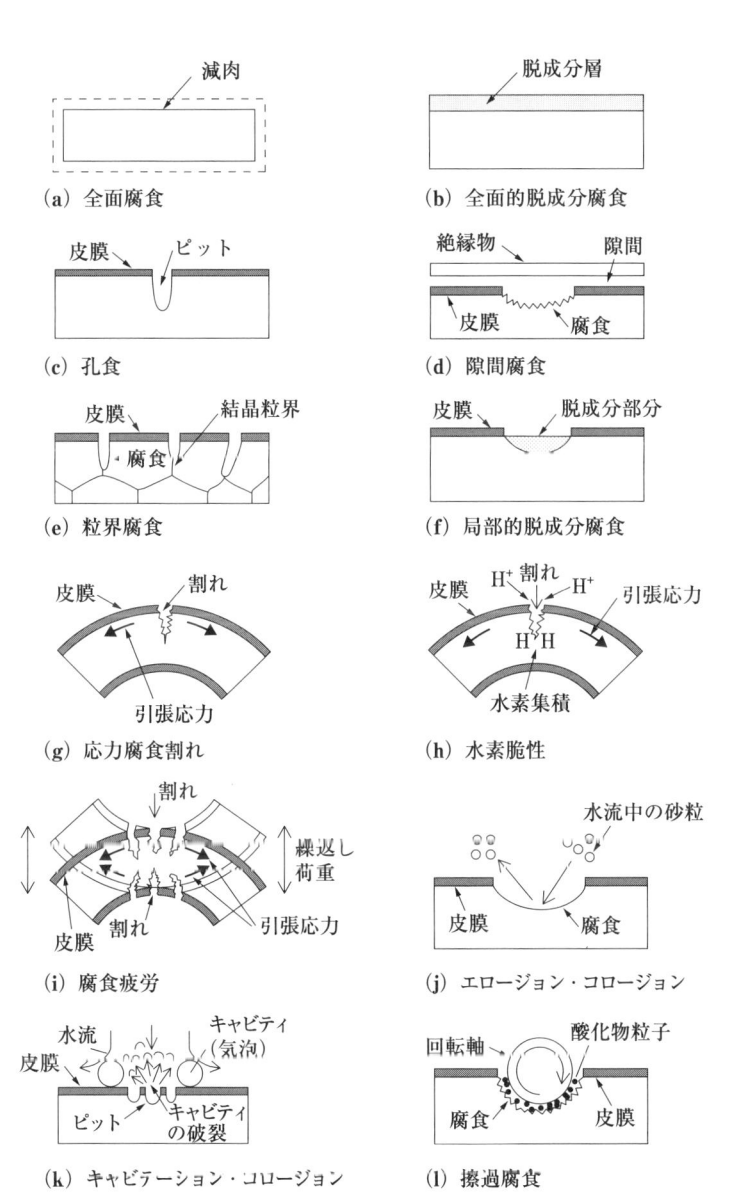

図1.7　腐食形態の分類

(a) 全面腐食
(b) 全面的脱成分腐食
(c) 孔食
(d) 隙間腐食
(e) 粒界腐食
(f) 局部的脱成分腐食
(g) 応力腐食割れ
(h) 水素脆性
(i) 腐食疲労
(j) エロージョン・コロージョン
(k) キャビテーション・コロージョン
(l) 擦過腐食

が衝撃的に当たる試片の部分のみが小孔状に溶解している腐食

(1)擦過腐食(fretting corrosion)：回転体に触れる試片の部分のみが選択的に溶解している腐食

応力の作用がない状態での腐食には均一腐食と局部腐食があるが，応力の作用がある状態での腐食は局部腐食だけである．応力の作用がある状態での腐食は，機械的外力によって金属が化学活性化されて起こるメカノケミカル反応(mechanochemical reaction)による腐食という意味で，メカノケミカル腐食(mechanochemical corrosion)と呼ぶ人もある[6,7]．

1.6　金属腐食工学の分野

現在世界の産業界において，どのような腐食が問題になり，その解決に力が注がれているかを知っておくことは，今後どのような腐食の基礎研究を進めるべきか，あるいはどのような防食技術を開発するべきか，を判断するうえで重要である．そのような判断をするうえで参考になるのは，腐食工学の専門学会であるわが国の社団法人腐食防食協会や米国の NACE International の講演大会におけるセッション名とそこでの講演件数である．例えば，腐食防食協会の最近の講演大会のセッション名を任意に並べると以下の通りである．

大気腐食，原子力材料，不働態，ステンレス鋼，アルミニウム，電気防食，高温腐食，寿命予測，生体材料，応力腐食割れ，孔食・隙間腐食，腐食基礎，表面処理，塗装・有機材料，超臨界水腐食，微生物腐食，水処理・淡水腐食，インヒビター，建築設備，コンクリート腐食，化学装置，電気化学ノイズ解析，計測，電気・電子部品，エロージョン・コロージョン，電極・触媒

上記の各セッションにおける講演発表件数を各年度の大会ごとに集計し，多いものから順位を付け，上位3〜8位に入ったものを材料，環境，現象，技術の分野に分けて表示すると以下のようになる．

(a)**材料**：①原子力材料，②ステンレス鋼，③生体材料
(b)**環境**：①大気腐食，②高温腐食，③建築設備，④微生物腐食，
　　　　　⑤化学プラント，⑥水処理・淡水腐食，⑦電気防食，⑧超臨界水腐食
(c)**現象**：①応力腐食割れ，②不働態，③孔食・隙間腐食
(d)**技術**：①腐食基礎，②電気化学ノイズ解析，③寿命予測

各分野で最も講演件数の多いセッションについて，関係する主な材料，環境，現象を見てみると次のようになる．

原子力材料	材料：ステンレス鋼，環境：高純度水，現象：応力腐食割れ
大気腐食	材料：低合金鋼，環境：大気，現象：表面皮膜(錆)
応力腐食割れ	材料：ステンレス鋼，環境：水溶液，現象：表面皮膜(不働態皮膜)
腐食基礎	材料：金属材料，環境：水溶液，現象：電気化学

上から分かるように，現在のわが国の産業界おける腐食問題を包括的に理解するためには，材料としてはステンレス鋼，環境としては水溶液，現象としては表面皮膜，そしてこれらを統括的に結びつける学問として電気化学を中心にして見ていけばよいように思われる．このような見方は，米国の NACE International の講演大会を例にとっても，それほど大きく変わらない．

1.7 本書の目的

本書の目的は，現在の産業界で問題になっている腐食事象を基礎的に解説することである．種々の腐食形態を採って現れる腐食事象をできるだけ統一的に理解するために，材料としてはステンレス鋼，環境としては水溶液，現象としては表面皮膜を中心に採り上げ，そしてなぜそのような腐食事象が生じるのかを電気化学的理論を用いて説明するように努める．いくつか理論があり統一がとれていないときには，それらを併記するようにする．ただし，材料はステンレス鋼を中心にするけれども，ステンレス鋼に生じるのと同様の腐食は他の金属材料にも生じ得るので，各腐食事象についての理論は他の金属材料にも適用できるように記述する．なお，電気化学的説明はできるだけ平易であるよう心がけるが，基礎的理論の詳細などについては他書[8]を参考にして頂ければ幸いである．

参考文献

(1) 腐食防食協会，日本防錆技術協会編：わが国における腐食コスト, Cost of Corrosion in Japan(調査報告書), 腐食防食協会(2001), p. 211.
(2) W. Lynes：J. Electrochem. Soc., **98**(1951), 3c.
(3) 大谷南海男：日本金属学会会報, **16**(1977), 593.
(4) 杉本克久：まてりあ, **46**(2007), 673.
(5) U. R. Evans：*Metallic Corrosion, Passivation and Protection*, Edward Arnold & Co., London(1946).

（6） 大谷南海男：金属の塑性と腐食, 産業図書(1972), p. 77.
（7） 下平三郎：腐食・防食の材料科学, アグネ技術センター(1995), p. 45.
（8） 杉本克久：材料電子化学, 日本金属学会(2003), p. 1.

2 金属表面の状態と性質

2.1 金属表面の性状と腐食現象の関係

　金属と環境との化学反応は金属表面で行われるので，金属表面の状態と性質を知っておくことが重要である．実在の金属表面には種々の表面欠陥が存在し，それらが化学反応の進みやすさ，すなわち化学活性度，に大きな影響を与える．本章では，腐食現象に関わる金属表面の基本的な状態と性質，および代表的な表面欠陥の腐食への影響について解説する．ただし，ここでは，金属は表面皮膜を有しない裸の結晶であることを仮定している．表面皮膜が存在すると表面の性質は全く変わってしまう．このことについては，後の章で述べる．

2.2 金属表面の電子状態

　結晶表面における化学反応の過程，吸着・脱着の過程，反応で生成した結晶の成長過程などは，結晶表面の電子状態に支配される．したがって，結晶表面の電子状態に関する知見，すなわち電子構造や結合状態に関する知見は，結晶表面の化学的性質を知るうえで基本的に必要とされるものである．結晶表面の原子構造と電子状態の関係を理論的に予測するために，計算科学的予測が行われている．その代表的なものは局所密度汎関数法(local density functional approximation；LDA)による第一原理的な計算法である[1]．

　最も単純化された金属表面の電子密度分布は，ジェリウム(jellium)模型によって説明することができる．ジェリウム模型とは，金属内のイオン核による不連続かつ不均一な正電荷密度分布を連続かつ均一な平均正電荷密度分布に直し，このような平均正電荷密度分布の中で，全体として正電荷を中和する密度の自由電子が結晶内を運動していると考える模型である[2,3]．

　表面においては，平均正電荷密度分布は階段関数になっていると仮定する．このような平均正電荷密度に対応した電子密度分布を局所密度汎関数法で計算した結果を図2.1に示す[4]．電子密度分布は，ジェリウム表面の外側の真空中までしみ出すと共

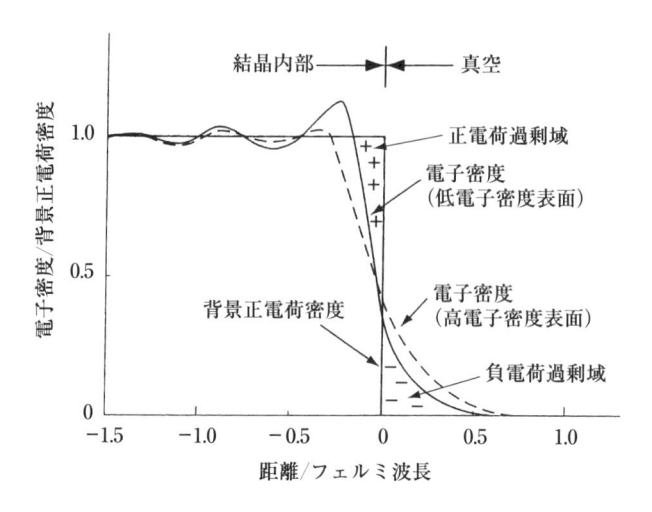

図 2.1 結晶表面での電子密度分布を表すジェリウム模型[4]

に，ジェリウム内部では電子密度が振動（フリーデル振動）しながら平均値に漸近している．しかし，ジェリウム表面付近においては，表面の外側では負電荷過剰，内側では正電荷過剰になっており，ジェリウム表面には電気二重層が形成されている．このような電気二重層が金属表面の表面電位の原因となっている．また，電気二重層の作るポテンシャルは，電子を金属内部に閉じ込めるように作用している．電子密度のフリーデル振動は，電子密度の高い表面では小さくかつ速やかに収斂する．

2.3 表面自由エネルギー

三次元周期構造を有する固体をある結晶面で切断すると，新たな表面ができる．表面自由エネルギー[5,6]とは，このように表面積を増加させるためのエネルギーである．**図 2.2** に示すような異種原子（灰色丸）を含む固体を原子面 B と C の間の X-X′ で切断する場合，新しい表面（切断面の片側の面を考える）の生成に伴う自由エネルギー変化 dG^s は，原子間の結合を切断するための機械的仕事 γds と，切断後表面組成が変化するための化学的仕事 $\sum \mu_i^s dn_i^s$ から成っている．

$$dG^s = \gamma ds + \sum \mu_i^s dn_i^s \tag{2.1}$$

ここで，G^s は表面自由エネルギー，γ は表面張力，s は表面積，μ_i^s は i 成分の表面化学ポテンシャル（i 成分 1 mol の生成自由エネルギー），n_i^s は i 成分の表面濃度である．

表面張力は，表面における化学組成の変化がない場合の自由エネルギー変化であ

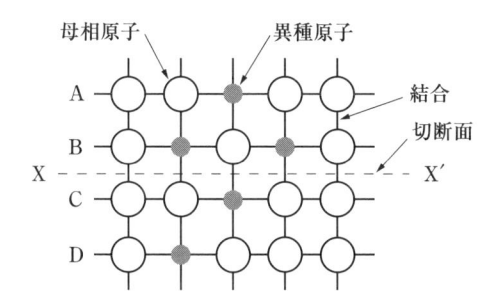

図 2.2 異種原子を含む固体の切断

り，一定の温度 T，圧力 P の下では次のように定義される．

$$\gamma = \left(\frac{\partial G}{\partial s}\right)_{T,P,n} \quad (2.2)$$

式(2.1)を積分すると，式(2.3)が得られる．

$$G^s = \gamma s + \sum \mu_i^s dn_i^s \quad (2.3)$$

新しくできた表面は，式(2.3)の表面自由エネルギーが最小になるところで熱力学的に安定となる．そのために表面相の厚さと組成の変化が生じる．

式(2.3)を単位面積当たりの形で表すと，次のようになる．

$$\frac{G^s}{s} = \gamma + \sum \mu_i^s \frac{n_i^s}{s} \quad (2.4)$$

式(2.4)において

$$\Gamma_i = \frac{n_i^s}{s} \quad (2.5)$$

とすると，次式が得られる．

$$\frac{G^s}{s} = \gamma + \sum \mu_i^s \Gamma_i \quad (2.6)$$

Γ_i は i 成分の表面過剰濃度(surface excess concentration)と呼ばれている．異種原子を含まない純物質の場合は，表面過剰を生じないので $\Gamma_i \fallingdotseq 0$ となり，式(2.6)から次のようになる．

$$\frac{G^s}{s} \fallingdotseq \gamma \quad (2.7)$$

すなわち，表面張力は単位面積当たりの表面自由エネルギーと等しくなる．異種原子を不純物成分として少量含む固体の場合も，高温においては不純物成分の拡散が速く均一になるので表面過剰を生じない．

2.4 表面偏析

表面では，表面自由エネルギー[5,6]が最小になるように表面相の組成の変化が生じる．このとき，固体の中のi成分が表面自由エネルギーを減少させるものである場合には，i成分は表面に集まってくる．逆に，表面自由エネルギーを増加させるものである場合には，i成分は表面から排斥される．そのような様子を図2.3に示す．

温度が一定である場合には，式(2.3)より次の関係が得られる．

$$dG^s = \gamma ds + s d\gamma + \sum \mu_i^s dn_i^s + \sum n_i^s d\mu_i^s \tag{2.8}$$

この式に式(2.1)を入れると式(2.9)が得られ

$$s d\gamma + \sum n_i^s d\mu_i^s = 0 \tag{2.9}$$

さらに，これを単位面積当たりの形で表示すると式(2.10)になる．

$$d\gamma + \sum \left(\frac{n_i^s}{s}\right) d\mu_i^s = 0 \tag{2.10}$$

式(2.10)に式(2.5)を入れると，表面張力の変化と化学ポテンシャルの変化の関係を表す式が得られる．

$$d\gamma = -\sum \Gamma_i d\mu_i^s \tag{2.11}$$

式(2.11)はGibbsの吸着等温式と呼ばれている．

A-B二元合金において，合金が接する気相側あるいは液相側に成分Aの表面過剰濃度がないとき($\Gamma_A = 0$)には，合金の表面張力はB成分の化学ポテンシャルに依存する．

$$d\gamma = -\Gamma_B d\mu_B^s \tag{2.12}$$

化学ポテンシャルと濃度の間には

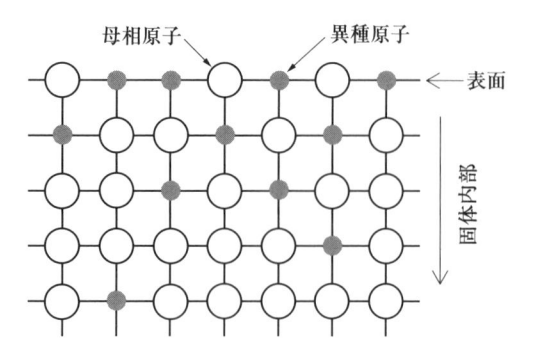

$$\mu_B^s = \mu_B^{s,0} + RT \ln n_B^s \tag{2.13}$$

図2.3 異種原子の表面偏析

という関係(ただし，$\mu_B^{s,0}$ は B 成分の標準化学ポテンシャル，n_B^s は B 成分の濃度)があるので

$$d\mu_B^s = RT\, d\ln n_B^s = \frac{RT}{n_B^s} dn_B^s \tag{2.14}$$

であり，これを式(2.12)に代入すると次式を得る．

$$\Gamma_B = -\frac{n_B^s}{RT}\frac{\partial \gamma}{\partial n_B^s} \tag{2.15}$$

式(2.15)より，表面における B 成分の濃度を次のように推定することができる．

$$\partial \gamma / \partial n_B^s < 0 \quad \text{であれば} \quad \Gamma_B > 0$$
$$\partial \gamma / \partial n_B^s > 0 \quad \text{であれば} \quad \Gamma_B < 0$$

すなわち，B 成分の濃度が増すほど表面張力が減少する場合には，B 成分は表面に偏析する．逆に，B 成分の濃度が増すほど表面張力が増加する場合には，B 成分は表面から排斥される．

2.5 ステップ，キンク

単結晶を低ミラー指数面(面指数が 0，1 からなる面)に対して一定の角度を付けて切断すると，高ミラー指数面(2 以上の面指数を含む面)の表面が得られる．高ミラー指数面の表面には，図 2.4 に示すようなステップ(step)やキンク(kink)が多数存在する[7~9]．テラス(terrace)の原子の結合エネルギーに比べると，ステップの原子では第一近接原子間の結合エネルギーが 4/5，第二近接原子間の結合エネルギーが 8/8 であ

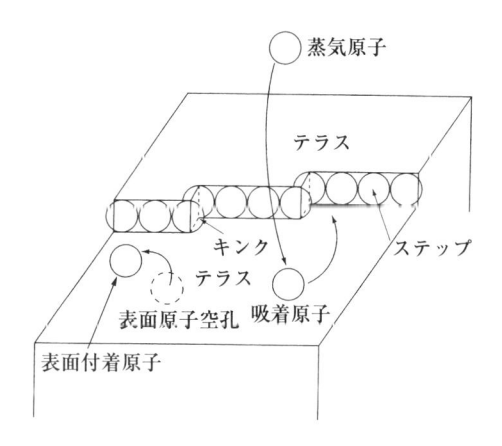

図 2.4 高ミラー指数面における表面格子欠陥[9]

り，キンクの原子では第一近接原子間の結合エネルギーが3/5，第二近接原子間の結合エネルギーが6/8となる[10]．すなわち，ステップやキンクの位置にある原子は，テラスにある原子よりも不安定である．

キンクの位置において原子の付着や脱離が起こっても，表面積は変わらない．そのため，表面エネルギーの増減なしに原子の付着や脱離が可能である[7,8]．キンクは表面の化学活性を決定する重要な因子であり，特に結晶成長や溶解において中心的な役割を果たす．このため，キンクは半結晶点(half-crystal site)とも呼ばれる．

テラス上には，吸着原子(ad-atom)や表面原子空孔(surface vacancy)が存在する．これらも図2.4中に示した．ある温度において結晶外の蒸気相から1原子がテラス上に吸着すると，吸着原子ができる．また，テラスの1原子が抜けてテラス上に移動しても，吸着原子と同様の表面欠陥が生成する．吸着原子はテラス上を表面拡散してキンクに付着する．あるいは，キンクから離脱して蒸気相に戻ることもある．それゆえ，キンク，吸着原子，表面原子空孔などの濃度と蒸気圧の間には，熱平衡状態が成立する[7]．

ステップやキンクの位置に異種原子が吸着して，これらの位置の原子と異種原子との間の結合エネルギーが大きくなると，ステップやキンクが消失してしまうことがある[11]．そのような様子を**図2.5**に示した．ステップやキンクが消失すると，表面の化学活性度は低下する．

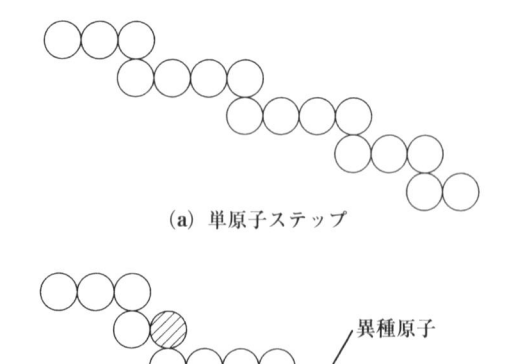

(a) 単原子ステップ

(b) 複数原子ステップ

異種原子

図2.5 異種原子吸着によるステップ断面の構造変化[9]

2.6 転　　位

　結晶内に部分的すべりが生じると結晶格子のずれが生じ，図2.6に示すような状態になる．このようなすべりによって発生した線状に連なっている原子の変位を転位(dislocation)という．転位の列を転位線という．転位に伴うすべりの大きさは転位の強さと呼ばれ，その方向と共にバーガースベクトル(Burgers vector) b で表示される．転位線とバーガースベクトルの方向が直交するものを刃状転位(edge dislocation，図2.6)，平行するものをらせん転位(screw dislocation)という．転位線は，両終端部を結晶表面に露出して終わるか，あるいは両終端部が結晶内部でループ状に連結して終わる．

　転位の周囲には歪の場が存在するので，転位は周囲に歪みエネルギーを蓄えている．転位の存在によって生じたエネルギーの増加を転位の自己エネルギー(self-energy)という．転位の自己エネルギーは，転位芯における原子配列の食い違いによって生じたエネルギーと転位芯周囲の弾性的歪みエネルギーからなっている[12~14]．転位芯のエネルギーよりも弾性的歪みエネルギーの方が大きい．単位長さの刃状転位の芯周囲の弾性的歪みエネルギー E_e は，式(2.16)で与えられる．

$$E_e = \left[\frac{\mu b^2}{4\pi(1-\nu)}\right]\ln\left(\frac{r_1}{r_0}\right) \quad (2.16)$$

ここで，μ は剛性率，ν はポアソン比，r_0 は転位芯の半径(だいたい，バーガースベクトル b 程度)，r_1 は転位芯を除いた歪み分布領域の半径である．

　転位の周囲には高い歪みエネルギーが蓄えられているので，この部分の原子は完全格子部分の原子よりも不安定である．そのため，転位を含む結晶を腐食性溶液中でエッチングすると，転位線の終端部が露出した所にエッチピットが生じる[15]．しか

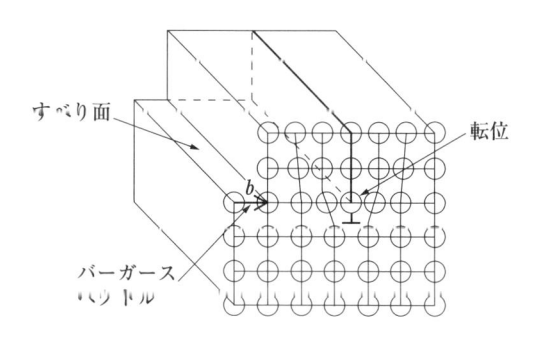

図2.6　結晶内の部分的すべりによる転位(刃状転位)の発生

し，溶質原子を含まない結晶では，エッチピットはそれほど深く成長しない．溶質原子を含む結晶においては，転位が作る応力場に溶質原子が集まってきて，転位線の周りにコットレル雰囲気(Cottrell atmosphere)を作る．このような，溶質原子と転位との相互作用をコットレル効果(Cottrell effect)という[16〜18]．原子直径の大きい溶質原子と刃状転位との相互作用でできたコットレル雰囲気を図 2.7 に示した[9]．腐食性溶液中でイオンとなって溶出するような溶質原子が集まれば，溶質原子がない部分と局部電池を構成し，溶質原子が集まった部分の腐食は促進される．また，薄い表面酸化皮膜を有する金属結晶に腐食性溶液中で応力を付加した場合，転位が動いて表面にすべりステップが形成されると，新生すべりステップ上には酸化皮膜がないので，この部分が選択的に溶解される．

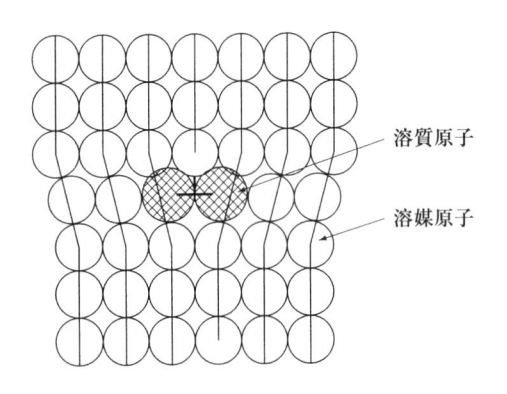

図 2.7 刃状転位に引き寄せられた溶質原子[9]

2.7 粒　　　界

多結晶体の中で結晶粒同士が接する境界が粒界(grain boundary)[19,20]である．接し合う粒同士の結晶方位の差 θ が小さい($\theta < 15°$)ものを小傾角粒界(small angle boundary)という．理想的な小傾角粒界は，一列に並んだ刃状転位からできている．結晶方位の差 θ が大きい($\theta > 30°$)ものを大傾角粒界(large angle boundary)という．大傾角粒界は，多数の欠陥を含んだ複雑な構造になっている．

転位で構成された粒界の場合，転位には歪みエネルギーが蓄えられているので，これが集まった粒界には大きな歪みエネルギーが存在する．したがって，同一原子で構成された粒界でも，化学活性度は粒内よりも高い．刃状転位からなる単位長さの粒界

の弾性的歪みエネルギー E_{GB} は，近似的に式(2.17)で与えられる．

$$E_{GB} = -\left[\frac{\mu \boldsymbol{b}}{4\pi(1-\nu)}\right]\theta(\ln\theta + \ln\alpha) \tag{2.17}$$

ただし，$\alpha \fallingdotseq r_1/h$, $r_0 \fallingdotseq b$, $\theta \fallingdotseq b/h$ と仮定している．ここで，h は転位間の距離である．

溶質原子を含む多結晶体では，コットレル効果によって刃状転位の所には溶質原子が集まるので，粒界の化学活性度は一層高くなることが多い．粒界の刃状転位の所に溶質原子が集まった様子を図2.8に示した[9]．ある温度における熱平衡状態で粒界の溶質原子濃度が高くなることを平衡偏析(equilibrium segregation)あるいは粒界偏析(boundary segregation)という．

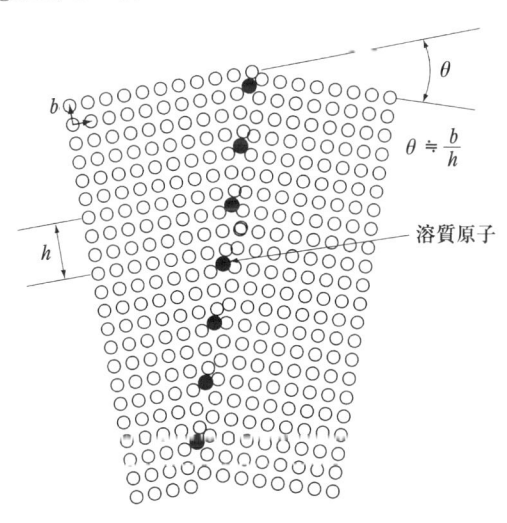

図2.8 転位型粒界に集まった溶質原子[9]

粒界に集まった異種溶質原子同士が化学反応して化合物を形成する場合がある．このような場合は，粒界析出(grain boundary precipitation)と呼ばれる．比較的低い温度で粒界析出が起こったときには，析出物周辺は溶質原子の濃度が低下し，粒界に沿って溶質欠乏帯(depleted zone)が形成される．このような状態を図2.9に示した[9]．この状態の合金を腐食性溶液に入れると，溶質欠乏帯の耐食性が結晶粒や析出物のそれよりも悪いときには，この部分が選択的に腐食される．また，析出物の耐食性が結晶粒や溶質欠乏帯のそれよりも悪いときには，この部分が選択的に腐食される．

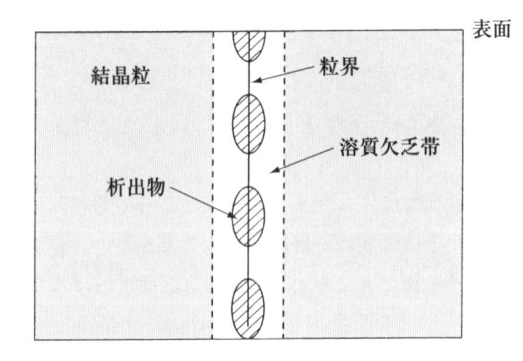

図 2.9 粒界析出物と溶質欠乏帯のある粒界[9]

2.8 結晶方位

多結晶体の表面には，結晶方位の異なるいろいろな結晶面が存在している．結晶面によって原子の配位数が異なるので，化学活性度も結晶面によって異なる．一般に，配位数が小さく原子密度の低い面ほど活性度が高いと考えられている．例えば，活性度の大きい方から並べると，fcc 金属では(133) ＞ (113) ＞ (110) ＞ (100) ＞ (111)となる[21]．bcc 金属では，(110)面が最も活性度が低くなる[22]．

しかし，結晶面の溶解速度は，溶液の種類や電位によって変化する．例えば，アルミニウムの結晶面の腐食速度は，溶液によって次のように変化する[23]．

　HCl+HNO₃：(111) ＞ (110) ＞ (100)
　王水 + HF：(111) ＞ (110) ＞ (100)
　15% NaOH：(100) ≒ (110) ＞ (111)

また，鉄の結晶面のアノード溶解速度は，電位によって次のように変化する[24]．

　1 規定 H₂SO₄，$-250 \sim -550$ mV(標準水素電極基準，以下同じ)：
　　$i_a(100) \doteqdot i_a(111)$
　1 規定 H₂SO₄+0.5 規定 (NH₄)₂S₂O₈，$-240 \sim -140$ mV：
　　$i_a(111) ＞ i_a(100)$

腐食電位付近の電位($-250 \sim -550$ mV)では結晶面による溶解速度の差が現れないが，腐食電位以上の電位($-240 \sim -140$ mV)では結晶面による違いが現れている．

以上のように結晶面による溶解速度が溶液の種類や電位により変化することは，腐食反応のアノード・カソード分極曲線が結晶面の性質ばかりでなく環境側の因子に

よっても変わることを示唆している．それ故，原子密度の低い面ほど活性度が高いという考えは，おおよその目安とした方がよいように思われる．

2.9 金属/水溶液界面の電気二重層

　水溶液に挿入された金属電極と水溶液の界面には，電気的に分極された金属電極と水溶液内のイオンとの間の静電力によって金属表面を境にして正電荷と負電荷がそれぞれ偏った層が形成される．このような正電荷と負電荷が偏り電荷分布が平行平板コンデンサのような状態になっている界面層のことを電気二重層(electrical double layer)という．金属表面には強く配向して接触吸着している水の単分子層が存在している．この層の水の誘電率は6程度であり，通常の水の誘電率78.5と比較すると著しく小さい．

　水溶液中のカチオンは，サイズが小さいため表面電荷密度が大きいので，その周囲には強く配位した水和水分子をまとっている．水和水分子をまとったカチオンは，接触吸着水分子層の表面のところまでしか，金属表面に近づくことができない．この金属表面に最近接した水和カチオンの中心を結んだ面を外部ヘルムホルツ面(outer Helmholtz plane；OHP)という．外部ヘルムホルツ面と金属表面との間の層をヘルムホルツ層(Helmholtz layer)という．外部ヘルムホルツ面から水溶液沖合に向かってイオンが電極からの静電力による束縛と熱運動とが釣り合った状態で拡散的に分布した層が形成されており，この層を拡散二重層(diffuse double layer または Gouy layer)[25]という．このようなヘルムホルツ層と拡散二重層とからなる電気二重層模型を，Stern[26]の電気二重層と呼んでいる．ヘルムホルツ層の厚さは0.3～0.4 nm程度，拡散二重層の厚さは水溶液の濃度にもよるが数nm程度である．水溶液の濃度が高くなると拡散二重層の厚さは小さくなり，金属-水溶液間の電位差はほとんどヘルムホルツ層内で生じる．

　一方，アニオンはサイズが大きいため表面電荷密度が小さいので，その周囲の配位水和水分子との結合力が小さい．そのため，水和水分子を脱いで金属表面に直接吸着することができる．このように，接触吸着水分子層を押しのけて金属表面に直接吸着したイオンを特異吸着(specific adsorption)イオンという．特異吸着したイオンの中心を結んだ面を内部ヘルムホルツ面(inner Helmholtz plane；IHP)といっている．このようなイオンの特異吸着を考慮した電気二重層模型はGrahame[27]の電気二重層と呼ばれている．特異吸着アニオンがある場合の電気二重層の状態と界面における電位の変化並びに電荷の分布を図2.10に示した[28]．特異吸着がある場合には，水溶液の

内部電位 ϕ_S と金属の内部電位 ϕ_M との差 $\phi_S - \phi_M$ 以上に内部ヘルムホルツ層内の電位差 $\phi_{IHL} - \phi_M$ が大きくなることがある．アニオンの特異吸着は，ステンレス鋼の孔食や応力腐食割れの発生と密接な関係がある．

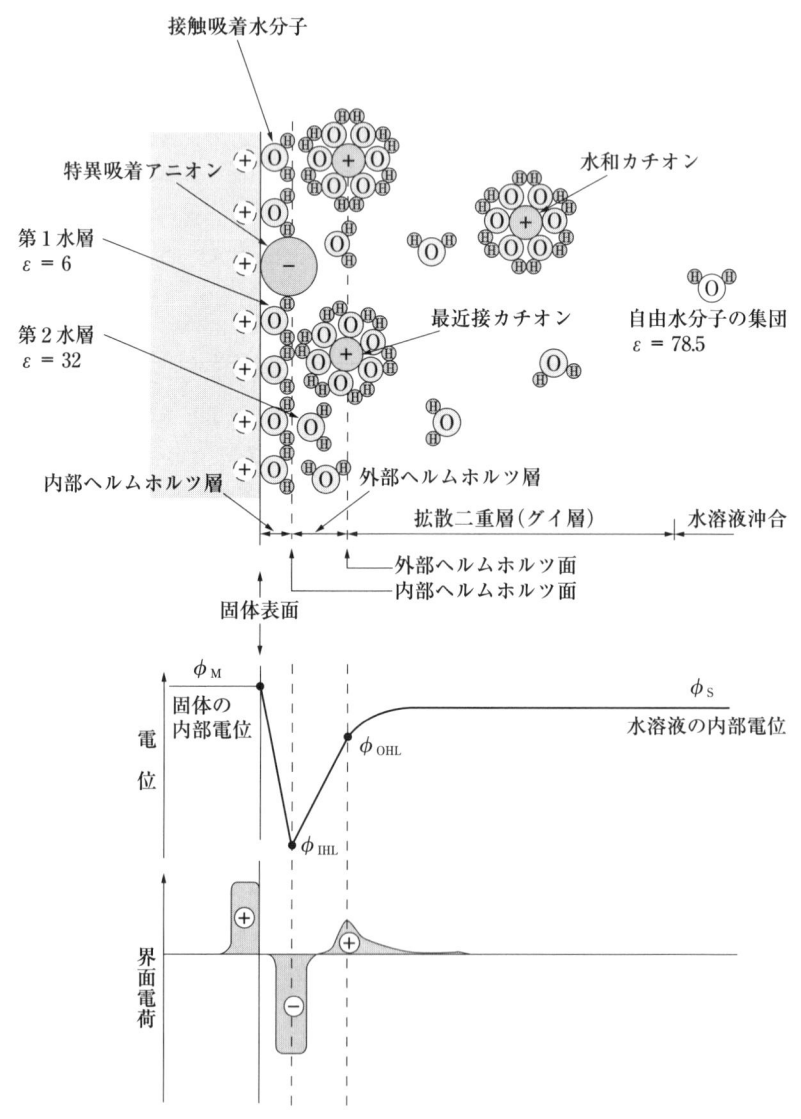

図 2.10 特異吸着がある場合の界面電気二重層の状態(上)(Grahame[27]のモデル)および界面における電位の変化(中)と電荷の分布(下)[28]

参考文献

(1) 里子充敏, 大西楢平：局所密度汎関数法とその応用, 菅野　暁監修, 講談社サイエンティフィク(1998), p. 1.
(2) 大野隆央：表面・界面の電子状態, 小間　篤, 八木克道, 塚田　捷, 青野正和編, 丸善(1997), p. 9.
(3) 塚田　捷：表面物理入門, 東京大学出版会(1989), p. 25.
(4) N. D. Lang and W. Kohn：Phys. Rev., **B1**(1970), 4555；**B3**(1971), 1251.
(5) 前田正雄：表面の一般的物性, 佐々木恒孝, 玉井康勝, 久松敬弘, 前田正雄編, 朝倉書店(1971), p. 1.
(6) 大谷南海男：金属の塑性と腐食反応, 産業図書(1972), p. 29.
(7) 前田正雄：腐食科学入門, オーム社(1970), p. 36.
(8) 前田正雄：表面物性工学入門, 朝倉書店(1970), p. 63.
(9) 杉本克久：材料電子化学, 金属化学入門シリーズ4改訂, 日本金属学会(2006), p. 1.
(10) B. R. Pamplin：Crystal Growth, Pergamon(1980), p. 24.
(11) 二瓶好正：固体の表面を測る, 二瓶好正編, 学会出版センター(1997), p. 12.
(12) 幸田成康：転位論の金属学への応用, 日本金属学会編(1957), p. 10.
(13) 幸田成康：金属物理学序論, コロナ社(1964), p. 162.
(14) 鈴木秀次：転位論入門, アグネ(1967), p. 69.
(15) 前田正雄：文献[7], p. 135.
(16) 幸田成康：文献[12], p. 109.
(17) 幸田成康：文献[13], p. 166.
(18) 鈴木秀次：文献[14], p. 308.
(19) 前田正雄：文献[8], p. 42.
(20) 幸田成康：文献[13], p. 212.
(21) 木島　茂：防食工学, 日刊工業新聞社(1982), p. 27.
(22) S. Yamaguchi：J. Appl. Phys., **22**(1951), 983.
(23) 久松敬弘：DENKI KAGAKU(現 Electrochemistry), **38**(1970), 691.
(24) H. J. Engell：Archiv. Eisenhuttenw., **26**(1955), 393.
(25) G. Gouy：J. de physique, **9**(1910), 457；Ann. Phys., **7**(1917), 129.
(26) O. Stern：Z. Elektrochem., **30**(1924), 508.
(27) D. C. Grahame：Chem. Rev., **41**(1947), 441.
(28) 杉本克久：文献[9], p. 40.

3 電気化学反応の平衡

3.1 電気化学反応の熱力学

　金属の腐食は電気化学反応によって生じ，また，それによって進行する．本章では，腐食の基礎となっている電気化学反応の熱力学的取り扱いについて学ぶ．電気化学においては，電位の概念を明確に把握することが重要である．それゆえ，まず，単一の電気化学反応の平衡電位について説明する．電位の意味をよりよく理解できるように，化学熱力学から説明を始める道は採らず，電気化学ポテンシャルの説明から始めたい．平衡電位について学んだあと，二つの電気化学反応が組み合わさって電池を構成したときの起電力について説明する．最後に，電気化学平衡の重要な応用である電位-pH 図について，その作り方と利用の仕方を述べる．

3.2 化学ポテンシャル

　図 3.1 に示すように，真空中において無限遠の点 B にある電荷のない中性粒子 i を半径 r の球状の中性導体物質，相 I，の中の表面の影響が無視できる A 点まで運ぶのに要する仕事を化学ポテンシャル（chemical potential）μ_i^I という[1~5]．化学ポテンシャルは，化学組成の変化に対応する仕事である．A 点での i 成分の熱力学的濃度である活量を a_i^I とすると，相 I の μ_i^I は次式で表される．

$$\mu_i^I = \mu_i^{I,0} + RT \ln a_i^I \tag{3.1}$$

ここで，$\mu_i^{I,0}$ は標準化学ポテンシャル（standard chemical potential；$a_i = 1$ のときの化学ポテンシャル），R は気体定数，T は絶対温度である．

　また，化学ポテンシャルは開放系に物質を可逆的に出し入れする際のエネルギー変化を表す量でもある[6]．単一相 I からなる系の Gibbs 自由エネルギーを G とすると，この系内の化学種 i の化学ポテンシャル μ_i^I は次式で定義される．

$$\mu_i^I = \left(\frac{\partial G}{\partial n_i}\right)_{T,P,n_j \neq i} \tag{3.2}$$

ここで，T は絶対温度，P は圧力，n は化学種の濃度（単位体積当たりのモル数），j

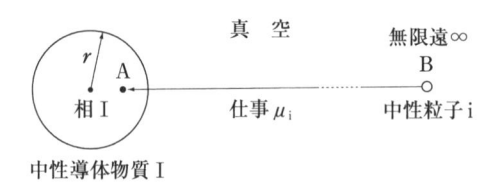

図3.1 中性粒子iを中性導体物質I中に運ぶ仕事[5]

はi以外のすべての化学種である．すなわち，化学ポテンシャルは，成分n_iを1モル変化させたとき生じる系のGibbs自由エネルギー変化を表す量である．別な言い方をすれば，系から1モルの成分n_iを取り出すのに要する仕事である．

3.3 電気化学ポテンシャル

化学ポテンシャルの概念は，本来，電荷を持たない中性粒子について導入されたものであるが，まったく同様の考え方で荷電粒子についての熱力学的ポテンシャルを定義することができる．

図3.2に示すように，真空中において無限遠の点Bにある荷電粒子i1モルを，表面電荷のある半径rの球状導体物質Iの中の表面の影響を受けないA点にまで運ぶのに要する仕事を，電気化学ポテンシャル(electrochemical potential)$\bar{\mu}_i^I$という[3~8]．このとき，荷電粒子iの原子価をz_iとすると，1モルでは$z_i F$クーロン（FはFaraday定数(96500 C/mol)）の電荷が運ばれる．物質Iの表面に遊離電荷⊕層による電位ψ^Iと配向双極子±による電位χ^Iがあるときには，合計の電位差$\phi^I(=\psi^I+\chi^I)$に逆らう仕

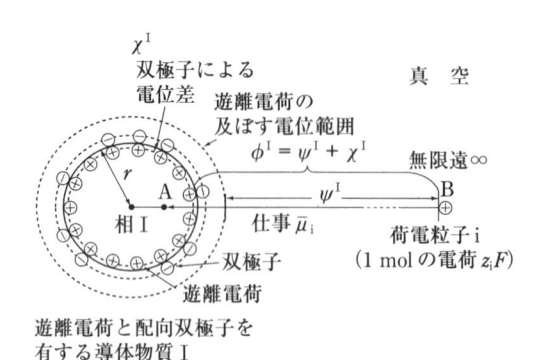

図3.2 荷電粒子iを表面電荷を有する導体物質I中に運ぶ仕事[5]

事，すなわち，クーロン力に対抗する静電的な仕事が必要になる．金属自由表面における配向双極子は電子のしみ出し，遊離電荷層は表面電子の過剰または不足によって生じる．したがって，相Ⅰの電気化学ポテンシャル $\bar{\mu}_i^I$ は次のように表すことができる．

$$\bar{\mu}_i^I = \mu_i^I + z_i F \psi^I + z_i F \chi^I \tag{3.3}$$

$$= \underset{\text{化学的仕事}}{\mu_i^I} + \underset{\text{静電的仕事}}{z_i F \phi^I} \tag{3.4}$$

ϕ^I を相Ⅰの内部電位(inner potential)，ψ^I を相Ⅰの外部電位(outer potential)，χ^I を相Ⅰの表面電位(surface potential)と呼ぶ．なお，ϕ^I はガルバニ電位(Galvani potential)あるいは絶対電位(absolute potential)と，また，ψ^I はボルタ電位(Volta potential)と呼ばれることもある．

3.4　真空中無限遠基準の相の電位

式(3.4)より，相Ⅰの内部電位 ϕ^I は次式で表される．

$$\phi^I = \frac{\bar{\mu}_i^I - \mu_i^I}{z_i F} \tag{3.5}$$

ϕ^I は真空中無限遠の点を基準にとった相Ⅰの電位であり，絶対電位とも呼ばれている．このように，各相の電位は，真空という別の相中の点との電位差として規定されている．しかし，実験的に測定することができるのは，同じ相中の2点間の電位差であり，異相間の電位差は測定することができない[5～9]．したがって，内部電位 ϕ^I は実験的に測定することができない量である．同じ理由によって，双極子内の電位差(相Ⅰと真空との間の電位差)である表面電位 χ^I も実験的に測定することができない．これに対して，外部電位 ψ^I は相Ⅰの表面から少し離れた真空相中の点における電位であるので，実験的に測定することができる．このように，われわれが実測できるのは相Ⅰの内部電位ではなく外部電位であることには，十分留意しておく必要がある．

実際に相Ⅰの電位を測定する場合には，図3.3[5]に示すように，基準となる相Ⅱとの外部電位差 $(\psi^I - \psi^{II})$ を測定することになる．

内部電位差 $(\phi^I - \phi^{II})$ を直接測定するには，単位の電荷を相Ⅰから相Ⅱへ運び込まねばならない．しかし，電荷は必ず物質粒子によって担われるので，電荷の相Ⅰから相Ⅱへの移行には静電的な仕事と化学的な仕事が行われる．静電的仕事のみを分離して測定できれば，内部電位差を実験的に求めることができる．しかし，実験的に静電的仕事と化学的仕事を分けて測定することはできないので，組成の異なる2相間の内部

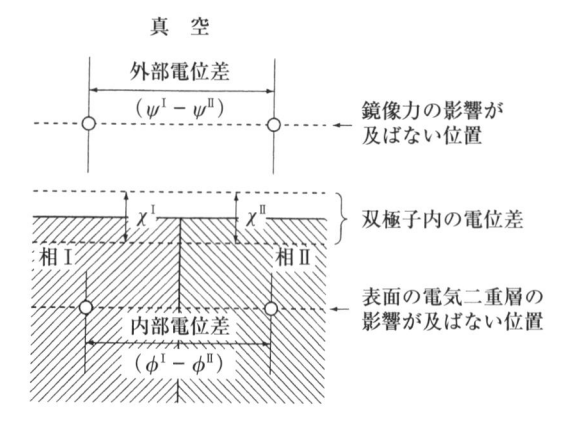

図3.3 内部電位差と外部電位差[5]

電位差は測定することができない．これに対して外部電位差は真空という同一相内の電位差であるので，静電的な仕事以外の要因によるポテンシャルエネルギーは同一と見なせることから，純粋に静電的仕事の差となる．

3.5 電極系

共通の荷電粒子iを有する相Iと相IIを接触させたとする．この場合，相Iは電子伝導体，相IIは電子伝導体かあるいはイオン伝導体であるとする．このときの相Iと相IIの組み合わせを電極系(electrode system)という[10,11]．また，この組み合わせにおける相Iを電極(electrode)と称する．

相Iの電気化学ポテンシャルを$\bar{\mu}_i^I$，相IIの電気化学ポテンシャルを$\bar{\mu}_i^{II}$とする．相Iと相IIでは荷電粒子iの濃度が異なっているので，$\bar{\mu}_i^I$と$\bar{\mu}_i^{II}$は等しくない．

$$\bar{\mu}_i^I \neq \bar{\mu}_i^{II} \tag{3.6}$$

したがって，相Iと相IIを接触させると，**図3.4**[5]に示すように，両相の電気化学ポ

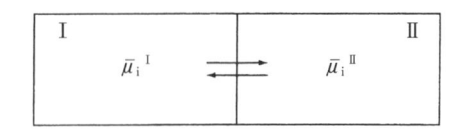

図3.4 荷電粒子iを有する相Iと相IIの接触[5]

テンシャルが等しくなるように，両相の間で荷電粒子の移動が生じる．平衡状態に達したときには

$$\bar{\mu}_i^I = \bar{\mu}_i^{II} \tag{3.7}$$

となる．今

$$\bar{\mu}_i^I = \mu_i^I + z_i F \phi^I \tag{3.8}$$
$$\bar{\mu}_i^{II} = \mu_i^{II} + z_i F \phi^{II} \tag{3.9}$$

とすると，式(3.7)に式(3.8)，(3.9)を入れると次式が得られる．

$$\phi^I - \phi^{II} = \frac{\mu_i^{II} - \mu_i^I}{z_i F} \tag{3.10}$$

すなわち相Ⅰと相Ⅱの界面には，両相の内部電位の差に相当する電位差εが現れる．

$$\varepsilon = \phi^I - \phi^{II} = \frac{\mu_i^{II} - \mu_i^I}{z_i F} \tag{3.11}$$

相Ⅰが電子伝導性の固体，相Ⅱがイオン伝導性の液体であるとき，相Ⅱに対する相Ⅰの内部電位差 $\phi^I - \phi^{II}$，すなわち，式(3.11)の ε を平衡電位 (equilibrium potential) と称している．

3.6 金属と水溶液との接触

図 3.5[5,12,13] に示すように，可溶性の金属 M^I がその金属のイオンを含む水溶液 L^{II} (カチオン M^{z+} とアニオン X^- とからなる)と接しているとする．金属 M^I の中の M^{z+} の電気化学ポテンシャルを $\bar{\mu}_{M^{z+}}^I$，水溶液中の M^{z+} の電気化学ポテンシャルを $\bar{\mu}_{M^{z+}}^{II}$ とする．金属 M^I が M^{z+} イオンとなって溶解し，水溶液中の M^{z+} イオンと平衡する場合には次式が成り立つ．

$$\bar{\mu}_{M^{z+}}^I = \bar{\mu}_{M^{z+}}^{II} \tag{3.12}$$

式(3.12)に式(3.1)と(3.4)を代入すると次式が得られる．

$$\mu_{M^{z+}}^{I,0} + RT \ln a_{M^{z+}}^I + zF\phi^I = \mu_{M^{z+}}^{II,0} + RT \ln a_{M^{z+}}^{II} + zF\phi^{II} \tag{3.13}$$

金属 M^I は固体であるので $a_{M^{z+}}^I = 1$ とすることができる．したがって，M^I と L^{II} の界

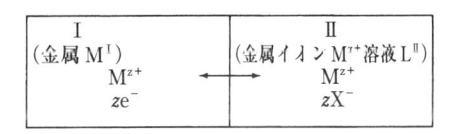

| Ⅰ
(金属 M^I)
M^{z+}
ze^- | Ⅱ
(金属イオン M^{z+} 溶液 L^{II})
M^{z+}
zX^- |

図 3.5 金属 M^I と金属イオン溶液 L^{II} との接触[5]

面における内部電位差 $\varepsilon^{I/II}$ は

$$\varepsilon^{I/II} = \phi^I - \phi^{II} = \frac{\mu_{M^{z+}}^{II,0} - \mu_{M^{z+}}^{I,0}}{zF} + \frac{RT}{zF}\ln a_{M^{z+}}^{II} \tag{3.14}$$

となる．ここで

$$\varepsilon^0 = \frac{\mu_{M^{z+}}^{II,0} - \mu_{M^{z+}}^{I,0}}{zF} \tag{3.15}$$

とすると，次のようになる．

$$\varepsilon^{I/II} = \varepsilon^0 + \frac{RT}{zF}\ln a_{M^{z+}}^{II} \tag{3.16}$$

式(3.16)は金属/水溶液界面の平衡電位(絶対平衡電位；absolute equilibrium potential)を表す式で，Nernst の式(Nernst equation)[14]と呼ばれている．また，ε^0 は絶対標準電極電位(absolute standard electrode potential)と呼ばれている．「絶対」という語が付けられているのは，真空中無限遠基準の電位(絶対電極電位)であること示している．

3.7 水溶液と水溶液の接触

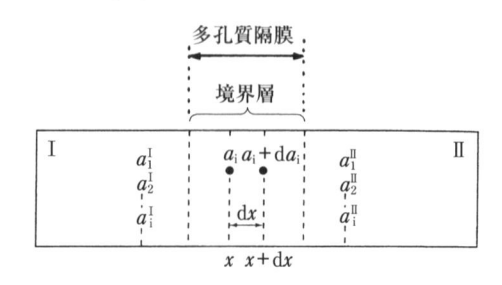

図 3.6[5] に示すように，種類の異なるイオン 1, 2, …, i, … を含む水溶液Iと水溶液IIが，多孔質隔膜で隔てられて互いに接しているとする．この場合には隔膜内に両液が混じり合う境界層ができている．ここで，イオン i の溶液I中での活量を a_i^I，溶液II中での活量を a_i^{II} とする．溶液同士の接触によって，境界層内で各イオンの拡散が生じ，この境界層を通して $1F$ の電気量が流れたとする．境界層内でのイオン i の輸率を t_i，電荷を z_i とすると，$t_i/|z_i|$ モルのイオン i が境界層中を移動する．やがて定常状態に達したときには，境界層内の位置 x と微小な距離 dx だけ離れた位置 $x+dx$ の間の薄層 dx の両側での電気化学ポテンシャルの差は

図 3.6 水溶液Iと水溶液IIの混じり合う界面を持つ接触[5]

$$d\bar{\mu}_i = \Sigma\left(\frac{t_i}{z_i}\right)(\mu_i^{I,0} + RT \ln a_i + z_i F \phi_x)$$

$$\quad - \Sigma\left(\frac{t_i}{z_i}\right)[\mu_i^{II,0} + RT \ln(a_i + da_i) + z_i F \phi_{x+dx}] \tag{3.17}$$

となる．$\Sigma t_i = 1$ であり，また $\mu_i^{I,0} = \mu_i^{II,0}$ であるので，

$$d\bar{\mu}_i = F(\phi_x - \phi_{x+dx}) - RT \Sigma\left(\frac{t_i}{z_i}\right)d\ln a_i \tag{3.18}$$

となる．したがって，$d\bar{\mu}_i = 0$ であるときには

$$\phi_x - \phi_{x+dx} = \frac{RT}{F} \Sigma\left(\frac{t_i}{z_i}\right)d\ln a_i \tag{3.19}$$

という電位差が薄層 dx の両側に現れる．境界層の両側の電位差はイオン i の活量 a_i^I から a_i^{II} まで積分すればよいから，次式になる．

$$\phi^I - \phi^{II} = \frac{RT}{F} \Sigma \int_{a_i^I}^{a_i^{II}} \left(\frac{t_i}{z_i}\right)d\ln a_i \tag{3.20}$$

$\phi^I - \phi^{II}$ は境界層の両側に現れる電位差であり，液間電位 (liquid junction potential) または拡散電位 (diffusion potential) と呼ばれている．

イオン種の活量係数および移動度が境界層内で溶液 I と溶液 II の混合割合に関係なく一定と見なすことができるときには

$$\phi^I - \phi^{II} = [\Sigma\left(\frac{u_i}{z_i}\right)(C_i^{II} - C_i^I)/\Sigma u_i(C_i^{II} - C_i^I)]\frac{RT}{F}\ln \Sigma u_i C_i^{II}/\Sigma u_i C_i^I \tag{3.21}$$

となる．ここで u_i はイオン i の移動度，C_i^I はイオン i の溶液 I 中の当量濃度，C_i^{II} はイオン i の溶液 II 中の当量濃度である．この式は Henderson の式[15]と呼ばれている．

3.8 電極系同士の接触

図 3.7[16] の上側に示すように，電極金属の種類と電解質溶液の種類が異なる二組の電極系が接触し，電極系を構成する各相の内部電位の高低の関係が図 3.7 の下側のようになっている場合について考える．電解質同士の界面には，境界層が形成されているとする．すなわち，二組の電極系が組み合わされて一つの電池が構成されている．この電池の起電力 (electromotive force) は相 IV と相 I との間の内部電位差であり，右の相の内部電位から左の相の内部電位を差し引くことによって，次のように表される．

$$\phi^{IV} - \phi^I = (\phi^{IV} - \phi^{III}) + (\phi^{III} - \phi^{II}) + (\phi^{II} - \phi^I) \tag{3.22}$$

$$= -(\varepsilon^{III/IV} + \varepsilon^{II/III} + \varepsilon^{I/II}) \tag{3.23}$$

式 (3.23) において $\varepsilon^{I/II}$ と $\varepsilon^{III/IV}$ は金属/水溶液界面の平衡電位 (絶対平衡電位) であり，

34　3　電気化学反応の平衡

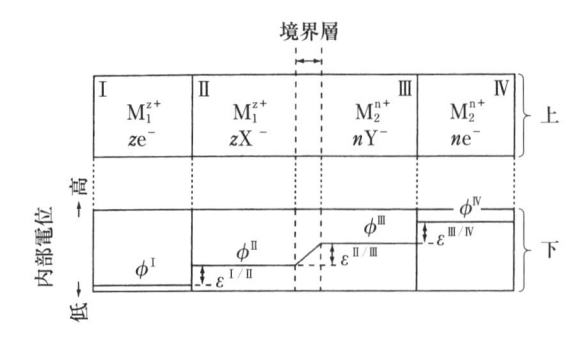

図 3.7　電極系 I/II と電極系 III/IV の接触(上)と各相の内部電位の高低の関係(下)[16]

式(3.16)で求められる.

$$\varepsilon^{I/II} = \varepsilon^{0,I/II} + \frac{RT}{zF} \ln a_{M_1^{z+}}^{II} \tag{3.24}$$

$$\varepsilon^{III/IV} = \varepsilon^{0,III/IV} + \frac{RT}{zF} \ln a_{M_2^{n+}}^{III} \tag{3.25}$$

また，$\varepsilon^{II/III}$ は液間電位であり，式(3.20)で求められる.

$$\varepsilon^{II/III} = \frac{RT}{F} \sum \int_{a_i^{I}}^{a_i^{II}} \left(\frac{t_i}{z_i}\right) d\ln a_i \tag{3.26}$$

すなわち，接触した電極系の相 IV と相 I との間の電位差 $\phi^{IV} - \phi^{I}$（電池の起電力）は，各相界面の平衡電位（絶対平衡電位）と液間電位の和の符号を逆にしたもので表すことができる.

3.9　電極電位の表示法

金属電極 M_x と電解質溶液 L_x とからなる電極系 M_x/L_x の平衡電位 $\varepsilon^{M/L}$ は式(3.16)で表すことができるが，これは異相間の内部電位差であるため，これを直接測定することはできない．そのため，信頼性の高い他の電極系 M_s/L_s と組み合わせて電池を構成し，この電池の起電力を測定し，電極系 M_x/L_x の電極電位を電極系 M_s/L_s の電極電位との差として表示することが行われている．すなわち

電極系 M_x/L_x の電極電位 ＝（電極系 M_s/L_s の電極電位）＋（電池の起電力）　(3.27)

ここで，電極系 M_s/L_s として常に電極電位が一定であるものを採用すれば，電極系 M_x/L_x の電極電位は式(3.27)を用いて直ちに求めることができる．このような，電極電位の相対的表示の基準になる電極は，照合電極(reference electrode)と呼ばれる．

電極電位は相対的表示で与えられるので，表示の仕方を統一しておく必要がある．1969 年に IUPAC (The International Union of Pure and Applied Chemistry；国際純正および応用化学連合)の物理化学分科会が出した手引書[17]によると，電極電位とは「左側に標準水素電極を持ち，右側に対象とする電極を持った電池の起電力」と定義している．この定義に従えば，式(3.27)は次のようになる．

電極系 M_x/L_x の電極電位 ＝（標準水素電極の電位）＋（電池の起電力）　　(3.28)

標準水素電極(normal hydrogen electrode；NHE)は水素イオンの活量が 1，水素ガスの分圧が 1 気圧のときの水素電極（$2H^+ + 2e^- = H_2$）であり，その電位 $\varepsilon^{H/H^+,0}$ はすべての温度において 0 とすることが国際的に約束されているので，式(3.28)の（電池の起電力）がそのまま対象とする電極系の電極電位となる．それゆえ，標準水素電極はあらゆる電極電位の基準にされている．対象とする電極系が可逆電極系であれば，その電極電位は相対可逆電極電位(relative reversible electrode potential)と呼ばれている．可逆電極系の平衡電位は直接測定できないので，通常，この相対可逆電極電位を"平衡電位(equilibrium potential)"と呼んでいる．

なお，標準水素電極基準の電位 E(NHE)の 0 V は絶対電極電位 ε(abs)では 4.44 V に当たる．したがって，E(NHE)は，ε(abs)＝E(NHE)＋4.44 (V)とすることによって，ε(abs)へ変換できる．

3.10　電気化学反応の平衡電位

3.6 節では相と相の接触における荷電粒子の電気化学平衡より平衡電位を表す式(Nernst の式)を導いたが，ここでは電気化学反応の Gibbs 自由エネルギー変化より平衡電位を求める[18～20]．このようにすると，電気化学反応と平衡電位の関係がより具体的になる．

水溶液中における電気化学反応は一般に次式で表される．
$$xOx + mH^+ + ne^- = yRed + zH_2O \quad (3.29)$$
ここで，Ox は酸化体，Red は還元体である．

今，この電気化学反応を普通の化学反応と同じく次式で表すことにする．
$$aA + bB + \cdots = xX + yY + \cdots \quad (3.30)$$
この反応系の各成分が任意の活量のときの Gibbs 自由エネルギー変化は等温，等圧

のもとでは，各成分の化学ポテンシャル μ_i(成分iの1モル当たりのGibbs自由エネルギー)を用いて次のように表される．

$$\Delta G = (x\mu_X + y\mu_Y + \cdots) - (a\mu_A + b\mu_B + \cdots) \tag{3.31}$$

各成分の活量を a_i で表せば，各成分の化学ポテンシャル μ_i は次式で表される．

$$\mu_i = \mu_i^0 + RT \ln a_i \tag{3.32}$$

ここで，μ_i^0 は標準状態の化学ポテンシャルである．

式(3.32)を式(3.31)に入れ，活量に関する項と標準化学ポテンシャルに関する項に整理すると，次式が得られる．

$$\Delta G = [(x\mu_X^0 + y\mu_Y^0 + \cdots) - (a\mu_A^0 + b\mu_B^0 + \cdots)] + RT \ln\left(\frac{a_X^x \, a_Y^y \cdots}{a_A^a \, a_B^b \cdots}\right) \tag{3.33}$$

式(3.33)の右辺の [ ] の中は活量に無関係であり，この部分を ΔG^0 とすると

$$\Delta G = \Delta G^0 + RT \ln\left(\frac{a_X^x \, a_Y^y \cdots}{a_A^a \, a_B^b \cdots}\right) \tag{3.34}$$

となる．ただし，ΔG^0 は次式で表される．

$$\Delta G^0 = (x\mu_X^0 + y\mu_Y^0 + \cdots) - (a\mu_A^0 + b\mu_B^0 + \cdots) \tag{3.35}$$

ここで，ΔG^0 は標準自由エネルギー変化(standard free energy change)，すなわち，各成分の活量が1であるときの自由エネルギー変化である．

次に，平衡状態では $\Delta G = 0$ であるから，式(3.34)より次のようになる．

$$-\Delta G^0 = RT \ln\left(\frac{a_X^x \, a_Y^y \cdots}{a_A^a \, a_B^b \cdots}\right) \tag{3.36}$$

一定温度においては $(-\Delta G^0/RT)$ は定数になるから

$$\frac{a_X^x \, a_Y^y \cdots}{a_A^a \, a_B^b \cdots} = \text{一定} = K \tag{3.37}$$

とすると，K はこの反応系の平衡定数(equilibrium constant)である．それゆえ

$$-\Delta G^0 = RT \ln K \tag{3.38}$$

と表される．

さて，式(3.29)の電気化学反応の電極電位を $\varepsilon^{Ox/Red}$ とし，この反応と標準水素電極反応 $(\varepsilon^{H/H^+,0} \equiv 0\,\text{V})$ を組み合わせて電池を構成する．この電池の起電力 E は

$$E = \varepsilon^{Ox/Red} - \varepsilon^{H/H^+,0} = \varepsilon^{Ox/Red} \tag{3.39}$$

となり，式(3.29)の反応の電極電位に等しい．この反応に関与する電子数を z，Faraday定数を F とすると，この反応に伴う自由エネルギー変化 $-\Delta G$ は，反応における最大仕事 zFE に等しい．

$$-\Delta G = zFE \tag{3.40}$$

式(3.40)と式(3.34)から次式が得られる．

$$E = -\frac{\Delta G^0}{zF} - \frac{RT}{zF}\ln\left(\frac{a_X^x \; a_Y^y \cdots}{a_A^a \; a_B^b \cdots}\right) \tag{3.41}$$

ここで

$$E^0 = -\frac{\Delta G^0}{zF} = \frac{RT}{zF}\ln K \tag{3.42}$$

とすると，式(3.41)は次のように書くことができる．

$$E = E^0 - \frac{RT}{zF}\ln\left(\frac{a_X^x \; a_Y^y \cdots}{a_A^a \; a_B^b \cdots}\right) \tag{3.43}$$

式(3.43)は電気化学反応の標準水素電極基準の平衡電位を表す式である．E^0 は標準電極電位で，反応系の各成分の活量が1のときの電位である．式(3.43)は3.6節で金属と水溶液の接触について導いた式(3.16)と同じものであるが，こちらは相対可逆電極電位となっている．一般には式(3.43)を Nernst の式と呼んでいる．

3.11 電位-pH 図

金属-水溶液系の電気化学反応には，電子と水素イオンの両者，またはこれらのうちの一つが関与している．そのため，電気化学反応の平衡電位あるいは平衡定数を pH の関数として計算して，図3.8に示すように，縦軸を電位 E，横軸を pH とした平面に図式表示することが行われている[21]．このような図は，電位-pH 図(potential-pH diagram)あるいはプルベー図(Pourbaix diagram)と呼ばれている[22]．図3.8にお

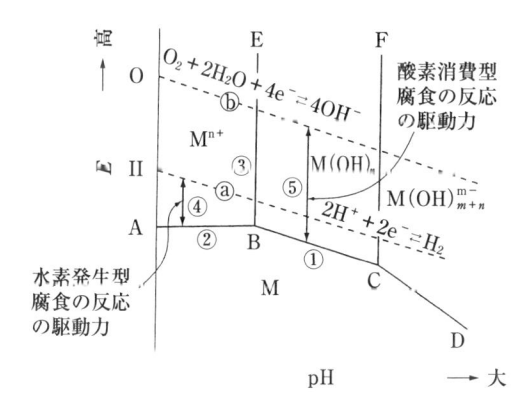

図 3.8 金属-H$_2$O 系の電位-pH 図[21]

いて，実線 AB は金属 M とイオン M^{n+} の間の，実線 BC は M と水酸化物 $M(OH)_n$ の間の，実線 CD は M とイオン $M(OH)_{m+n}^{m-}$ の間の，実線 BE は M^{n+} と $M(OH)_n$ の間の，そして実線 CF は $M(OH)_n$ と $M(OH)_{m+n}^{m-}$ の間の平衡関係を示している．これらの平衡関係は，以下のようにして求められる．

金属-水溶液系の電気化学反応は，次の(1)から(3)の三つのタイプに分類できる．

(1) 電位と pH の両方が関係する反応(Type I)

$$xOx + mH^+ + ne^- = yRed + zH_2O \quad (酸化還元反応) \tag{3.44}$$

この反応の平衡電位は，標準化学ポテンシャルの単位を $J \cdot mol^{-1}$ とすると，温度 298 K では次式で与えられる．

$$E = \left(\frac{x\mu_{Ox}^0 - y\mu_{Red}^0 - z\mu_{H_2O}^0}{96500n}\right) - \frac{0.0591m}{n}pH + \frac{0.0591}{n}\log\left(\frac{a_{Ox}^x}{a_{Red}^y}\right) \tag{3.45}$$

式(3.45)の関係を図 3.8 の電位-pH 図上に示すと，勾配 $[-(0.0591m/n)]$ の斜線①となる．式(3.44)で Ox を $M(OH)_m$，Red を M としたときの実線 BC に相当する．

(2) 電位には関係するが，pH に無関係な反応(Type II)

$$xOx + ne^- = yRed \quad (酸化還元反応) \tag{3.46}$$

この反応の平衡電位は次式で与えられる．

$$E = \frac{x\mu_{Ox}^0 - y\mu_{Red}^0}{96500n} + \frac{0.0591}{n}\log\left(\frac{a_{Ox}^x}{a_{Red}^y}\right) \tag{3.47}$$

式(3.47)の関係を図 3.8 の電位-pH 図上に示すと，pH 軸に平行な直線②となる．式(3.46)で Ox を M^{n+}，Red を M としたときの実線 AB に相当する．

(3) 電位に無関係で，pH には関係する反応(Type III)

$$pA + mH^+ = qB + zH_2O \quad (酸塩基反応) \tag{3.48}$$

ここで，A は塩基(H^+ を受け取る物質)，B は酸(H^+ を与える物質)である．

この反応の平衡定数 $K(=a_B^q a_{H_2O}^z / a_A^p a_{H^+}^m)$ は，式(3.35)と式(3.38)より次式で与えられる．

$$\ln K = \frac{p\mu_A^0 - q\mu_B^0 - z\mu_{H_2O}^0}{RT} \tag{3.49}$$

今，式(3.48)の反応が水酸化物 A $[M(OH)_m]$ と金属イオン B $[M^{m+}]$ の間の反応であれば，この反応の平衡関係が成立する pH は金属イオン B の活量 a_B に依存する．

$$mpH = \frac{p\mu_A^0 - q\mu_B^0 - z\mu_{H_2O}^0}{5706} - q\log a_B \tag{3.50}$$

式(3.50)の関係を図 3.8 の電位-pH 図上に示すと，電位軸に平行な直線③となり，実線 BE に相当する．

水溶液系の電気化学反応においては，対象とする電気化学反応の外に溶媒の水の安定域についても考慮しなければならない．図3.8には，水の分解反応に関わる水素電極反応(式(3.51))と酸素電極反応(式(3.52))の平衡電位をそれぞれ破線ⓐおよび破線ⓑで示してある．

$$2\,H^+ + 2\,e^- = H_2 \tag{3.51}$$

$$O_2 + 2\,H_2O + 4\,e^- = 4\,OH^- \tag{3.52}$$

水溶液中で金属の溶解反応

$$M^{n+} + n\,e^- = M \tag{3.53}$$

と水素電極反応が組み合わさり電池が構成されたときには，その起電力は線④で表される．これは酸性溶液中での金属の水素発生型腐食の局部電池の起電力に相当する．また，水溶液中で金属の酸化反応

$$M(OH)_n + n\,H^+ + n\,e^- = M + n\,H_2O \tag{3.54}$$

と酸素電極反応が組み合わさり電池が構成されたときには，その起電力は線⑤で表される．これは，中性溶液中での金属の酸素消費型腐食の局部電池の起電力に相当している．

3.12　腐食状態図

金属表面に安定な酸化物皮膜が生成すれば，下地の金属は使用環境の水溶液とは遮断されて，下地金属の腐食速度は極めて小さくなることが予想される．逆に，使用環境中で酸化物皮膜が生成せず，この環境中で金属よりも金属イオンの方が安定であれば，金属は金属イオンになるように大きな速度で溶解すると予想される．しかし，金属イオンよりも金属の方が安定であれば，金属はいつまでも金属状態で存在し続けると予想される．このように，ある環境中で熱力学的に安定な化学種に対して腐食速度という速度論的予測を加味して，金属-H$_2$O系の電位 pH 図上の酸化物安定域，金属イオン安定域および金属安定域を，それぞれ不働態域(passivation)，腐食域(corrosion)，および不感性域(immunity)として表示した図を腐食状態図(corrosion phase diagram)という[22]．各領域の境界線は，水溶液中の金属イオンの活量 $a_{M^{z+}} = 10^{-6}$ のときの平衡を表す線が採られている．

腐食状態図は，対象とする金属が使用環境のpHにおいて腐食するかしないかを予測するのに大変便利である．しかし，腐食状態図中の酸化物や金属イオンが対象とする腐食環境中で生じるものでないと，不確かな予測をすることになる．図3.9は，溶存酸素を含む水の中で鉄の錆としてよく見られるα-FeOOHとFe$_3$O$_4$を安定固相とし

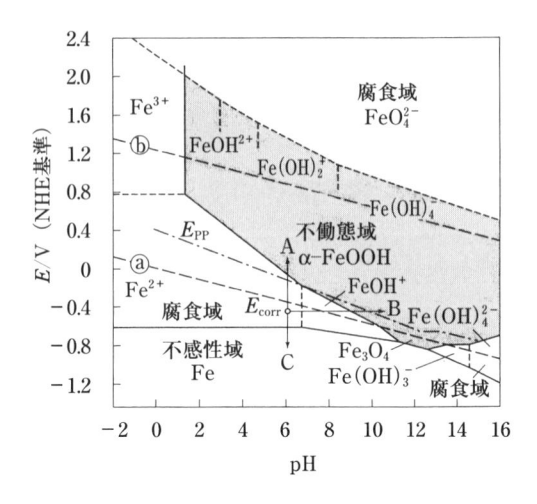

図 3.9 Fe-H$_2$O 系の腐食状態図[21]（Misawa[23] の電位-pH 図を元に作成）
ⓐ：水素電極反応の平衡電位，ⓑ：酸素電極反応の平衡電位

て描いた Misawa[23] の電位-pH 図を腐食状態図として表示したものである[21]．α-FeOOH と Fe$_3$O$_4$ の安定域が不働態域であり，この領域内では鉄はこれらの錆の皮膜に覆われるので，鉄の腐食速度はかなり低下すると予想できる．しかし，このように現実的な皮膜形成物を用いた腐食状態図を使っても，皮膜が緻密で保護性がある場合と粗雑で保護性がない場合とでは，腐食速度に大きな違いが生じるので注意が必要である．また，水溶液中に錯体を生じるイオンが存在する場合には，そのようなイオンの影響を考慮した電位-pH 図を作る必要がある．

腐食状態図は防食法の検討に用いることもできる．図 3.9 には，E_{corr} と示した位置に腐食電位があり，ここで腐食している鉄を防食する方法を示した．A はアノード防食，B はアルカリ処理による防食，C はカソード防食を示す．アノード防食は鉄の電位を上げてアノード酸化皮膜を生成させる方法である．この場合にはアノード的不働態化が起こる電位（E_{pp} で示した一点破線）以上にする必要がある．アルカリ処理による防食は水溶液をアルカリ性にして酸化物皮膜を沈殿析出させる方法である．カソード防食は鉄の電位を不感性域まで下げて金属状態を安定にする方法である．

3.13　高温水環境の電位-pH 図

エネルギー産業のプラントなどでは冷却水に高温（> 373 K(100℃)）の水が使われ

3.13 高温水環境の電位-pH 図

ることが多い．このようなところで使われる金属材料の腐食を予測するには，高温水環境の電位-pH 図が必要になる．しかし，一般に公表されている電位-pH 図は 298 K のものがほとんどであり，任意の温度のものを作るには，その温度における物質の生成自由エネルギーを計算する必要がある．そのような計算においてよく使われるのが Criss-Cobble のエントロピー対応原理(correspondence principle of entropies)[24,25]である．これを用いた高温電位-pH 図の作成法について説明する．

式(3.44)の電気化学反応の任意の温度 T における平衡電位 E_T は，式(3.41)より次式で表すことができる．

$$E_T = -\frac{\Delta G_T^0}{nF} - \left(\frac{RT}{F}\right)\left(\frac{m}{n}\right)\mathrm{pH} + \frac{RT}{nF}\ln\left(\frac{a_{\mathrm{Ox}}^x}{a_{\mathrm{Red}}^y}\right) \tag{3.55}$$

また，ΔG_T^0 は式(3.42)と式(3.35)より一般式で書くと次のようになる．

$$\Delta G_T^0 = -nFE_T^0 = \sum \nu_i \mu_{i,T}^0 \tag{3.56}$$

ここで，ν_i は i 化学種の化学量論数，$\mu_{i,T}^0$ は温度 T における i 化学種の化学ポテンシャルである．したがって，$\mu_{i,T}^0$ が分かれば E_T を求めることができる．

定圧比熱の温度関数 $Cp^0(T)$ が次式のように与えられているときには，

$$Cp^0(T) = A + BT + CT^{-2} \tag{3.57}$$

$\mu_{i,T}^0$ は次式で計算することができる．

$$\mu_{i,T}^0 = \mu_{298}^0 - (T-298)S_{298}^0 + \int_{298}^{T} Cp^0(T)\mathrm{d}T - T\int_{298}^{T}\left[\frac{Cp^0(T)}{T}\right]\mathrm{d}T \tag{3.58}$$

ここで，298 は標準温度(298 K(25℃))，S_{298}^0 は 298 K での絶対エントロピーである（J・mol^{-1}）．固体，液体，気体の純粋な相に対しては，定圧比熱の温度関数が熱力学データ集[26]に与えられているので，この式を用いることができる．

なお，熱力学データ集などに与えられているのは，298 K の H$^+$ イオンのエントロピーを 0 と規定してこれを基準にした通常エントロピー S_{298}^0(conv)であるので，絶対エントロピーに直す必要がある．

$$S_{298}^0 = S_{298}^0(\mathrm{conv}) - 5.0n \tag{3.59}$$

ただし，n は符号を含むイオンの電荷数である．

イオンなどの溶存種については，定圧比熱の温度関数が不明であることが多い．そのようなときには，$Cp^0(T)$ を含む項の値を推定する必要がある．今，

$$\int_{298}^{T} Cp^0(T)\mathrm{d}T \fallingdotseq \left[\frac{(T-298)}{\ln(T/298)}\right](S_T^0 - S_{298}^0) \tag{3.60}$$

という近似式を使うと，次の関係が得られる．

$$\mu_{i,T}^0 = \mu_{i,298}^0 - (TS_T^0 - 298 S_{298}^0) + \left[\frac{(T-298)}{\ln(T/298)}\right](S_T^0 - S_{298}^0) \tag{3.61}$$

したがって，S_T^0 が分かれば $\mu_{i,T}^0$ が得られる．

絶対エントロピーが用いられている場合には，S_T^0 は Criss-Cobble のエントロピー対応原理に基づいて次式によって求めることができる．

$$S_T^0 = a_T + b_T S_{298}^0 \tag{3.62}$$

定数 a_T および b_T はイオンの種類と温度に依存する値を採る．これらの値は文献[25]から知ることができる．

このようにして $\mu_{i,T}^0(T)$ より E_T が求まれば，温度 T における電位-pH 図を描くことができる．**図 3.10** は，Lee[27] による 298〜573 K (25〜300 ℃) の Cr-H₂O 系電位-pH 図を一つにまとめたものを示す[21]．温度が高くなるにつれてアルカリ性 pH 側の腐食域に相当する CrO_3^{3-} の領域が広がり，不働態に相当する CrOOH の領域が狭くなることが分かる．温度が上がるにつれて水の中性点 pH も酸性側にずれるが，それを考慮しても高温域ではアルカリ腐食が起こりやすくなると推察される．

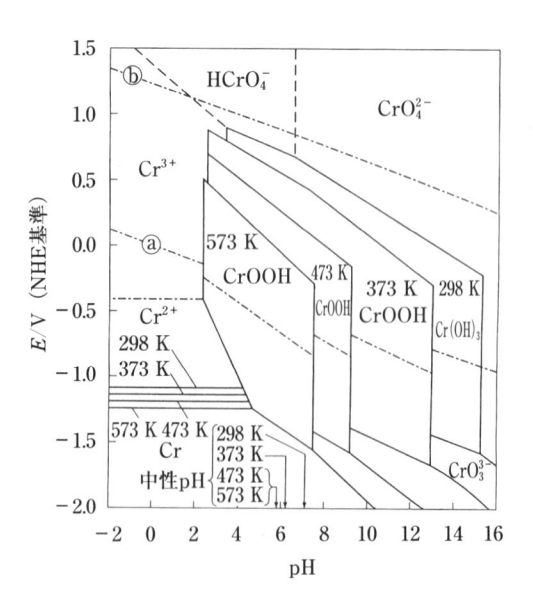

図 3.10 Cr-H₂O 系の電位-pH 図の温度による変化[21]
(Lee[27] の電位-pH 図を元に作成)
ⓐ：水素電極反応の平衡電位，ⓑ：酸素電極反応の平衡電位

Criss-Cobble の対応原理を用いるとき配慮しなければならないことは，式(3.62)の a_T および b_T のパラメータを決定するのに使われた実測データが 423 K(150℃)以下のものであり，それ以上の温度(573 K(300℃)まで)のパラメータは推定値であることである[25]．イオンの熱力学的性質の変化は 473 K(200℃)位までは穏やかであるといわれているので，これくらいまでは推定値の信頼性もあると思われる．しかし，473 K 以上では，推定値を使って得られる $\mu_{i,T}^0$ の値の信頼性が低くなる恐れがある．

　443 K 以上の高温で精度よくイオンの熱力学諸量を求める別な方法が Helgeson-Kirkham-Flowers[28,29] によって提案されている(HKF 法と呼ばれている)．この方法によると臨界点付近まで信頼性の高い値が得られるが，計算式に各イオン固有のパラメータを多く含み，また計算過程も複雑である．そのため，高温電位-pH 図の計算に一般的に使用されるにはまだ至っていない．

参 考 文 献

(1) W. Gibbs：*Collected Works*, Vol. 1, Longmans, Green (1928), p. 65.
(2) 喜多英明, 魚崎浩平：電気化学の基礎, 技報堂出版(1983), p. 34.
(3) 佐藤教男：電極化学(上), 日鉄技術情報センター(1993), p. 1.
(4) N. Sato：*Electrochemistry at Metal and Semiconductor Electrodes*, Elsevier, (1998), p. 4.
(5) 杉本克久：金属電子化学 金属化学入門シリーズ 4 改訂, 日本金属学会(2006), p. 17.
(6) E. A. Guggenheim：J. Phys. Chem., **33**(1929), 842.
(7) 外島 忍：基礎電気化学, 朝倉書店(1965), p. 49.
(8) 玉虫伶太：電気化学, 東京化学同人(1967), p. 6.
(9) W. Gibbs：文献[1], p. 429.
(10) 佐藤教男：文献[3], p. 137.
(11) N. Sato：文献[4], p. 87.
(12) 玉虫伶太：文献[8], p. 114.
(13) 鋤柄光則：若い技術者のための電気化学, 電気化学協会編, 丸善(1983), p. 67.
(14) W. Nernst：Z. physik. Chem., **4**(1899), 129.
(15) P. Henderson：Z. physik. Chem., **59**(1907), 118；**63**(1908), 325.
(16) 杉本克久：文献[5], p. 43.
(17) 関 集三, 松尾隆祐訳：「物理・化学量および単位」に関する記号と術語の手引き, IUPAC 物理化学分科会記号, 術語および単位委員会編, 日本化学会(1973).

(18) 田島　栄：電気化学通論 改訂版, 共立出版(1969), p. 111.
(19) 喜多英明, 魚崎浩平：文献[(2)], p. 87.
(20) 渡辺　正, 中林誠一郎：電子移動の化学—電気化学入門, 朝倉書店(1996), p. 60.
(21) 杉本克久：まてりあ, **46**(2007), 552.
(22) M. Pourbaix：*Atlas of Electrochemical Equilibria in Aqueous Solutions*, National Association of Corrosion Engineers(1974).
(23) T. Misawa：Corros. Sci., **13**(1973), 659.
(24) C. M. Criss and J. W. Cobble：J. Am. Chem. Soc., **86**(1964), 5385.
(25) C. M. Criss and J. W. Cobble：文献[(24)], 5390.
(26) C. M. Churney and R. L. Nuttall：*The NBS tables of chemical thermodynamic properties*, J. Phys. Chem. Ref. Data, **11**, Supplement 2(1982).
(27) J. B. Lee：Corrosion, **37**(1981), 467.
(28) H. C. Helgeson, D. H. Kirkham and G. C. Flowers：Amer. J. Sci., **281**(1981), 1249.
(29) J. C. Tanger and H. C. Helgeson：Amer. J. Sci., **288**(1988), 19.

4 電気化学反応の速度

4.1 分極電位での反応速度

　電気化学反応が平衡電位にあるときには，酸化方向の反応速度と還元方向の反応速度が釣り合っており，反応は見かけ上進行しない[1]．しかし，平衡電位から電位をずらすと，ずれが正であれば酸化方向の，負であれば還元方向の速度が大きくなり，その向きに反応が進む．平衡電位からずれたところの電位を分極電位という．本章では，分極電位での反応速度がどのような因子に支配されるかについて，エネルギーレベル速度論および絶対反応速度論に基づいて説明する．電気化学反応の反応速度は電流で表すことができるので，電流と分極電位の関係，すなわち，分極曲線を求めれば，反応の機構を知ることができる．それゆえ，分極曲線の測定法と利用の仕方についても述べる．最後に，分極曲線から推定されている鉄のアノード溶解機構について触れる．

4.2 金属中の電子のエネルギー

　金属格子中の1個の格子イオン(電荷 ze^-)によって受ける電子のポテンシャルエネルギーの変化は，格子イオンの中心からの距離を r とすると，$-ze^2/\varepsilon_0 r$ (ε_0 は真空の誘電率)で表される双曲線となる．金属中では，このような格子イオンが図4.1のように連なっていると考えられる[2]．破線は孤立イオンに対するポテンシャル曲線を示しているが，結晶内部では実線のようにポテンシャルエネルギーは低くなるので，これよりも高い位置に伝導帯がある場合には，電子は結晶中を自由に動き回ることができる．

　金属表面における電子のポテンシャルエネルギーは鏡像力(image force)の影響を受ける．すなわち，表面から電子 e^- を取り出すと反対の位置に正電荷 $+e$(電子空孔)が生じ，取り出された電子はこの正電荷によって引き戻される．したがって，取り出された電子のポテンシャル $V(x)$ は，表面からの距離を x とすると

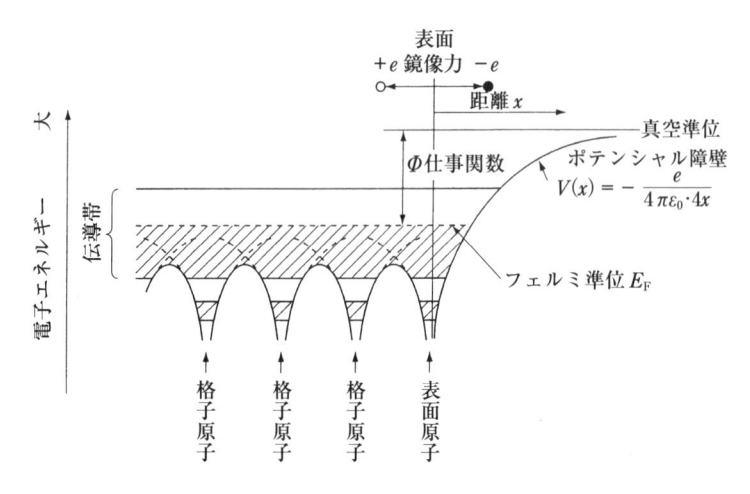

図 4.1 表面付近の電子のポテンシャルエネルギーの距離 x による変化[2]

$$V(x) = -\frac{e}{4\pi\varepsilon_0 \cdot 4x} \tag{4.1}$$

に従って変化する[3]．このような電子の鏡像ポテンシャルは表面から真空に向かって距離 x の増加と共に上昇し，電子が系に束縛されない状態のエネルギー，すなわち真空準位，に漸近する．この鏡像ポテンシャルが金属表面から電子が真空中に飛び出すことに対するポテンシャル障壁(potential barrier)となっている．

伝導帯にある電子は自由電子の性質を持つので，伝導帯中の電子準位は**図 4.2** のよ

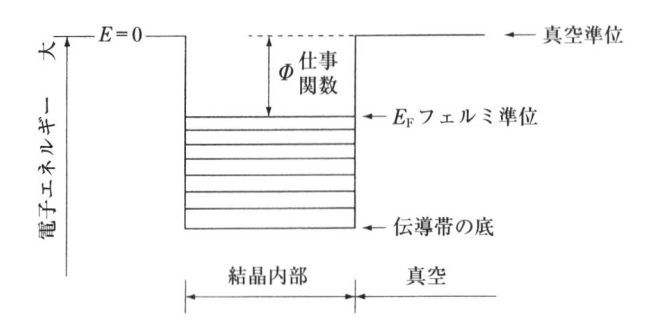

図 4.2 自由電子のエネルギー準位に対する Sommerfeld 模型[2]

うな Sommerfeld 模型で表すことができる[2]．伝導帯中の電子が満たされている最高準位がフェルミ準位(Fermi level) E_F である．フェルミ準位は金属中の電子の電気化学ポテンシャルに等しい．真空準位とフェルミ準位との差 Φ を仕事関数(work function)という．仕事関数はフェルミ準位にある電子を真空準位まで取り出すのに必要な仕事である．

4.3 ショットキー効果

金属表面が負になるように外部から電界 F が印加されると，真空中の電位は直線 $-Fx$ で表される．このような場合の電位分布 $V_{\text{eff}}(x)$ は

$$V_{\text{eff}}(x) = V(x) - Fx \tag{4.2}$$

となる．$V_{\text{eff}}(x)$ は x' において極大値 $(-(eF/4\pi\varepsilon_0)^{1/2})$ をとる．したがって，仕事関数は $e|V(x')|$ だけ減少し，実効的な仕事関数は次式で表される．

$$\Phi' = \Phi - \left(\frac{e^3 F}{4\pi\varepsilon_0}\right)^{1/2} \tag{4.3}$$

このように，金属表面に電界を印加したとき仕事関数が減少することをショットキー効果(Schottky effect)と呼んでいる[4]．ショットキー効果を表す表面付近の電子のポテンシャルエネルギーと距離の関係を**図 4.3**に示す[2]．ショットキー効果によって金属表面のポテンシャル障壁が低くかつ薄くなると，金属内の電子は熱励起または量子力学的トンネル効果によって真空中に飛び出しやすくなる．

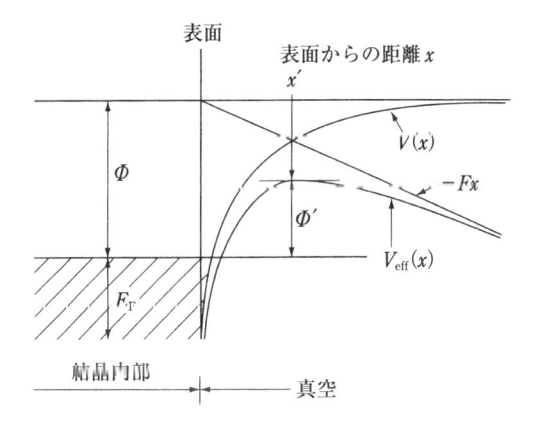

図 4.3　Schottky 効果による仕事関数の減少[7]

金属が水溶液と接しているときにも，金属表面のポテンシャル障壁が低くかつ薄くなるように外部から電界 F を印加すると，金属内の電子は水溶液中に飛び出しやすくなる．しかし，この場合，電子が水溶液中の化学種に移行できるかどうかは，飛び出す電子のエネルギーとそれを受け取る化学種の電子エネルギー準位の関係によって決まる．なぜなら，真空中では電子は連続的なエネルギー状態を採るが，水溶液中の化学種の中では電子は離散的なエネルギー状態を採るからである．

4.4　フェルミ準位と状態密度

エネルギー E の電子が占有可能なエネルギー状態の数のうち実際に電子によって占有される数の割合は，フェルミ分布関数(Fermi function) $f(E)$ でもって表すことができる[5]．

$$f(E) = \left[1+\exp\left(\frac{E-E_\mathrm{F}}{kT}\right)\right]^{-1} \tag{4.4}$$

ここで，E は電子のエネルギー，E_F はフェルミ準位，k はボルツマン(Boltzmann)定数 ($k = 1.381\times 10^{-23}$ J・K^{-1})，T は絶対温度である．したがって，電子によって占有されていない状態の割合は

$$1-f(E) = \left[1+\exp\left(\frac{E_\mathrm{F}-E}{kT}\right)\right]^{-1} \tag{4.5}$$

となる．$E = E_\mathrm{F}$，すなわちエネルギーがフェルミ準位にあるときには，式(4.5)より

$$f(E) = \frac{1}{2} \tag{4.6}$$

となる．すなわち，占有可能なエネルギー状態のうち半分だけが電子によって占有されている．

エネルギー E において，電子が占有可能なエネルギー状態(electronic eigenstate)の固体単位体積当たりの数を，状態密度(state density) $D(E)$ と呼んでいる．状態密度は Blakemore[6] によって次式で与えられている．

$$D(E) = \left(\frac{1}{2\pi^2}\right)\left(\frac{2m_\mathrm{e}}{\hbar^2}\right)^{3/2}(E-E_0)^{1/2} \tag{4.7}$$

ここで，m_e は電子の質量，$\hbar$ はプランクの定数 h の $1/2\pi$ 倍 ($\hbar = 1.0546\times 10^{-34}$ J・s)，E_0 は当該バンドの下端のエネルギーである．

エネルギー準位 E においては，状態密度 $D(E)$ のうちフェルミ分布関数 $f(E)$ の割合だけが電子で占有されているので，この準位における占有電子密度 $n(E)$ は次式で与えられる．

4.4 フェルミ準位と状態密度

$$n(E) = D(E)f(E) \tag{4.8}$$

$$= \left(\frac{1}{2\pi^2}\right)\left(\frac{2m_e}{\hbar^2}\right)^{3/2}(E-E_0)^{1/2}\left[1+\exp\left(\frac{E-E_F}{kT}\right)\right]^{-1} \tag{4.9}$$

式(4.9)をバンド内の全エネルギー領域にわたって積分すると，固体の単位体積当たりの全電子数(電子の体積密度)n_eが求まる．

$$n_e = \int_{E_0}^{\infty} D(E)f(E)\,dE \tag{4.10}$$

$$= \left(\frac{1}{2\pi^2}\right)\left(\frac{2m_e}{\hbar^2}\right)^{3/2}\int_{E_0}^{\infty}\left\{(E-E_0)^{1/2}\left[1+\exp\left(\frac{E-E_F}{kT}\right)\right]^{-1}\right\}dE \tag{4.11}$$

電子の体積密度n_eが既知であるときには，式(4.11)からフェルミ準位E_Fを求めることができる．フェルミ準位は固体中の自由電子の平均エネルギーを表しており，これは固体内の自由電子の電気化学ポテンシャルに等しい．また，式(4.11)において，$T=0$，積分範囲をE_0からE_Fまでとれば，絶対零度におけるフェルミ準位$E_F^{T=0}$を求めることができる．

$$E_F^{T=0} = E_0 + \frac{(3\pi^2 n_e)^{2/3}\hbar^2}{2m_e} \tag{4.12}$$

図4.4にフェルミ分布関数$f(E)$，状態密度$D(E)$，および占有電子密度$n(E)$の電子エネルギーEによる変化を示した[2]．

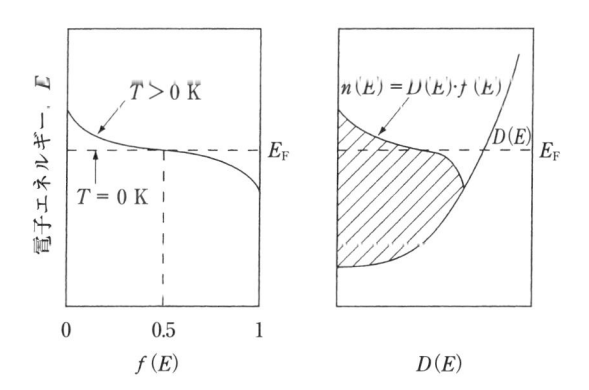

図4.4 フェルミ分布関数$f(E)$，状態密度$D(E)$および占有電子密度$n(E)$の電子エネルギーEによる変化[2]

4.5 水溶液中の電子のエネルギー

水(H_2O)は，水素(H)の酸化物である．一般に，金属酸化物の電子エネルギーバンドにおいては，金属原子の最外殻電子軌道が伝導帯を形成し，酸素原子の2p結合電子軌道が価電子帯を形成する．H_2Oでは，Hの1s電子軌道が伝導帯を，そしてOの2p結合電子軌道が価電子帯を形成している．ただし，液体のH_2Oは非晶質状態(amorphous state)であるので，伝導帯下端E_cおよび価電子帯上端E_vの位置は不明瞭である．しかし，E_cおよびE_vはそれぞれ$-1.25\,\text{eV}$および$-9.3\,\text{eV}$くらいであり，エネルギーバンドギャップE_gは約$8\,\text{eV}$である[7,8]．$E_g \fallingdotseq 8\,\text{eV}$であることから，$H_2O$は絶縁体である．

化学種の酸化体(Ox)および還元体(Red)を含む化学反応系(例えば$x\text{Ox}+m\text{H}^+ +n e^- = y\text{Red}+z\text{H}_2\text{O}$)は，酸化還元系(redox系)と呼ばれる．$H_2O$にredox系を添加すると，redox系の酸化体および還元体はH_2Oのエネルギーバンドギャップの中に局在準位を形成する．酸化体の局在準位E_{Ox}^0はドナー準位に相当し，また，還元体の局在準位E_{Red}^0はアクセプター準位に相当している．このような場合におけるH_2Oの電子エネルギーバンドを図4.5に示した[2,7,8]．

図4.5においては酸化体および還元体の局在準位をそれぞれ一本の線で表しているが，これらはあるエネルギー範囲に分布している．これを表す状態密度-エネルギー曲線を図4.6に示した[2,7,8]．酸化体の状態密度曲線$D_{Ox}(E)$と還元体の状態密度曲線$D_{Red}(E)$との交点，すなわち$D_{Ox}=D_{Red}$となるエネルギー準位が，酸化還元電位(re-

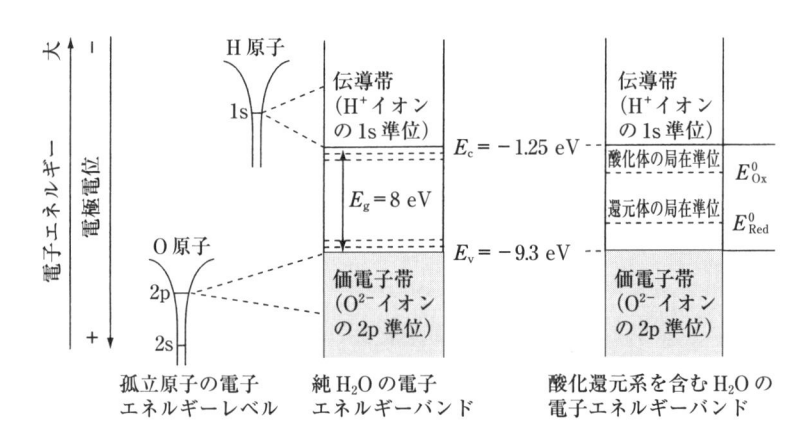

図4.5 H_2Oの電子エネルギーバンド[2]

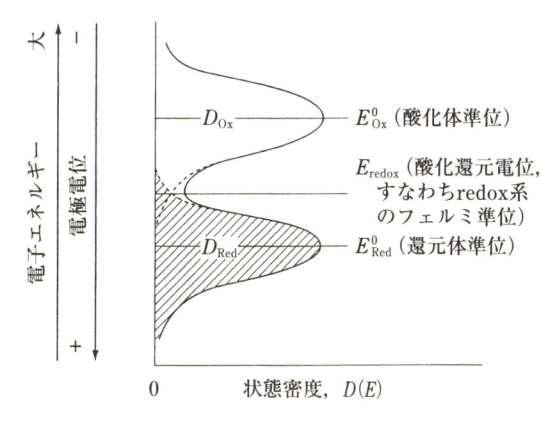

図 4.6 水溶液中の redox 系の状態密度 $D(E)$ [2]

dox potential) E_{redox} である. E_{redox} においては，全状態密度の 1/2 が電子で占められており，E_{redox} は固体金属や半導体におけるフェルミ準位 E_F に相当している．E_{redox} は式(4.13)で表すことができる．ただし，酸化体と還元体の水和構造の再配列エネルギーが等しいことを仮定している．

$$E_{\text{redox}} = \frac{E_{\text{Ox}}^0 + E_{\text{Red}}^0}{2} + kT \ln\left(\frac{N_{\text{Red}}}{N_{\text{Ox}}}\right) \quad (4.13)$$

ここで，E_{Ox}^0 および E_{Red}^0 はそれぞれ酸化体および還元体の最多確率準位，N_{Ox} および N_{Red} はそれぞれ酸化体および還元体の濃度である．$N_{\text{Ox}} = N_{\text{Red}}$ のときの E_{redox} を E_{redox}^0 とすると

$$E_{\text{redox}}^0 = \frac{E_{\text{Ox}}^0 + E_{\text{Red}}^0}{2} \quad (4.14)$$

であり，E_{redox}^0 は E_{Ox}^0 と E_{Red}^0 の間の中央に位置している．E_{redox}^0 は redox 系の標準電極電位であり，標準フェルミ電位(standard Fermi potential)とも呼ばれる．

4.6 金属/redox 系界面での電子移行速度

金属と redox 系水溶液が接触すると，金属の電気化学ポテンシャル(すなわち，フェルミ準位)と redox 系の電気化学ポテンシャル(すなわち，酸化還元電位)が等しくなって平衡が達成される．金属と redox 系の平衡状態を図 4.7 に示した[9]．ただしこの図では，金属/水溶液界面の電気二重層の影響を省略している(以下，同種の図

52　4　電気化学反応の速度

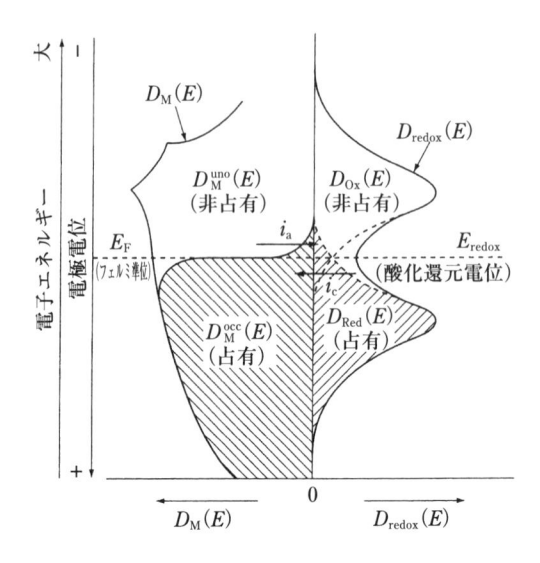

図4.7 金属とredox系が接触したときの平衡電位近傍の状態密度分布曲線の関係[9]

も同じ). redox系側から金属側への電子移行およびその逆方向の電子移行について，エネルギーレベル速度論を用いて解説する[10, 11].

図4.7において，酸化方向(アノード方向)の電子トンネル透過速度定数を$k_e^a(E)$，還元方向(カソード方向)の電子トンネル透過速度定数を$k_e^c(E)$，金属の電子占有状態密度を$D_M^{occ}(E)$，金属の電子非占有状態密度を$D_M^{uno}(E)$，redox系の酸化体の電子非占有状態密度を$D_{Ox}(E)$，redox系の還元体の電子占有状態密度を$D_{Red}(E)$，還元体の表面濃度をC_{Red}，酸化体の表面濃度をC_{Ox}とすると，電位Eから$E+dE$の範囲において還元体の準位占有電子が単位時間・単位面積当たりに金属中の非占有準位に移る反応，すなわちアノード反応の電流$i_a(E)$は，次式であたえられる．

$$i_a(E) = FC_{Red}\,k_e^a(E)D_M^{uno}(E)D_{Red}(E) \tag{4.15}$$

ただし

$$D_M^{uno}(E) = D_M(E)f(E-E_F) \tag{4.16}$$

$$D_{Red}(E) = D_{redox}(E)f(E-E_{redox}) \tag{4.17}$$

であり，$D_M(E)$は金属内電子の状態密度，$D_{redox}(E)$はredox系内電子の状態密度である．また，金属の準位占有電子が酸化体の非占有準位に移る反応，すなわちカソード反応の電流$i_c(E)$は，次式となる．

$$i_c(E) = F C_{Ox} k_e^c(E) D_M^{occ}(E) D_{Ox}(E) \tag{4.18}$$

ただし

$$D_M^{occ}(E) = D_M(E) f(E_F - E) \tag{4.19}$$

$$D_{Ox}(E) = D_{redox}(E) f(E_{redox} - E) \tag{4.20}$$

である.

全アノード電流 i_a および全カソード電流 i_c は,式(4.15)および(4.18)を全エネルギー域に渡って積分することによって得られる.

$$i_a = F C_{Red} \int_{-\infty}^{\infty} k_e^a(E) \, D_M^{uno}(E) \, D_{Red}(E) dE \tag{4.21}$$

$$i_c = F C_{Ox} \int_{-\infty}^{\infty} k_e^c(E) \, D_M^{occ}(E) \, D_{Ox}(E) dE \tag{4.22}$$

正味の電流 i は

$$i = i_a - i_c \tag{4.23}$$

$$= F \Big[C_{Red} \int_{-\infty}^{\infty} k_e^a(E) \, D_M^{uno}(E) \, D_{Red}(E) dE$$

$$- C_{Ox} \int_{-\infty}^{\infty} k_e^c(E) \, D_M^{occ}(E) \, D_{Ox}(E) dE \Big] \tag{4.24}$$

となる.

フェルミ準位が酸化還元準位に等しい($E_F = E_{redox}$)ときには反応は平衡状態になり,$i = i_a - i_c = 0$ となるので,$i_0 = i_a = i_c$ とすると i_0 は次のようになる.

$$i_0 = F C_{Red} \int_{-\infty}^{\infty} k_e^a(E_{redox}) \, D_M^{uno}(E_{redox}) \, D_{Red}(E_{redox}) dE \tag{4.25}$$

$$= F C_{Ox} \int_{-\infty}^{\infty} k_e^c(E_{redox}) \, D_M^{occ}(E_{redox}) \, D_{Ox}(E_{redox}) dE \tag{4.26}$$

i_0 は交換電流(exchange current)と呼ばれており,平衡状態において酸化方向,還元方向の電流の大きさが釣り合った状態でのこれら両方向の反応速度を表している.式(4.25)および(4.26)は,エネルギーレベル速度論から見た交換電流の内容を示している.

4.7 金属/redox系間の電子移行の分極による変化

金属電極の状態密度 $D_M(E)$ と redox 系の状態密度 $D_{redox}(E)$ の位置関係の分極状態による変化を図 **4.8** に示した.アノード分極したときには,フェルミ準位の電位 E_F

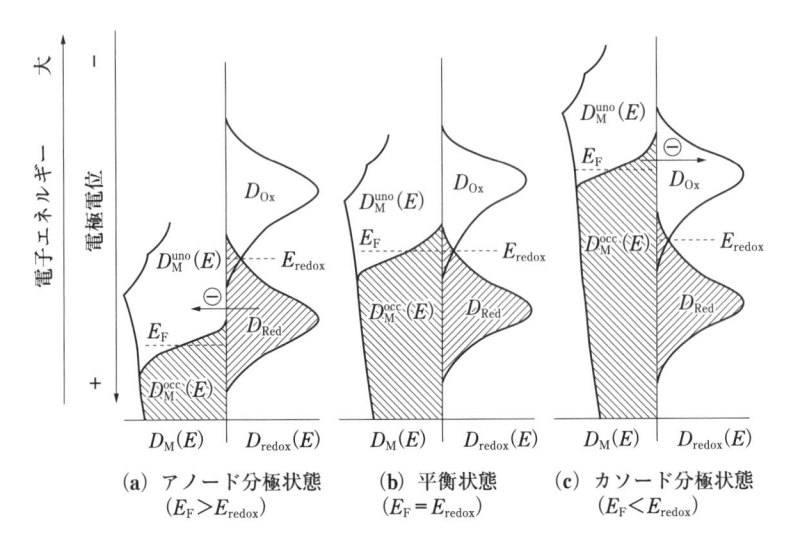

図 4.8 金属電極の状態密度 $D_M(E)$ と redox 系の状態密度 $D_{redox}(E)$ の位置関係の分極状態による変化．⊖は電子を表す

は redox 系の酸化還元電位 E_{redox} よりも高くなり，redox 系の還元体の電子占有状態密度 D_{Red} のエネルギー準位から金属の伝導帯に電子が移行する（図4.8(a)）．すなわち，還元体 Red は酸化される．この状態から電位を下げて行き，E_F が E_{redox} に等しくなると金属/redox 系間の電子移行は平衡状態になり，見かけ上電子電流は認められなくなる（図4.8(b)）．すなわち，反応は酸化方向にも還元方向にも進まない．この状態からさらに電位を下げ金属電極をカソード分極すると，E_F は E_{redox} よりも低くなり，金属の伝導帯から redox 系の酸化体の電子非占有状態密度 D_{Ox} のエネルギー準位へ電子が移行する（図4.8(c)）．すなわち，酸化体 Ox は還元される．

4.8　単一電極反応の反応速度

ここでは，反応速度論を用いて電極反応の反応速度について解説する[12~15]．単純化のために，電荷移動過程の素反応一つからなる電極反応を考える．

$$M \underset{i_c}{\overset{i_a}{\rightleftarrows}} M^{z+} + ze^- \tag{4.27}$$

式(4.27)のように金属相 M と M^{z+} を含む水溶液相の間で相境界を通って荷電粒子が移る反応を通過反応（transfer reaction）という．この反応を化学反応と見ると，反応

4.8 単一電極反応の反応速度

速度 v は絶対反応速度論より次式の形で表される．

$$v = kC \exp\left(\frac{-\Delta G^*}{RT}\right) \quad \text{(Arrheniusの一般式)} \tag{4.28}$$

ここで，k は反応速度定数，C は濃度，ΔG^* は反応の活性化エネルギー(activation energy)である．ΔG^* は反応が進む方向のエネルギー障壁の高さに相当する．

一方，式(4.27)は電気化学反応でもあるので，単位面積($10^{-4}\,\text{m}^2(1\,\text{cm}^2)$)の電極表面から電極金属が溶解するときの反応物質量と電気量との間には，Faradayの法則(Faraday's law)が成立しており，電極金属が $z+$ イオンとなって溶解する速度 v は次式で表される．

$$v = \frac{i}{zF} \tag{4.29}$$

上式で zF は定数であるから，電気化学反応の反応速度は電流(密度)i で表すことができる．

式(4.28)と式(4.29)より

$$i = zFkC \exp\left(-\frac{\Delta G^*}{RT}\right) \tag{4.30}$$

となる．したがって，式(4.27)のアノード方向の反応速度を i_a，カソード方向の反応速度を i_c とすると，i_a，i_c はそれぞれ次のようになる．

$$i_a = zFk_a C_M \exp\left(-\frac{\Delta G_a^*}{RT}\right) \tag{4.31}$$

$$i_c = zFk_c C_{M^{z+}} \exp\left(-\frac{\Delta G_c^*}{RT}\right) \tag{4.32}$$

ここで，ΔG_a^* はアノード反応の活性化自由エネルギー，ΔG_c^* はカソード反応の活性化自由エネルギーである．

さて，式(4.27)の反応は電気化学反応であるので，金属電極 M と水溶液の界面に電気エネルギーを加えて金属電極の電位を高くしてやるとアノード方向(酸化方向)への反応は起こりやすくなり，逆にカソード方向(還元方向)への反応は起こりにくくなる．その関係を反応座標-ポテンシャルエネルギー図として図 4.9(a)および(b)に示す[15]．(a)は無電荷電位における状態であり，(b)はアノード分極後の状態である．無電荷電位では電極界面に電位勾配はなく，この場合の反応速度は一般の化学反応速度と同様に表せる．しかし，アノード分極すると電極界面に電位勾配が生じ，以下のように反応速度に変化が生じる．

電気エネルギーを加えることによって生じた電位差を E とすると，ポテンシャルエネルギーの変化分は zFE (J)となる．図 4.9(b)から分かるように，変化分 zFE のう

4 電気化学反応の速度

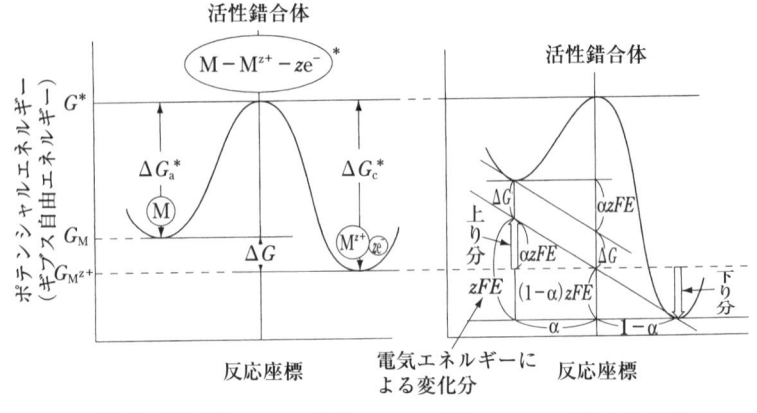

(a) 無電荷電位における状態 **(b) アノード分極した状態**

図 4.9 金属-水溶液界面のエネルギー模型図[15]

ち αzFE が ΔG_a^* を減少させるのに働き，$(1-\alpha)zFE$ が ΔG_c^* を増加させるのに働く．α は対称因子(symmetry factor)といい，ポテンシャルエネルギー曲線の頂点の位置に関係する因子である．α は移行係数(transfer coefficient)と呼ばれることもある．α の大きさは $1 > \alpha > 0$ の範囲にあり，普通は $0.3 \sim 0.7$ である．したがって，図 4.9(b) のように金属 M をアノード分極した場合，アノード方向およびカソード方向への反応速度はそれぞれ次のように変化する．

$$i_a = zFk_aC_M \exp\left(-\frac{\Delta G_a^* - \alpha zFE}{RT}\right) \qquad (4.33)$$

$$i_c = zFk_cC_{M^{z+}} \exp\left(-\frac{\Delta G_c^* + (1-\alpha)zFE}{RT}\right) \qquad (4.34)$$

上記，式(4.33), (4.34)の i_a および i_c と電位 E の関係を図 4.10 に示した[15]．

図 4.10 において，$i_a = i_c$ となったときの電位 E_{eq} を平衡電位(equilibrium potential)という．また，$i_a = i_c$ となったときの電流 i_0 を交換電流という．これは式(4.25)および(4.26)と同じものである．

平衡電位 E_{eq} においては正逆の反応速度が等しく(大きさ i_0)，正味の化学反応は差し引きゼロになる．

$$i_0 = zFk_aC_M \exp\left(-\frac{\Delta G_a^* - \alpha zFE_{eq}}{RT}\right) \qquad (4.35)$$

$$i_0 = zFk_cC_{M^{z+}} \exp\left(-\frac{\Delta G_c^* + (1-\alpha)zFE_{eq}}{RT}\right) \qquad (4.36)$$

4.8 単一電極反応の反応速度

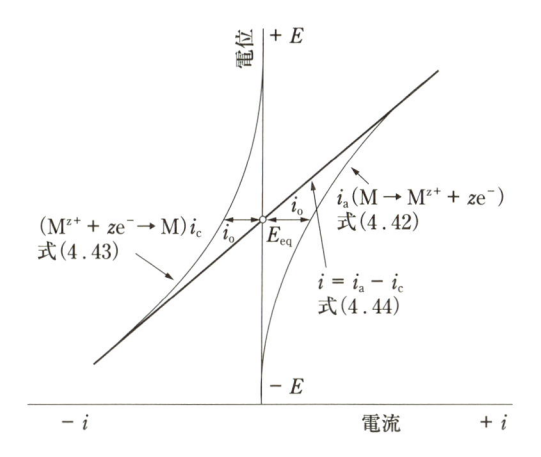

図 4.10 単一電極系の分極曲線[15]

式(4.35)と(4.36)を等しく置くことによって次の関係が得られる.

$$E_{eq} = E^0 + \frac{RT}{zF} \ln\left(\frac{C_{M^{z+}}}{C_M}\right) \tag{4.37}$$

ここで

$$E^0 = \frac{\Delta G_a^* - \Delta G_c^*}{zF} + \frac{RT}{zF} \ln\left(\frac{k_c}{k_a}\right) \tag{4.38}$$

式(4.37)は第3章で熱力学的に求めたNernstの式(式(3.43))とまったく同じ式であり, 平衡電位 E_{eq} が速度論的にはどのような内容であるかを示している.

電極の電位 E が平衡電位にない($E \neq E_{eq}$)ときには, 平衡電位からのずれ η が生じる.

$$\eta = E - E_{eq} \tag{4.39}$$

電位が平衡電位よりずれることを分極(polarization), 電位が平衡電位よりずれた分 η を過電圧(overvoltage), 平衡電位から η だけ分極したところにある電位 E を分極電位(polarization potential)という.

分極電位 E においては

$$i = i_a - i_c \tag{4.40}$$

の電流が流れる. i_a は式(4.33)と式(4.39)より次のように表される.

$$i_a = zFk_aC_M \exp\left(-\frac{\Delta G_a^* - \alpha zFE_{eq}}{RT}\right) \exp\left(\frac{\alpha zF\eta}{RT}\right) \tag{4.41}$$

$$= i_0 \exp\left(\frac{\alpha zF\eta}{RT}\right) \tag{4.42}$$

同様に式(4.34)と(4.39)より次式を得る．

$$i_c = i_0 \exp\left[-\frac{(1-\alpha)zF\eta}{RT}\right] \tag{4.43}$$

式(4.42)と(4.43)を式(4.40)に代入すると次の形になる．

$$i = i_0 \left\{\exp\left(\frac{\alpha zF\eta}{RT}\right) - \exp\left[-\frac{(1-\alpha)zF\eta}{RT}\right]\right\} \tag{4.44}$$

式(4.44)は Butler-Volmer の式[16,17] と呼ばれ，単一電極反応の反応速度を表す基本式である．

図4.10に示したような電流-電位関係曲線は分極曲線(polarization curve)と呼ばれている．Butler-Volmer の式は，金属電極上での反応が式(4.27)に従う場合の分極曲線を表す式である．Butler-Volmer の式の右辺の係数 i_0（交換電流）は η がゼロ（平衡電位）のときの反応速度を表している．すなわち，交換電流は過電圧に関わらない反応固有の反応速度であるので重要である．以下に Butler-Volmer の式から交換電流を求める方法について述べる．

4.9　Tafel の式

過電圧 η が非常に大きいときには，Butler-Volmer の式(式(4.44))は以下のように変形される．すなわち

$$|\eta| \gg \frac{RT}{\alpha zF} \tag{4.45}$$

であるときには，$i_a \gg i_c$ であればカソード反応が無視できるし，また，$i_a \ll i_c$ であればアノード反応が無視できる．それゆえ，$\eta > 4RT/\alpha zF$ であれば（$\eta > 50\,\mathrm{mV}$），式(4.44)の右辺の第2項を省略しうるので，次のような簡単な式になる．

$$i = i_0 \exp\left(\frac{\alpha zF\eta}{RT}\right) \tag{4.46}$$

両辺の対数をとり常用対数で表示すると次式が得られる．

$$\eta = -\left(\frac{2.303RT}{\alpha zF}\right)\log i_0 + \left(\frac{2.303RT}{\alpha zF}\right)\log i \tag{4.47}$$

ここで

$$A = -\frac{2.303RT}{\alpha zF}\log i_0 \tag{4.48}$$

$$B = \frac{2.303RT}{\alpha zF} \tag{4.49}$$

とすると次の形で表される．

$$\eta = A + B \log i \tag{4.50}$$

これは,過電圧と電流密度の対数との間の直線関係を表す有名な Tafel の式(Tafel equation)[18]である.**図 4.11** に Tafel の関係を示した[9].Tafel の式の定数 A,B が求まると交換電流密度 i_0 と移行係数 α が得られるので,反応機構を解析するうえで重要である.定数 B は Tafel 勾配(Tafel slope)と呼ばれる.Tafel 勾配は普通 0.05～0.23 (V/decade)の間の値をとる.

　Tafel 関係から交換電流密度 i_0 を求めるのは,実験的には容易である.しかし,Tafel 関係が成立するのは過電圧が大きい($\eta > 50$ mV)領域であり,このような領域まで金属電極を分極すると平衡電位付近の表面の状態とは異なった状態になる場合もある.したがって,この方法を適用するときには電極表面の分極による変化に十分注意する必要がある.

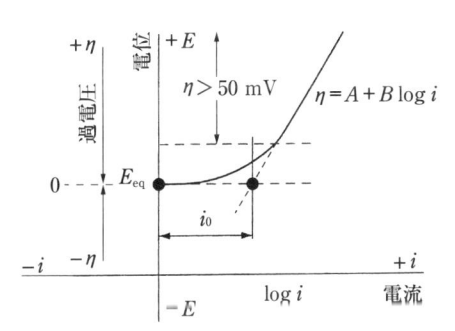

図 4.11　Tafel 直線を示す分極曲線と交換電流 i_0 の関係[9]

4.10　分極抵抗

　過電圧 η が非常に小さくて電位 E が平衡電位 E_{eq} のごく近傍にある場合,Butler-Volmer の式(4.44)は次のように変形される.すなわち

$$|\eta| \ll \frac{RT}{\alpha zF} \quad \text{または} \quad |\eta| \ll \frac{RT}{(1-\alpha)zF} \tag{4.51}$$

であれば($\eta < 10$ mV),式(4.44)の指数項をテーラー展開($\exp(x) = 1 + x + x^2/2! + x^3/3! + \cdots$,$x$ は非常に小さいとする)することができ,展開した式の第 2 項までとって整理すると次のような簡単な形になる.

$$i = \frac{i_0 zF}{RT}\eta \tag{4.52}$$

これから分かるように，E_{eq} のごく近傍では i と η は比例関係にある．このような関係を**図 4.12** に示した[9]．式 (4.52) の比例定数の逆数 (RT/i_0zF) は分極抵抗 (polarization resistance) あるいは電荷移動抵抗 (charge transfer resistance) と呼ばれ，R_p と表示される．

$$R_p = \frac{RT}{i_0 zF} \tag{4.53}$$

$$iR_p = \eta \tag{4.54}$$

すなわち，E_{eq} のごく近傍で i と η の関係を測定しその勾配を求めれば，分極抵抗の式から交換電流密度 i_0 が得られる．

分極抵抗から交換電流密度 i_0 を求めるときは，電極の分極は過電圧が小さい範囲 ($|\eta| < 10\,\mathrm{mV}$) で行われるので，電極表面が分極によって変化する恐れは少ない．したがって，平衡電位での正確な i_0 が得られるので好ましい．しかし，過電圧が小さい範囲で i と η の関係を正確に測定することは実験的に難しくなる．

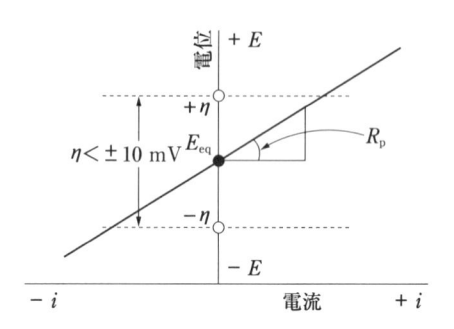

図 4.12 平衡電位 E_{eq} 付近の分極曲線と分極抵抗 R_p の関係[9]

4.11　物質移動過程律速の電極反応の速度

電極反応において，反応種あるいは生成種のうちどれか一つの移動が他のものに比して著しく遅い場合には，遅い種の移動速度が全体の反応速度を律速することになる．例えば，酸素電極反応 ($2\,\mathrm{H_2O} + \mathrm{O_2} + 4\,\mathrm{e}^- = 4\,\mathrm{OH}^-$) においては，$\mathrm{O_2}$ の還元速度は水溶液中における $\mathrm{O_2}$ の拡散速度によって支配される．

反応速度が拡散律速の場合には，電極面で消費される物質Kの量は濃度勾配により供給される物質Kの量に等しいので，拡散に関するFickの第2法則(Fick's second law)より次式が導かれる．

$$\frac{i}{z_K F} = D_K \left[\frac{{}^*C_K - {}^0C_K}{(\pi D_K t)^{1/2}} \right] \tag{4.55}$$

ここで，iは拡散電流，z_Kは拡散物質の電荷数，D_Kは拡散物質の拡散係数，${}^*C_K$は拡散物質の沖合濃度，${}^0C_K$は拡散物質の表面濃度，tは拡散時間．したがって，拡散電流(diffusion current)は次式で与えられる．

$$i = z_K F D_K \left[\frac{{}^*C_K - {}^0C_K}{(\pi D_K t)^{1/2}} \right] \tag{4.56}$$

式(4.56)はCottrellの式と呼ばれている．この式の分母の$(\pi D_K t)^{1/2}$は長さ(10^{-2} m)の次元を持ち，拡散層(diffusion layer)の厚さδを示している．

$$\delta = (\pi D_K t)^{1/2} \tag{4.57}$$

拡散電流が最大になるのは表面濃度${}^0C_K = 0$のときなので，これを最大拡散電流i_1とすると，i_1は次式のようになる．

$$i_1 = \frac{z_K F D_K^* C_K}{\delta} \tag{4.58}$$

i_1は拡散限界電流(diffusion limiting current)とも呼ばれる．

4.12 定電位分極曲線の測定

水溶液中の金属の電気化学的反応特性を知るうえで，分極曲線を調べることは非常に重要である．水溶液中の金属の酸化反応が M → M^{z+}+z e$^-$ のような溶解反応であれば電位の上昇につれて電流は対数的に増加するだけであるが，金属の酸化反応が M+n H$_2$O → MO$_n$+2n H$^+$+2n e$^-$ のような酸化物生成反応の場合には電位の上昇と共に金属表面は酸化物層で覆われ，電流が低下してしまう現象が現れる．このような現象は不働態化現象(passivation phenomenon)と呼ばれている．不働態化現象が生じる金属/水溶液系の分極曲線を正しく測定するためには，電位を規制して電流を測定する方法である定電位分極法(potentiostatic polarization method)によらねばならない．

定電位分極曲線(potentlostatic polarization curve)の測定に使用される定電位電解装置のことをポテンショスタット(potentiostat)[19~23]という．ポテンショスタットは，試料電極の電位を照合電極の電位から所定の電位差だけ離れた一定値に保ち，その一定電位における試料電極上での反応電流を対極との間に流す働きをする．

代表的なポテンショスタットの回路図を図 4.13 に示した[24]．まず，電位設定電源により設定電位信号電圧 E_{set} を入力する．このときの試料電極 WE と照合電極 RE の電位差 E_{edf} が電位差検出回路の演算増幅器 (operational amplifier) OP1 で検出され，この信号は符号を変えて電流制御回路の演算増幅器 OP2 に入力される．OP2 は，電位差 E_{edf} が設定電位 E_{set} と等しくなるように，試料電極 WE と対極 CE の間を流れる電流を制御する．すなわち，OP2 は負帰還 (negative feedback) 動作をする．試料電極と照合電極の電位差 E_{edf} は，上述のように電位差検出回路で測定され，電位信号 E_{pot} ($= E_{edf}$) として出力される．試料電極と対極の間を流れる電流は演算増幅器 OP3 による無抵抗電流‐電圧変換回路で電圧に直され，電流信号 E_{cur} として出力される．設定電位信号として関数発生器 (function generator) からの三角波電圧を使用すれば，試料電極の電位を一定速度で上昇または下降させることができる．このように，電位を一定速度で変化させて測定した分極曲線のことを，動電位分極曲線 (potentiodynamic polarization curve) という．

ポテンショスタットを使って定電位分極曲線を求める測定装置の概略を図 4.14 に示した[25]．電解槽には，試料電極室と対極室を分けた H 型ガラスセルを使用している．これは，両方の電極室で電解に伴って起こる溶液の組成の変化が相手方の電極室の溶液に及ぼす影響を避けるためである．ポテンショスタットが理想的な定電位分極動作をするためには，試料電極と対極との間の抵抗はゼロである必要があるので，試験溶液を含む電解槽の内部抵抗はできるだけ小さくする必要がある．照合電極室と試料電極室との間には，試料電極室内の試験溶液と同じ溶液を入れた中間槽が設けてあ

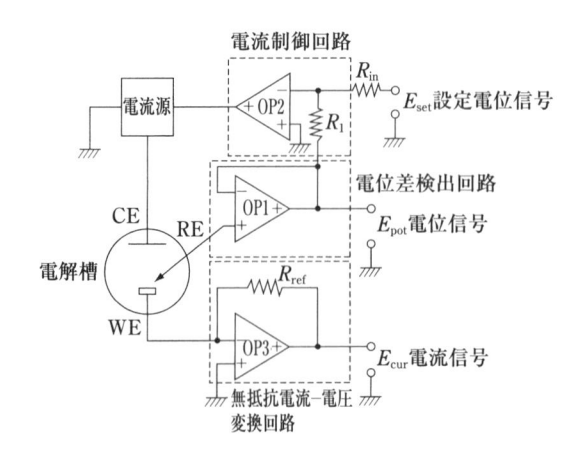

図 4.13 ポテンショスタットの回路[24]

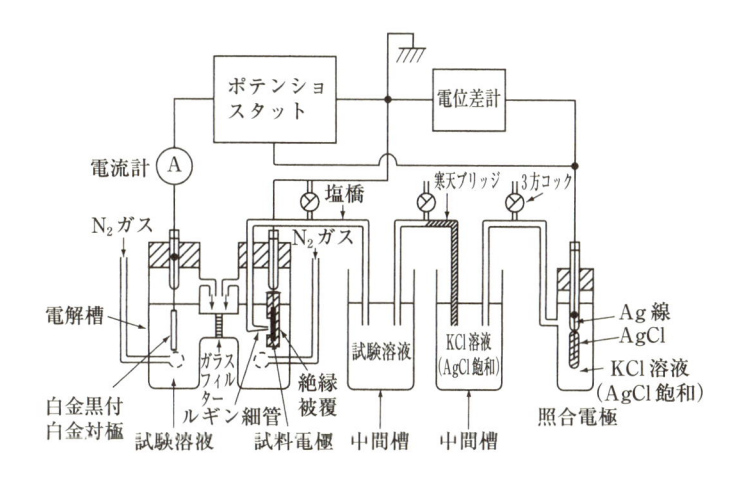

図4.14 ポテンショスタットを用いた分極曲線測定装置[25]

る．試料電極室と中間槽，および中間槽と照合電極室，の間は塩橋で液絡がとってある．これは，照合電極の内部液が試験溶液に混入しないようにするためである．中間槽から試料電極室内に伸びている塩橋の先端は，ルギン細管（Luggin capillary）になっている．ルギン細管の先端は，できるだけ試料電極表面に近づける必要がある．そのようにしないと，ルギン細管先端と試料電極表面の間に存在する電解液の抵抗と試料電極と対極の間を流れる電流の積に相当する電位降下分が，電位測定誤差となる．

4.13 鉄のアノード溶解機構

鉄（純鉄）が水溶液中に鉄イオンとなって溶解する機構は，水溶液中における鉄のアノード分極曲線を測定することによって調べることができる．その一例として，Kelly[26]によって報告されているpH 0.97〜3.30の硫酸酸性水溶液中における鉄のアノード分極曲線を**図4.15**に示す．いずれのpHの溶液中でも電位と電流の対数の間には直線関係が認められ，Tafelの関係（式(4.50)）が成立していることが分かる．この場合，Tafel直線の勾配BはpHに依存しないが，切片AはpHに依存しpHが大きくなるほど卑な電位に移行する．

鉄のアノード溶解反応は，往々にして$Fe \rightarrow Fe^{2+} + 2e^-$のような簡単な式で表記されることが多い．この式に従うならば，反応にH^+イオンやOH^-イオンは関与していないのでアノード分極曲線はpHに依存しないはずである．しかし，実際には図

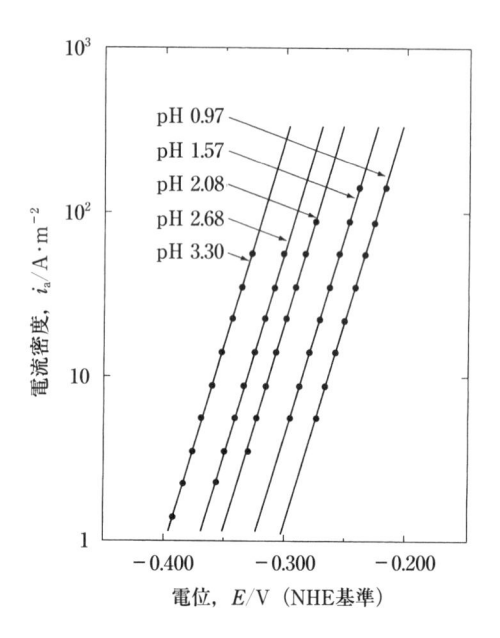

図4.15 硫酸酸性水溶液中における鉄のアノード分極曲線のpHによる変化[26]

4.15のように,アノード分極曲線のpH依存性が認められる.このことは,鉄の溶解の過程にOH^-イオンが関与していることを意味している.

アノード分極曲線のTafel勾配(ここでは逆Tafel勾配$b_a = (\partial \eta / \partial \log i)_{pH}$)と一定電位における電流のpH依存性($\gamma_{pH} = (\partial \log i / \partial pH)_E$)は溶解過程の律速段階の反応の内容に応じて変化する.したがって,これらの反応パラメータを測定して求めれば,それに基づいて溶解機構を推定することができる.そのようにして推定されたものの中で代表的なものはBockris機構とHeusler機構である.

Bockrisら[27]の機構は,$b_a = 40$ mV/decade,$\gamma_{pH} = 1$という実験結果(図4.15の結果もこれと同じ)に基づいている.溶解は次の過程を経るとしている.

$$Fe + OH^- \rightleftarrows (FeOH)_{ads} + e^- \tag{4.59}$$

$$(FeOH)_{ads} \rightarrow FeOH^+ + e^- \quad (律速段階) \tag{4.60}$$

$$FeOH^+ + H^+ \rightleftarrows Fe^{2+}_{aq} + H_2O \tag{4.61}$$

ここで,$(FeOH)_{ads}$は吸着中間生成物で,$FeOH^+$への溶解に直接関わっている.律速段階の反応(4.60)の速度式は次式で表される.

$$i_a = 2KFkC_{OH^-} \exp\left(\frac{1.5FE}{RT}\right) \tag{4.62}$$

ここで，K は式(4.59)の平衡定数，k は式(4.60)の速度定数，C_{OH^-} は OH^- の濃度である．

Heusler[28] は，$b_a = 30$ mV/decade，$\gamma_{pH} = 2$ という結果を得，これを説明するために次の機構を考えた．

$$Fe + OH^- \rightleftarrows (FeOH)_{ads} + e^- \tag{4.63}$$
$$Fe + (FeOH)_{ads} + OH^- \rightarrow FeOH^+ + (FeOH)_{ads} + 2e^- \quad (律速段階) \tag{4.64}$$
$$FeOH^+ + H^+ \rightleftarrows Fe^{2+}_{aq} + H_2O \tag{4.65}$$

式(4.64)の $(FeOH)_{ads}$ は $FeOH^+$ を生成する触媒として働き，溶解には直接関わっていない．この場合，律速段階の反応(4.64)の速度式は次のように書くことができる．

$$i_a = 2K'Fk'C_{OH^-}^2 \exp\left(\frac{2FE}{RT}\right) \tag{4.66}$$

ここで，K' は式(4.63)の平衡定数，k' は式(4.64)の速度定数である．

上の二つの機構のいずれが正しいかを検証するために多くの実験がなされたが，b_a は 30～60 mV/decade，γ_{pH} は 0.9～1.9 の範囲でばらつき，確定されるには至っていない．これは，鉄表面の状態が試料調製方法によって変わること，また，時間的にも変化することによると思われる．よく焼鈍されて結晶構造上の欠陥が少ない鉄電極に対しては Bochris 機構が合い，冷間圧延状態のようなキンクなどの表面欠陥濃度が高い鉄電極では Heusler 機構が合うという Lorenz ら[29,30] の報告もある．

なお，鉄の溶解機構は電気化学インピーダンス法によっても調べられている．この方法を用いた Keddam ら[31] の結果によると，インピーダンス軌跡には3種類の容量性および誘導性ループが存在している．そして，多数の反応モデルについてコンピュータシミュレーションが行われ，この軌跡に最もフィットするものとして3種類の吸着中間生成物が関わる溶解機構が報告されている．このような報告を見ると，鉄の溶解機構は現在考えられているものよりもかなり複雑であることが予想される．しかし，溶解機構の要となる吸着中間生成物の実体についてはまったく調べられておらず，何らかの in-situ 状態分析法による解明が望まれる．

参考文献

（1） 杉本克久：材料電子化学, 金属化学入門シリーズ4改訂, 日本金属学会(2006), p. 89.

(2)　杉本克久：文献[1], p. 58.
(3)　末高　洽, 八田有尹：金属表面物性工学, 日本金属学会(1990), p. 8.
(4)　黒田　司：表面電子物性, 日刊工業新聞社(1990), p. 38.
(5)　佐藤教男：電極化学(上), 日鉄技術情報センター(1993), p. 30.
(6)　J. S. Blakemore：*Solid State Physics*, Cambridge University Press(1985).
(7)　佐藤教男：文献[5], p. 71.
(8)　佐藤教男：金属表面物性工学, 日本金属学会(1990), p. 74.
(9)　杉本克久：まてりあ, **46**(2007), p.614.
(10)　佐藤教男：電極化学(下), 日鉄技術情報センター(1994), p. 41.
(11)　N. Sato：*Electrochemistry at Metal and Semiconductor Electrodes*, Elsevier, (1998), p. 235.
(12)　K. J. Vetter：*Electrochemical Kinetics*, Academic Press(1967), p. 104.
(13)　玉虫伶太：電気化学, 東京化学同人(1967), p. 211.
(14)　喜多英明, 魚崎浩平：電気化学の基礎, 技報堂出版(1983), p. 151.
(15)　杉本克久：文献[1], p. 104.
(16)　J. A. Butler：Trans. Faraday Soc., **19**(1923/24), 729.
(17)　T. Erdey-Gruz and M. Volmer：Z. physik. Chem., **A150**(1930), 203.
(18)　J. Tafel：Z. physik. Chem., **50**(1905), 641.
(19)　下平三郎, 蛯子英昉：日本金属学会会報, **4**(1965), 739.
(20)　玉虫伶太, 高橋勝緒：エッセンシャル電気化学, 東京化学同人(2000), p. 20.
(21)　電気化学会編：電気化学測定マニュアル 基礎編, 丸善(2002), p. 17.
(22)　藤嶋　昭, 相澤益男, 井上　徹：電気化学測定法(上), 技報堂出版(1984), p. 53.
(23)　腐食防食協会編：金属の腐食・防食Ｑ＆Ａ電気化学入門編, 丸善(2002), p. 40.
(24)　杉本克久：文献[1], p. 127.
(25)　東北大学マテリアル・開発系編：実験材料科学 第2版, 内田老鶴圃(2002), p. 38.
(26)　E. J. Kelly：J. Elechtrochem. Soc., **112**(1965), 124.
(27)　J. O'M Bockris, D. Drazig and A. Despic：Electrochim. Acta, **4**(1961), 325.
(28)　K. E. Heusler：Z. Elektrochem., **62**(1958), 582.
(29)　F. Hilbert, Y. Miyoshi, G. Eichkom and W. J. Lorenz：J. Electrochem. Soc., **118**(1971), 1919, 1927.
(30)　H. Schweikert, W. J. Lorenz and H. Freidburg：J. Electrochem. Soc., **127**(1980), 1693.
(31)　M. Keddam, R. S. Mattos and H. Takenouchi：J. Electrochem. Soc., **128**(1981), 257, 266.

5 腐食・防食の電気化学

5.1 腐食反応の反応速度

　本章では，これまで得た知識を拡張して，複数の電極反応が同時に関与して起こる金属の腐食について，腐食速度がどのようにして決まるか解説する．腐食している金属と水溶液の間の電子移行は両者の電子エネルギーレベルの位置関係に依存するので，まずこのような電子移行をエネルギーレベル速度論から述べる．次に，金属の腐食速度と電位の関係がどのような因子によって定まるのかを反応速度論に基づいて説明する．その後，腐食速度を測定するためのいくつかの電気化学的技法を紹介する．各種金属の常温水溶液中での分極曲線と不働態化現象について述べたあと，高温水中での分極曲線と不働態化現象についても触れる．そして，最後に，速度論的腐食状態図である CDC 地図 (current density counter map) の作成法と利用法を述べる．

5.2 腐食反応系界面での電子移行

　金属が複数の redox 系を含む水溶液に接触すると，金属のフェルミ準位と redox 系全体の混成電位 (mixed potential) が等しくなって平衡が達成される．混成電位とは，redox 系全体の中での全酸化方向電流の大きさと全還元方向電流の大きさがちょうど釣り合ったときの電位である．水溶液中の金属が一つの redox 系を構成しているときには，この混成電位が金属の腐食電位 (corrosion potential) に等しくなる．金属を鉄とし，腐食反応系が $Fe = Fe^{2+} + 2e^-$(式(1.2)) と $2H^+ + 2e^- = H_2$(式(1.3)) の二つの redox 系を含む場合について，鉄/水溶液界面の電子状態密度の位置関係を図 5.1 に模式的に示した[1]．この図で $D_{Fe}^{occ}(E)$ は鉄の電子占有状態密度，$D_{Fe}^{uno}(E)$ は鉄の電子非占有状態密度，$D_{Fe^{2+}/Fe}^{occ}(E)$ は Fe^{2+}/Fe 系の還元体の電子占有状態密度，$D_{Fe^{2+}/Fe}^{uno}(E)$ は Fe^{2+}/Fe 系の酸化体の電子非占有状態密度，$D_{H^+/H_2}^{occ}(E)$ は H^+/H_2 系の還元体の電子占有状態密度，$D_{H^+/H_2}^{uno}(E)$ は H^+/H_2 系の酸化体の電子非占有状態密度を表している．鉄の腐食電位 E_{corr} は Fe^{2+}/Fe 系の酸化還元電位 $E_{redox}^{Fe^{2+}/Fe}$ と H^+/H_2 系の酸

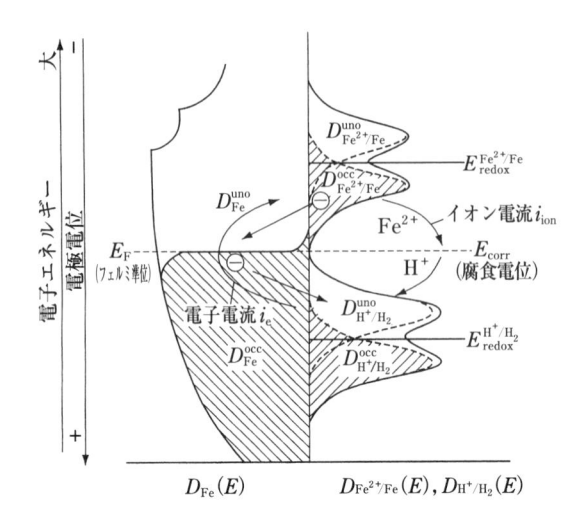

図5.1 鉄/水溶液界面の電子状態密度の位置関係[1]

化還元電位 $E_{\text{redox}}^{\text{H}^+/\text{H}_2}$ の中間にある．このような場合には，Fe^{2+}/Fe 系の還元体の電子占有準位から鉄のフェルミ準位に電子が移行し，同じ量の電子が鉄のフェルミ準位から H^+/H_2 系の酸化体の電子非占有準位に移行する．

ここで，Fe^{2+}/Fe 系の還元体の電子占有準位から鉄のフェルミ準位に移行する電子流をアノード電流 i_a，鉄のフェルミ準位から H^+/H_2 系の酸化体の電子非占有準位に移行する電子流をカソード電流 i_c とすると，第4章4.6節の式(4.21)と式(4.22)より次式が得られる．

$$i_\text{a} = FC_{\text{Fe}^{2+}/\text{Fe}} \int_{-\infty}^{\infty} k_\text{e}^\text{a}(E) D_{\text{Fe}}^{\text{uno}}(E) D_{\text{Fe}^{2+}/\text{Fe}}^{\text{occ}}(E) \text{d}E \tag{5.1}$$

$$i_\text{c} = FC_{\text{H}^+/\text{H}_2} \int_{-\infty}^{\infty} k_\text{e}^\text{c}(E) D_{\text{Fe}}^{\text{occ}}(E) D_{\text{H}^+/\text{H}_2}^{\text{uno}}(E) \text{d}E \tag{5.2}$$

ただし，$k_\text{e}^\text{a}(E)$ はアノード方向の電子トンネル透過速度定数，$k_\text{e}^\text{c}(E)$ はカソード方向の電子トンネル透過速度定数，$C_{\text{Fe}^{2+}/\text{Fe}}$ は Fe^{2+}/Fe 系の濃度，$C_{\text{H}^+/\text{H}_2}$ は H^+/H_2 系の濃度である．

正味の電流 i は

$$i = i_\text{a} - i_\text{c} \tag{5.3}$$

であるので，i は式(5.1)と式(5.2)より

$$i = F\left[C_{\mathrm{Fe}^{2+}/\mathrm{Fe}}\int_{-\infty}^{\infty} k_e^a(E) D_{\mathrm{Fe}}^{\mathrm{uno}}(E)\, D_{\mathrm{Fe}^{2+}/\mathrm{Fe}}^{\mathrm{occ}}(E)\mathrm{d}E\right.$$

$$\left.-C_{\mathrm{H}^+/\mathrm{H}_2}\int_{-\infty}^{\infty} k_e^c(E) D_{\mathrm{Fe}}^{\mathrm{occ}}(E)\, D_{\mathrm{H}^+/\mathrm{H}_2}^{\mathrm{uno}}(E)\mathrm{d}E\right] \tag{5.4}$$

となる．

フェルミ準位が腐食電位に等しい($E_{\mathrm{F}} = E_{\mathrm{corr}}$)ときにはアノード方向の全反応速度とカソード方向の全反応速度は釣り合った状態になり，$i = i_a - i_c = 0$ となるので，$i_{\mathrm{corr}} = i_a = i_c$ とすると i_{corr} は次のようになる．

$$i_{\mathrm{corr}} = FC_{\mathrm{Fe}^{2+}/\mathrm{Fe}}\int_{-\infty}^{\infty} k_e^a(E_{\mathrm{corr}}) D_{\mathrm{Fe}}^{\mathrm{uno}}(E_{\mathrm{corr}})\, D_{\mathrm{Fe}^{2+}/\mathrm{Fe}}^{\mathrm{occ}}(E_{\mathrm{corr}})\mathrm{d}E \tag{5.5}$$

$$= FC_{\mathrm{H}^+/\mathrm{H}_2}\int_{-\infty}^{\infty} k_e^c(E_{\mathrm{corr}}) D_{\mathrm{Fe}}^{\mathrm{occ}}(E_{\mathrm{corr}})\, D_{\mathrm{H}^+/\mathrm{H}_2}^{\mathrm{uno}}(E_{\mathrm{corr}})\mathrm{d}E \tag{5.6}$$

式(5.5)および式(5.6)は，エネルギーレベル速度論から見た腐食電流(corrosion current)の内容を示している．

5.3　腐食反応系界面での電子移行の分極による変化

自然腐食状態にある金属/redox系の電子状態密度の位置関係は，前節で述べたように，図5.1の状態にある．この状態(金属のフェルミ準位が腐食電位に等しくなっている状態)から，金属をアノードまたはカソード分極したときの電子状態密度の位置関係の変化を図5.2に示した[1]．金属を鉄とし，腐食反応系が $\mathrm{Fe} = \mathrm{Fe}^{n+} + 2e^-$ と $2\mathrm{H}^+ + 2e^- = \mathrm{H}_2$ の二つのredox系を含む場合，鉄/水溶液界面で起こる変化は以下のようである．

アノード分極したときには，鉄のフェルミ準位の電位 E_{F} は腐食電位 E_{corr} よりも高くなり，$\mathrm{Fe}^{2+}/\mathrm{Fe}$系の還元体の電子占有準位および$\mathrm{H}^+/\mathrm{H}_2$系の還元体の電子占有準位から鉄のフェルミ準位に電子が移行する(図5.2(a))．このことは，Fe は Fe^{2+} に，また H_2 は H^+ に酸化されることを意味する．鉄は溶解するだけである．鉄のフェルミ準位の電位 E_{F} が腐食電位 E_{corr} に一致しているときには，$\mathrm{Fe}^{2+}/\mathrm{Fe}$系の還元体の電子占有準位から鉄のフェルミ準位に電子が移行し，鉄のフェルミ準位から $\mathrm{H}^+/\mathrm{H}_2$系の酸化体の電子非占有準位に電子が移行する(図5.2(b))．このことは，Fe は Fe^{2+} に酸化され，また H^+ は H_2 に還元されることを意味する．鉄は水素ガスを発生しながら溶解する．カソード分極したときには，鉄のフェルミ準位の電位 E_{F} は腐食電位 E_{corr} よりも低くなり，鉄のフェルミ準位から $\mathrm{Fe}^{2+}/\mathrm{Fe}$系の酸化体の電子非占有

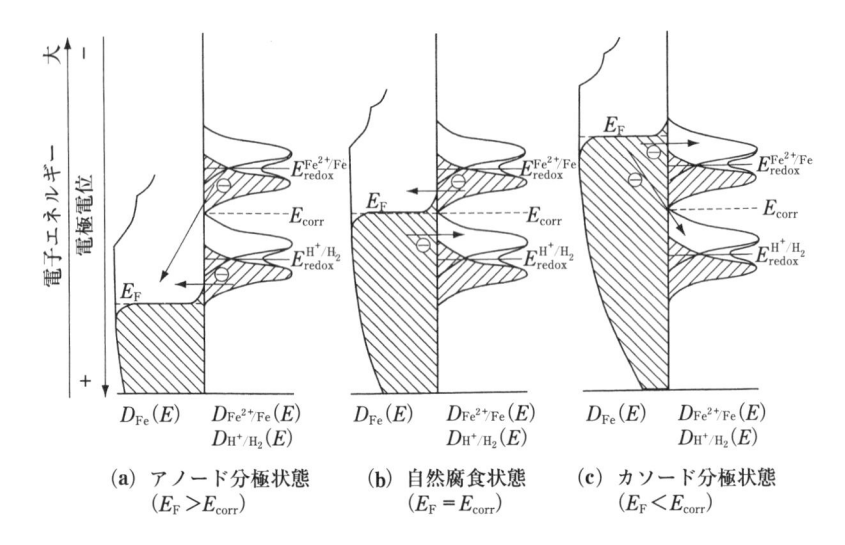

図 5.2 金属電極の状態密度と redox 系の状態密度の位置関係の分極による変化[1]

準位および H^+/H_2 系の酸化体の電子非占有準位に電子が移行する(図 5.2(c)).このことは,Fe^{2+} は Fe に,また H^+ は H_2 に還元されることを意味する.鉄は水素を発生するだけで金属状態を保つ.これがカソード防食の状態である.

5.4 腐食反応系の反応速度

腐食の局部電池モデル(第 1 章 1.4 節)で説明したように,金属上で腐食が起こっている場合には,金属の溶解反応(アノード反応)と酸化剤の還元反応(カソード反応)の 2 種類以上の反応が同時に進行している.複数の反応が同時に起こっている電極を複合電極反応系という.金属の腐食は典型的な複合電極反応系である.このような複合電極反応系の反応速度は,Wagner と Traud[2] による混成電位の理論によって導かれた.

複合電極反応系のアノード反応およびカソード反応のいずれもが電子授受が律速する反応(活性化支配の反応)であるときには,アノード反応およびカソード反応のそれぞれに対して第 4 章 4.8 節で説明した Butler-Volmer の式(式(4.44))[3,4] が成立する.アノード反応電流 i_a およびカソード反応電流 i_c について,これを式(5.7)と式(5.8)に示した.

$$i_a = i_{0a}\left[\exp\left(\frac{\alpha_a z_a F \eta_a}{RT}\right) - \exp\left(-\frac{(1-\alpha_a)z_a F \eta_a}{RT}\right)\right] \quad (5.7)$$

5.4 腐食反応系の反応速度

$$i_\mathrm{c} = i_\mathrm{0c}\left[\exp\left(-\frac{(1-\alpha_\mathrm{c})z_\mathrm{c}F\eta_\mathrm{c}}{RT}\right) - \exp\left(\frac{\alpha_\mathrm{c}z_\mathrm{c}F\eta_\mathrm{c}}{RT}\right)\right] \qquad (5.8)$$

ここで，i_0a および i_0c はそれぞれアノードおよびカソード反応の交換電流，α_a および α_c はそれぞれアノードおよびカソード反応の移行係数，z_a および z_c はそれぞれアノードおよびカソード反応に関与する電子数，F はファラデー定数，η_a および η_c はそれぞれアノードおよびカソード反応の過電圧，R は気体定数，T は絶対温度である。

金属の腐食反応系においては，金属の溶解反応がアノード反応，酸化剤の還元反応がカソード反応となる．図 5.3 に腐食反応系のアノード反応の電流-電位曲線(式(5.7))とカソード反応の電流-電位曲線(式(5.8))の関係を示す．図 5.3 において $i_\mathrm{a} = i_\mathrm{c}$ となるときの電位が腐食電位 E_corr，また，このときの電流が腐食電流 i_corr である．E_corr においては，アノードおよびカソード両反応の反応速度が等しいので外部回路には電流は流れないが，両反応は異種の反応であるので，i_corr に相当する分だけの反応がアノードおよびカソードにおいて進行する．すなわち，水素発生型の腐食では，i_corr 分だけの金属が溶解し，i_corr 分だけの水素が発生する．したがって，何らかの方法で i_corr を測定できれば，自然腐食状態での金属の腐食速度を評価することができる．以下に，i_corr を求めるための基礎となっている腐食反応系の電流-電位曲線(分極曲線)を誘導する方法について述べる．

図 5.3 に示すように，E_corr がアノード，カソード両反応の平衡電位 $E_\mathrm{eq,a}$，$E_\mathrm{eq,c}$

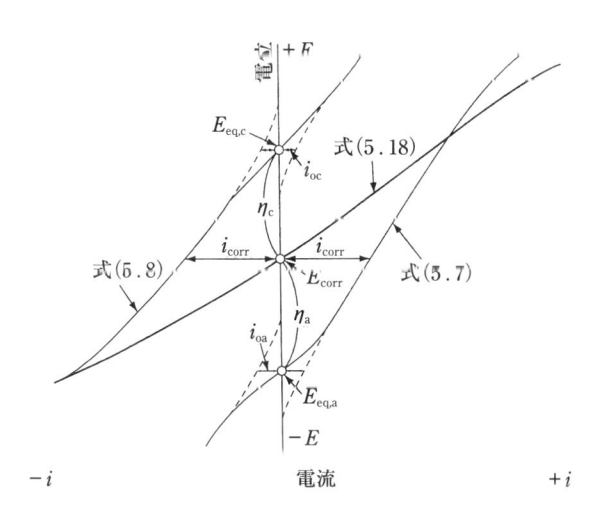

図 5.3 腐食反応系の分極曲線[1]

から十分離れているときには，i_a を表す式(5.7)の右辺の第2項が，また i_c を表す式(5.8)の右辺の第1項が，それぞれ小さくなり無視できる．したがって，式(5.7)および式(5.8)はそれぞれ次のようになる．

$$i_a = i_{0a} \exp\left(\frac{\alpha_a z_a F \eta_a}{RT}\right) \tag{5.9}$$

$$i_c = -i_{0c} \exp\left(\frac{\alpha_c z_c F \eta_c}{RT}\right) \tag{5.10}$$

任意の電位 E において反応が進行するならば

$$\eta_a = E - E_{eq,a} \tag{5.11}$$

$$\eta_c = E_{eq,c} - E \tag{5.12}$$

であるので，これらを式(5.9)，式(5.10)にそれぞれ代入し，$E = E_{corr}$ では $i_a = i_c = i_{corr}$ であることを考慮すると，次式が導かれる．

$$i_a = i_{corr} \exp\left[\frac{\alpha_a z_a F(E - E_{corr})}{RT}\right] \tag{5.13}$$

$$i_c = i_{corr} \exp\left[\frac{\alpha_c z_c F(E_{corr} - E)}{RT}\right] \tag{5.14}$$

ここで，$\phi = E - E_{corr}$ とすれば，式(5.13)と式(5.14)は次のようになる．

$$i_a = i_{corr} \exp\left(\frac{\alpha_a z_a F \phi}{RT}\right) \tag{5.15}$$

$$i_c = i_{corr} \exp\left(-\frac{\alpha_c z_c F \phi}{RT}\right) \tag{5.16}$$

E_{corr} より ϕ だけ分極したときに流れる電流の大きさは

$$i = i_a - i_c \tag{5.17}$$

であるので，次式が得られる．

$$i = i_{corr} \left[\exp\left(\frac{\alpha_a z_a F \phi}{RT}\right) - \exp\left(-\frac{\alpha_c z_c F \phi}{RT}\right)\right] \tag{5.18}$$

式(5.18)は腐食反応の分極曲線を表す重要な式である．

腐食の局部電池に関与する個々の反応の分極曲線を部分分極曲線(partial polarization curve)という．式(5.9)および式(5.10)は，それぞれ部分アノード分極曲線および部分カソード分極曲線である．部分分極曲線を総計した分極曲線を全分極曲線(total polarization curve)という．式(5.18)は，全分極曲線である．

腐食反応の全分極曲線(式(5.18))は i_{corr} を含んでいる．したがって，この式から i_{corr} を求める式を誘導すれば，それを使って腐食速度を評価することができる．次にその代表的なものについて紹介する．

5.5 腐食速度の電気化学的評価法

腐食速度のその場(in-situ)モニタリングによく使われている4種類の方法について解説する．これらの中で基本的なものは，直線分極抵抗法である．

5.5.1 直線分極抵抗法

式(5.18)において ϕ が非常に小さい場合には指数項がテーラー展開（x が非常に小さいとき，$\exp(x) = 1+x+x^2/2！+x^3/3！+\cdots$ となる）でき，値が非常に小さくなる第3項以下を無視すると，腐食電流は次のようになる．

$$i_{\mathrm{corr}} = \frac{i}{\left(\dfrac{\alpha_a z_a F\phi}{RT}\right) + \left(\dfrac{\alpha_c z_c F\phi}{RT}\right)} \tag{5.19}$$

ここで

$$B_a = \frac{2.30RT}{\alpha_a z_a F} \quad \text{(アノード分極曲線の Tafel 勾配)} \tag{5.20}$$

$$B_c = \frac{2.30RT}{\alpha_c z_c F} \quad \text{(カソード分極曲線の Tafel 勾配)} \tag{5.21}$$

とすると，これらは式(5.18)の分極曲線の Tafel 領域の勾配に相当する．これを式(5.19)に入れると i_{corr} は次のように表される．

$$i_{\mathrm{corr}} = \left(\frac{B_a B_c}{2.30(B_a+B_c)}\right)\left(\frac{\phi}{i}\right)^{-1} \tag{5.22}$$

図5.4に示すように，ϕ/i は E_{corr} 近傍の分極曲線の勾配であり，分極抵抗 R_p に相当する．式(5.22)は Stern-Geary の式[5,6]と呼ばれている．

式(5.22)において

$$K = \frac{B_a B_c}{2.30(B_a+B_c)} \tag{5.23}$$

$$R_\mathrm{p} = \frac{\phi}{i} \tag{5.24}$$

とすると，i_{corr} は次のような簡単な形で表せる．

$$i_{\mathrm{corr}} = \frac{K}{R_\mathrm{p}} \tag{5.25}$$

K（変換係数）の値が既知のときには，E_{corr} 近傍（±10 mV の範囲）で R_p を測定すれば式(5.25)から i_{corr} を求めることができる．この方法は直線分極抵抗法(linear polarization method)と呼ばれている．現在いくつかの材料と環境の組み合わせについての K の値の一覧表ができている．また，K の値が未知の場合にも，多くの実験によれば

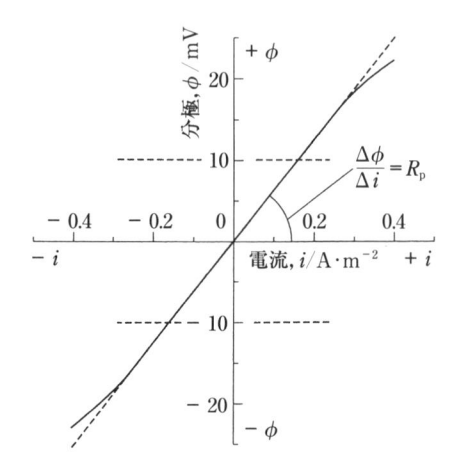

図 5.4　直線分極抵抗法による分極抵抗の測定[1]

$0.02\,\text{V} < K < 0.05\,\text{V}$ であるので，この範囲内で K の値を仮定することにより 20% 以下の誤差で i_{corr} を求めることができる．上述のように，この方法では測定ために試料の電位を E_{corr} の上下 10 mV 程度しか変化させない．そのため，試料表面の状態を変化させる恐れが小さく，自然に腐食している状態に近い i_{corr} 値を得ることができる．

ただし，この方法で正しく i_{corr} が評価できるのは腐食過程が電荷移行反応律速であり電荷移行抵抗が分極抵抗に等しいときである．後述するように，腐食過程に電荷移行反応よりも遅い反応（吸着，皮膜形成など）が関与しているときには電荷移行抵抗は分極抵抗に等しくならないので，注意が必要である．

5.5.2　Tafel 外挿法

式 (5.18) の分極曲線の E_{corr} より十分（±50 mV 以上）離れた電位域では，Tafel 関係が成立する．例えば，アノード分極曲線については式 (5.15) の両辺の対数をとると

$$\phi = -\frac{2.30\,RT}{\alpha_{\text{a}} z_{\text{a}} F} \log i_{\text{corr}} + \frac{2.30\,RT}{\alpha_{\text{a}} z_{\text{a}} F} \log i_{\text{a}} \tag{5.26}$$

という関係が得られる．この関係を図 5.5 に示した．Tafel 関係が成立する部分の直線を E_{corr} まで外挿すると，E_{corr} では $\phi = 0$ であるから

$$i_{\text{a}} = i_{\text{corr}} \tag{5.27}$$

となる．この方法は Tafel 外挿法 (Tafel extrapolation) と称されている．この方法によれば簡単に i_{corr} を求めることができるが，試料を E_{corr} よりも 50 mV 以上高い（ある

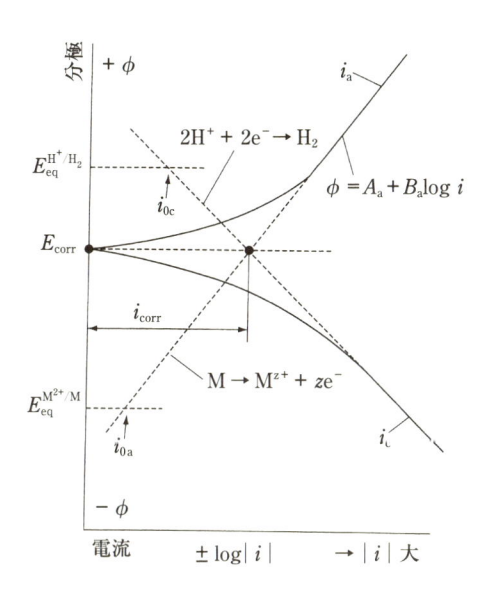

図5.5 Tafel外挿法による腐食電流の測定[1]

いは低い)電位へ分極することになるので，試料表面や溶液組成を試料が自然に腐食している状態から変えてしまう恐れがある．例えば，アノード分極域では酸化皮膜の形成が，また，カソード分極域では水溶液のpH変化や不純物の電析が起こる恐れがある．それゆえ，この方法を適用するときには，測定に伴う付随的な表面状態の変化や溶液の変化がないことを十分確かめる必要がある．

5.5.3 電気化学インピーダンス法

腐食反応系に微小な交流電圧(＜10 mV)を印加し，そのとき流れる交流電流に対する分極抵抗を求め，それから腐食速度を評価する方法である．最近は電気化学インピーダンス(electrochemical impedance)法と呼ばれることが多いが，交流インピーダンス法，電極インピーダンス法とも称されている．

腐食反応系のアノード反応およびカソード反応が共に電荷移動律速であり，次式によって与えられる場合について考える．

$$M \rightarrow M^{z+} + ze^- \tag{5.28}$$

$$Ox + ze^- \rightarrow Red \tag{5.29}$$

この腐食反応系の分極曲線は次式で表される．

$$i = i_{corr} \exp\left(\frac{\alpha_a zF\phi}{RT}\right) - i_{corr} \exp\left(-\frac{\alpha_c zF\phi}{RT}\right) \tag{5.30}$$

腐食電位 E_{corr} においては $i_a = i_c = i_{\text{corr}}$ となる．E_{corr} において微小交流電圧を加え電位を $\Delta\phi$ だけ変動させると，式(5.30)における電流変動 Δi は次式(テーラー展開し値が小さくなる第3項以下を省略したもの)で与えられる．

$$\Delta i = \frac{\alpha_a z F i_{\text{corr}} \Delta\phi}{RT} + \frac{\alpha_c z F i_{\text{corr}} \Delta\phi}{RT} \tag{5.31}$$

したがって

$$\frac{\Delta i}{\Delta\phi} = \frac{i_{\text{corr}}(\alpha_a + \alpha_c) z F}{RT} \tag{5.32}$$

となる．ここで腐食反応系の分極抵抗を R_p とすると，

$$\frac{\Delta\phi}{\Delta i} = R_p \tag{5.33}$$

であり，i_{corr} は次のように表せる．

$$i_{\text{corr}} = \frac{RT}{(\alpha_a + \alpha_c) z F R_p} \tag{5.34}$$

R_p が求められれば，式(5.34)より i_{corr} が得られる．

ここで，アノード反応の電荷移行抵抗を $R_{\text{ct,a}}$，カソード反応の電荷移行抵抗を $R_{\text{ct,c}}$ とすると，

$$\frac{1}{R_{\text{ct,a}}} = \frac{\alpha_a z F i_{\text{corr}}}{RT} \tag{5.35}$$

$$\frac{1}{R_{\text{ct,c}}} = \frac{\alpha_c z F i_{\text{corr}}}{RT} \tag{5.36}$$

と表され

$$\frac{1}{R_p} = \frac{1}{R_{\text{ct,a}}} + \frac{1}{R_{\text{ct,c}}} \tag{5.37}$$

となる．すなわち，腐食反応系の分極抵抗の逆数は，アノード反応，カソード反応それぞれの電荷移行抵抗の逆数の和になっている．

溶解反応(式(5.28))が進行している電極界面は，**図5.6** の電気的等価回路で表すことができる．すなわち，電気二重層容量 C_{dl} に並列に電荷移行抵抗 R_{ct} が入り，この並列回路に溶液抵抗 R_{sol} が直列につながっている．この回路に交流を印加したときの

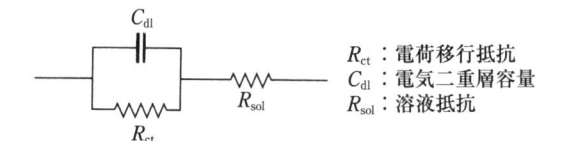

図 5.6 電極界面の電気的等価回路モデル[1]

R_{ct}：電荷移行抵抗
C_{dl}：電気二重層容量
R_{sol}：溶液抵抗

インピーダンス(電荷移行反応のインピーダンス)Z_{ct} は次式のようになる．

$$Z_{ct} = R_{sol} + \frac{R_{ct}}{1+\omega^2 C_{dl}^2 R_{ct}^2} - \frac{j\omega C_{dl} R_{ct}^2}{1+\omega^2 C_{dl}^2 R_{ct}^2} \tag{5.38}$$

ここで，$j = (-1)^{1/2}$，$\omega = 2\pi f$ であり，f は交流の周波数である．式(5.38)で実数部を Z_{Re}，虚数部を Z_{Im} として ω を消去すると，次式が得られる．

$$\left[Z_{Re} - \left(R_{sol} + \frac{R_{ct}}{2}\right)\right]^2 + Z_{Im}^2 = \left(\frac{R_{ct}}{2}\right)^2 \tag{5.39}$$

すなわち，Z_{Re} を横軸，Z_{Im} を縦軸として広い周波数範囲(1 mHz～10 kHz)で測定したインピーダンスをプロットすると，インピーダンス軌跡は [$(R_{sol}+R_{ct}/2)$, 0] を中心とした半径($R_{ct}/2$)の半円となる．半円の頂点の角周波数 ω_{top} は

$$\omega_{top} = \frac{1}{C_{dl}R_{ct}} \tag{5.40}$$

となる．このような関係を図5.7に示す(このような図をナイキスト図(Nyquist diagram)という)．したがって，高周波数の極限($\omega \to \infty$)のインピーダンスから R_{sol} が，低周波数の極限($\omega \to 0$)のインピーダンスから $R_{sol}+R_{ct}$ が，そして半円の頂点の角周波数から $C_{dl}R_{ct}$ が得られ，これらより R_{sol}, R_{ct}, C_{dl} が定まる．電荷移行抵抗しか関与しない単純な反応では $R_{ct} = R_p$ であるので，R_p が求まれば式(5.34)から i_{corr} が得られる．

腐食反応系においては，反応物あるいは生成物の電極面からの拡散が反応速度に関与することがある．このような場合には，拡散の遅い物質の濃度変化の遅れに起因するワールブルグインピーダンス(Warburg impedance)Z_W が電極反応速度に関与して

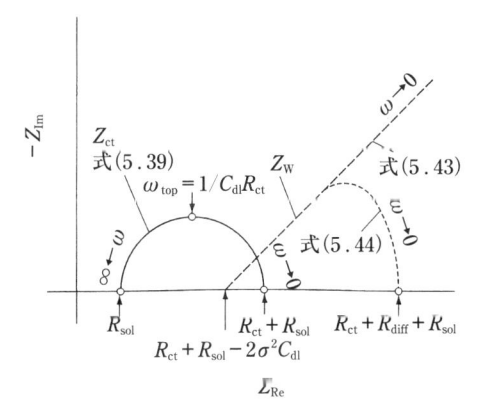

図5.7 電荷移行インピーダンス Z_{ct} とワールブルグインピーダンス Z_W からなるファラデーインピーダンス Z_F の軌跡[1]

くる．Z_W は次式で表される．

$$Z_W = \frac{\sigma}{\omega^{1/2}} - \frac{j\sigma}{\omega^{1/2}} \tag{5.41}$$

$$\sigma = \frac{RT}{2^{1/2}z^2F^2C_bD^{1/2}} \tag{5.42}$$

ここで，σ はワールブルグ係数，C_b は拡散物質の溶液沖合濃度，D は拡散物質の拡散係数である．Z_W が存在するときには，図 5.6 の電気的等価回路において，Z_W が R_{ct} に直列に加えられる．Z_{ct} と Z_W を含む電極界面全体のインピーダンスをファラデーインピーダンス (faradaic impedance) Z_F という．

次に，拡散がアノードおよびカソード両反応に関与する場合とアノード反応には関与せずカソード反応のみに関与する場合について考える．水流[7] によると，前者のファラデーインピーダンスは式(5.43)で，また後者のそれは式(5.44)で示される．

$$\frac{1}{Z_F} = \frac{1}{R_{ct,a} + \dfrac{\sigma_a}{(j\omega)^{1/2}}} + \frac{1}{R_{ct,c} + \dfrac{\sigma_c}{(j\omega)^{1/2}}} \tag{5.43}$$

$$\frac{1}{Z_F} = \frac{1}{R_{ct,a}} + \frac{1}{R_{ct,c} + \dfrac{\sigma_c}{(j\omega)^{1/2}}} \tag{5.44}$$

ただし，σ_a はアノード反応の，また，σ_c はカソード反応のワールブルグ係数である．これらの式において $(j)^{1/2} = (1-j)/(2)^{1/2}$ であるので，$\omega \to 0$ とすると式(5.43)の Z_F は $1/(\omega)^{1/2}$ に比例して増加していく．これに対して，式(5.44)の Z_F は $\omega \to 0$ とすると $R_{ct,a}$ に収束していく．図 5.7 には，このような様子も示してある．なお，このようなときには $R_{ct} \neq R_p$ であるので，比較的周波数の高いところに現れる C_{dl} と R_{ct} からなる半円の外挿から R_{ct} を求め，これから i_{corr} を評価しなくてはならない．

金属の溶解過程には，電荷移行や拡散の他に，吸着・脱着，酸化物形成などの過程が関与することがある．このような場合には，インピーダンス軌跡は複数の半円からなる複雑な軌跡を示す．電気化学インピーダンス法の長所は，広い周波数範囲に渡るインピーダンス軌跡を測定することによって時定数の異なる半円を分離し，Z_{ct} の半円から R_{ct} を正確に求めることができることにある．

5.5.4 電気化学ノイズ解析

腐食中の金属電極では，表面皮膜の局部的変化などによって内部アノード電流が変化し，また，水溶液中の酸化剤の濃度変化などによって内部カソード電流が変化する．このような内部アノード電流および内部カソード電流の時間的変化は，腐食電位

および腐食電流の時間的変化を生じる．腐食電位および腐食電流の時間的変化を総称して腐食系の電気化学ノイズ(electrochemical noise)という．また，腐食電位の時間的変動は電位ノイズ，腐食電流の時間的変動は電流ノイズと呼ばれる．電気化学ノイズには，金属電極の全面腐食に伴う連続型ノイズと局部腐食に伴う突発型ノイズがある．連続型ノイズは全面腐食による溶解速度の評価に，また，突発型ノイズは孔食，隙間腐食，応力腐食割れの発生および進展のモニタリングに使うことができる[8,9]．ここでは，連続型ノイズについて解説する[10,11]．

電流ノイズおよび電位ノイズの同時測定には，三電極法が使われる．三電極法による測定の概要を**図5.8**に示した．腐食速度を知りたい材料と同じ材質・形状・表面状態の試料を3枚用意する．このうち2枚の試料(No.1とNo.2)の間に無抵抗電流計Aを入れ，残り1枚の試料(No.3)と試料(No.2)の間に高入力抵抗エレクトロメータVを入れる．Aによって腐食電流の変動 Δi_{corr} が，また，Vによって腐食電位の変動 ΔE_{corr} が測定される．ΔE_{corr} と Δi_{corr} の相関関係は試料(No.2)の腐食電位近傍での内部分極曲線を表していると考えられるので，ΔE_{corr} と Δi_{corr} の比は分極抵抗 R_{p} に相当する．

$$R_{\mathrm{p}} = \frac{\Delta E_{\mathrm{corr}}}{\Delta i_{\mathrm{corr}}} \tag{5.45}$$

R_{p} から腐食速度 i_{corr} を求めるには，あらかじめ同じ材料について同じ腐食環境中で侵食速度を測定することによって求めておいた変換係数 K を用いることが多い．

$$i_{\mathrm{corr}} = \frac{K}{R_{\mathrm{p}}} \tag{5.46}$$

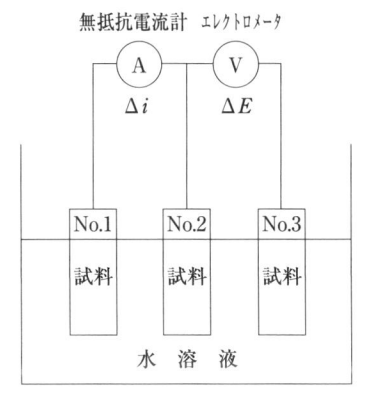

図5.8 三電極法による電気化学ノイズの測定
試料No.1〜3は同じ材質・形状・表面状態

ΔE_{corr} および Δi_{corr} としては，電位変動の標準偏差 σ_E および電流変動の標準偏差 σ_i が採られることもある．このとき R_p は次のようになる．

$$R_\text{p} = \frac{\sigma_E}{\sigma_i} \tag{5.47}$$

また，ΔE_{corr} および Δi_{corr} として電位変動のパワースペクトル密度(power spectral density, PSD) $\Psi_E(\omega)$ (V^2/Hz) および電流変動のパワースペクトル密度 $\Psi_i(\omega)$ (A^2/Hz) の周波数ゼロへの外挿値，$\Psi_E(\omega \to 0)$ および $\Psi_i(\omega \to 0)$，が採られることもある．このとき R_p は次のようになる．

$$R_\text{p} = \left[\frac{\Psi_E(\omega \to 0)}{\Psi_i(\omega \to 0)} \right]^{0.5} \tag{5.48}$$

$\Psi_E(\omega)$，$\Psi_i(\omega)$ を求めるには，一般に高速フーリエ変換法が用いられている．

電気化学ノイズ法の最大の利点は，外部電源による分極を行わず，ほぼ自然な状態で分極抵抗が求められることである．

5.6 不働態化現象

金属(例えば鉄)を酸溶液(例えば H_2SO_4)中で腐食電位からアノード分極すると，腐食電位からのずれが大きくないうちは電位の上昇と共に電流は Tafel 関係に従った対数的増加を示す．しかし，腐食電位からのずれが大きくなると，ある電位以上で溶解電流が突然大きく減少し，それ以上電位を上げても小さな一定溶解電流値を保つようになる．さらに電位を上げると金属は再び溶解電流の増加を示すかあるいは酸素発生電流を示す．このように，ある電位以上で溶解速度が急減し，実質上金属が溶けなくなってしまう現象を不働態化(passivation)と称している．不働態化した状態を不働態(passive state あるいは passivity)と呼んでいる．不働態化が起こる電位を不働態化電位，そのとき流れるピーク電流を臨界不働態化電流，不働態化した状態で流れる小さな電流を不働態維持電流という．

不働態化現象を示す金属の例として，**図 5.9**(a)に鉄，クロム，ニッケル[12]，同図(b)にアルミニウム，チタン，ジルコニウム，タンタル，ニオブ[13]のアノード分極曲線を示した．現在実用化されている重要な耐食金属材料はこのような不働態化現象を利用して耐食性を得ている．不働態化現象は耐食性の良い極薄酸化皮膜が金属上に生成することによって生じる．このような皮膜は不働態皮膜(passive film)と称されている．不働態皮膜の性質と状態については第 7 章で述べる．不働態化するのに大きな活性溶解ピーク(臨界不働態化電流密度)を経るもの(図 5.9(a))とそうでないもの(図

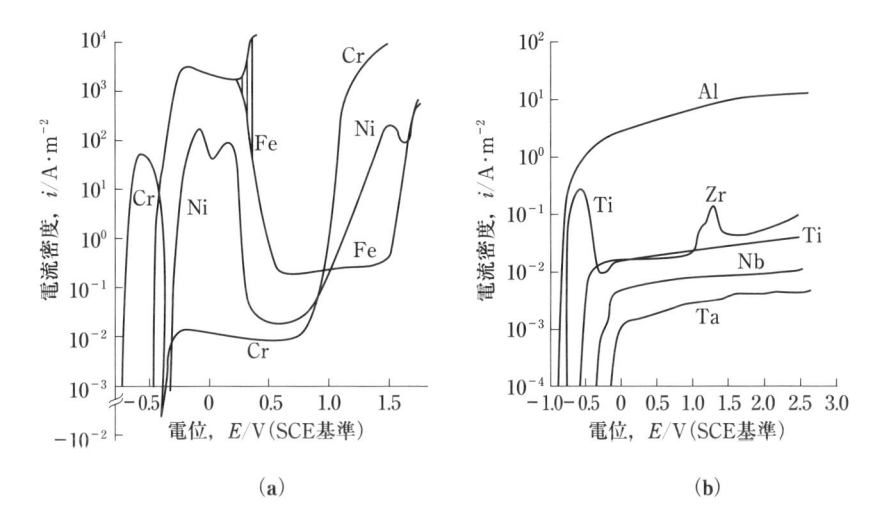

図 5.9 H$_2$SO$_4$(298 K(25 ℃), N$_2$脱気)中における各種金属のアノード分極曲線
(a) 1 kmol·m^{-3} H$_2$SO$_4$中の Fe, Cr, Ni[12]
(b) 0.5 kmol·m^{-3} H$_2$SO$_4$中の Al, Ti, Zr, Ta, Nb[13]

5.9(b))とがある.大きな活性溶解ピークを示さずかつ不働態域の電流密度(不働態維持電流密度)が小さいものほど耐食性が良い.

5.7 カソード反応と不働態

不働態化現象を示す純金属あるいは合金を耐食材料として利用する場合には,使用する環境中で自発的に不働態化する必要がある.たとえ他の環境中ですでに皮膜が形成されていても使用環境中で自発的に皮膜を形成できないと,既成の皮膜はやがて消失するか不安定になり,材料は耐食性を失う恐れがある.使用環境中で自発的に不働態化するか否かは,その環境中の酸化剤のカソード反応によって金属・合金の臨界不働態化電流密度 i_{crit} を超える電流が供給されるかどうかで決定される.鉄は希 HNO$_3$ 中では自発的に不働態化しないが濃 HNO$_3$ 中では自発的に不働態化することは,古くからよく知られている.これを例に採って説明する.

濃度の異なる HNO$_3$ 中における鉄の腐食の局部電池のアノード分極曲線とカソード分極曲線の関係を図 5.10 に示す.この図において i_a^{Fe} は鉄の部分アノード分極曲

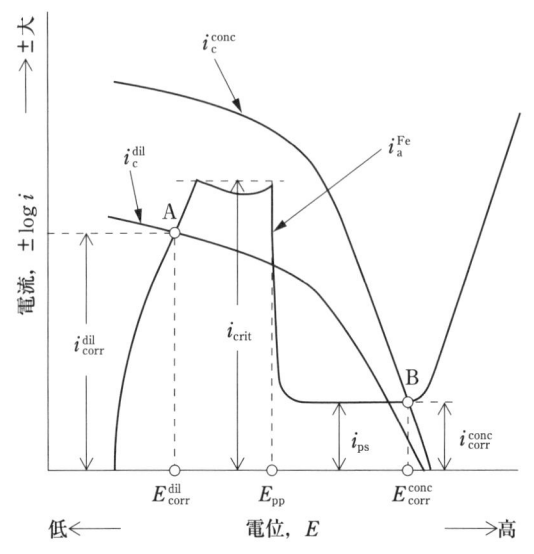

図5.10 濃度の異なるHNO₃中における鉄の腐食の部分アノード分極曲線と部分カソード分極曲線の関係

線，i_c^{dil}は希HNO₃中の鉄の部分カソード分極曲線，i_c^{conc}は濃HNO₃中の鉄の部分カソード分極曲線である．HNO₃中の鉄の部分カソード分極曲線は式(5.49)で示されるHNO₃の還元反応であるが，

$$HNO_3 + 2H^+ + 2e^- \rightarrow HNO_2 + H_2O \tag{5.49}$$

濃HNO₃中では希HNO₃中よりも大きな還元電流が流れる．鉄が不働態化するためには，不働態化電位E_{pp}において臨界不働態化電流i_{crit}以上の電流が流れる必要がある．しかし，希HNO₃中ではカソード還元電流i_c^{dil}は$i_c^{dil} < i_{crit}$であるので，不働態化は不可能である．この場合の腐食電位E_{corr}^{dil}は活性態ピークのA点にあり，腐食電流i_c^{dil}は極めて大きい．これに対して濃HNO₃中では，カソード還元電流i_c^{conc}は$i_c^{conc} > i_{crit}$となるので，不働態化が可能である．この場合の腐食電位E_{corr}^{conc}は不働態域内のB点になり，腐食電流i_{corr}^{conc}は不働態維持電流i_{ps}と同じになる．溶存酸素を含む中性水溶液中のステンレス鋼の場合もこれと同じ関係になり，ステンレス鋼は溶存酸素の還元電流により自発的に不働態化する．

5.8 高温水中における分極曲線

エネルギー産業などにおいては，主要な機器の構成金属材料が 373～573 K(100～300℃)の高温高圧の水溶液に曝されて使用されていることが多い．このような条件下で使用されている金属材料の腐食特性を知るためには，高温高圧水溶液中での分極曲線を測定する必要がある．しかし，常温常圧下での測定と違って，高温高圧下での測定にはいくつかの困難が伴う．例えば，照合電極の構造劣化による故障，試料極の被覆劣化による面積変化，電解槽の腐食による試験液汚染，電極系の絶縁不良による電流漏洩，などである．したがって，正しい分極曲線を得るには，測定系全体がこれらの不具合を起こさないものでなくてはならない．

高温高圧水溶液中での測定に使用される照合電極には，照合電極をオートクレーブ(autoclave, 圧力容器)の内部に置く内部照合電極(internal reference electrode)とオートクレーブの外部に置く外部照合電極(external reference electrode)の 2 種類がある[14]．内部照合電極は試験液および試料と温度が等しい熱力学的電極であり，その電位は水素電極基準の電位に換算することが可能である．しかし，外部照合電極は試験液および試料と温度が等しくない非熱力学的電極であり，特別な補正をしない限り，水素電極基準の電位に換算することは不可能である．したがって，内部照合電極を使用する方が好ましいが[15]，内部照合電極は温度変化と圧力変化の双方によって機能が損なわれやすく，信頼性が高いものが得にくい難点がある．このような難点を避けるため，照合電極本体はオートクレーブの外部に置くが照合電極内部とオートクレーブ内部の圧力を同一に保つ圧力平衡型外部照合電極が作られている．このタイプのものは，液絡部の温度差による熱液絡電位(thermal junction potential)が生じるが，これはあらかじめ測定しておけば補正可能であるので，準照合電極(quasi reference electrode)として利用されている[14]．圧力変化による機能損傷が生じにくいので電極の寿命が長く，長期間にわたる測定が可能である．

試料極は PTFE(polytetrafluoroethylene, 商品名 Teflon)で内部を絶縁された金属製電極ホルダー(リード線付き)に入れられ，一定面積の穴を有する PTFE パッキンを介して金属製のねじ込み金具で固定される[16]．しかし，このような金属製電極ホルダーは使用せず，一定面積の無被覆の短冊型試料極を使用することも多い．対極の白金極は，ほとんどがこのような短冊型電極である．

照合電極，試料極，対極は，PTFE 製の絶縁性圧力シールでオートクレーブに取り付けられる[16]．

オートクレーブには，試験液を循環させる循環型と循環させない静水型がある．循

環型は試験液の汚染が起こりにくく，また，成分調製もしやすいので望ましい．オートクレーブの圧力容器はオーステナイトステンレス鋼やニッケル合金で作られているが，これらの鋼や合金は高温水溶液によって腐食を受けやすいので，圧力容器内部はもっと耐食性の高い材料で内張してあくことが望ましい．このような内張用材料としては，白金およびその合金，金およびその合金，チタンおよびその合金，タンタルなどの高耐食金属および合金が使用されている[16]．

pH 3.0 の 0.5 kmol·m^{-3} Na$_2$SO$_4$ 中における Fe-10 Cr 合金(組成は mass%，以下同じ)および Fe-20 Cr 合金のアノード分極曲線の温度による変化を**図 5.11** および**図 5.12** にそれぞれ示した[17]．図 5.11 から分かるように，Fe-10 Cr 合金は 423 K(150 ℃)付近までは温度の上昇と共に不働態化しにくくなるが，423 K 以上では逆に温度の上昇と共に不働態化しやすくなる．しかし，図 5.12 のように，Cr 含有量の高い Fe-20 Cr 合金においては，このような 423 K 付近で不働態化しにくくなる現象は認められず，298 K(25 ℃)から 558 K(285 ℃)までのいずれの温度においても不働態化し，不働態維持電流密度は温度の上昇と共に大きくなる．なお，Cr 含有量 10〜40% の合金を用いた実験によると，423 K 付近で不働態化しにくくなる現象は 15% Cr 以上の合金では認められなくなる．また，558 K では Cr 含有量の多少に関係なく不働態化し，Cr 含有量の多いものほど不働態維持電流密度は小さくなる．このように，合金のアノード分極曲線の温度による変化は，合金の Cr 含有量によって大きく変化する．

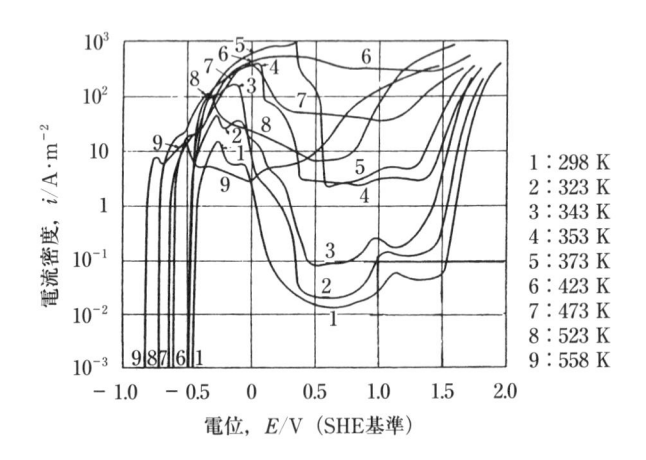

図 5.11 Fe-10 Cr 合金のアノード分極曲線の温度による変化[17]
溶液：0.5 kmol·m^{-3} Na$_2$SO$_4$, pH 3.0

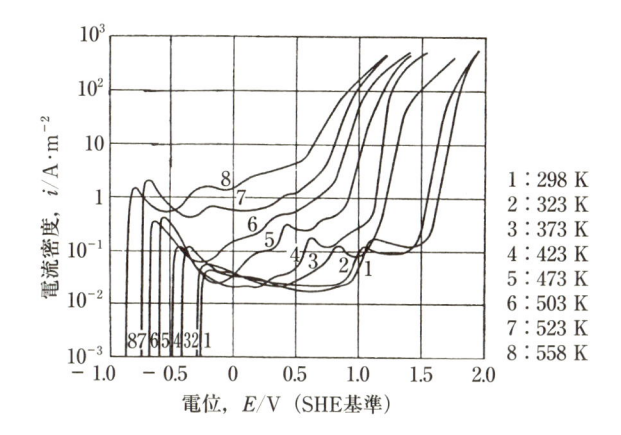

図 5.12　Fe-20 Cr 合金のアノード分極曲線の温度による変化[17]
溶液：0.5 kmol·m^{-3} Na$_2$SO$_4$，pH 3.0

5.9　CDC 地図

　一連の pH の水溶液中で金属・合金のアノード分極曲線を求め，各電位での電流密度を電位-pH 平面にプロットした電位-pH-電流密度図のことを CDC 地図(current density contour map)と呼んでいる[18～20]．CDC 地図は速度論的な腐食状態図であり，この図から金属・合金の活性態域，不働態域，過不働態域，酸素発生域，あるいは孔食発生域などの電位-pH 平面上での位置とこれらの領域における溶解速度を一目で知ることができる．

　代表的な例として，pH の異なる緩衝溶液(323 K(50℃))中において測定した 18 Cr-9 Ni 鋼の CDC 地図を図 5.13 に示す[19,20]．この図の中で，A は水素発生域，B は活性態域，C は不働態域，D は過不働態域，E は酸素発生域を表す．また，ローマ数字を付した太い実線は上記の各領域の境界を表しており，Ⅰは腐食電位，Ⅱは不働態化完了電位，Ⅲは過不働態溶解開始電位，Ⅳは酸素発生電位である．破線 $E^0_{O_2}$ および $E^0_{H_2}$ は，それぞれ酸素発生反応および水素発生反応の平衡電位を示す．図中の細い実線が等電流密度線であり，ここでは A·m^{-2} 単位で表示されている．電流密度を侵食速度に換算すれば，侵食速度の分布を示した本当の意味での腐食状態図にすることができる．

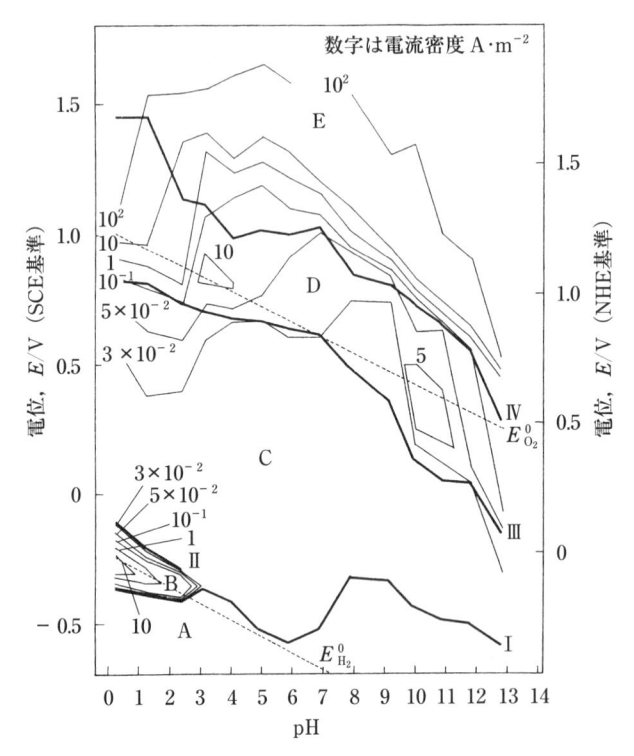

図 5.13 塩化物を含まない 323 K(50 ℃)の水溶液中における SUS 304 鋼の CDC 地図[19, 20]

　CDC 地図の特徴は，溶解速度の変化を電位-pH 平面上において立体的に把握できることである[20]．すなわち，普通の地勢図から任意の道筋に沿った標高の変化が分かるように，CDC 地図からは電位と pH が任意に変化したときの電位-pH 軌跡に沿った溶解速度の変化を知ることができる．例えば，金属が自然に腐食しているときの腐食電位と溶液 pH の時間的変化を測定し，その電位-pH 軌跡をこの図に記入すれば，各時点での金属の溶解速度を知ることができる．

　次に孔食の起こる溶液の例として，$0.7\ \mathrm{kmol\cdot m^{-3}}$ NaCl を含む pH の異なる硫酸塩溶液(348 K(75 ℃))中で求めた 17 Cr-13 Ni 鋼の CDC 地図を**図 5.14** に示す[19, 20]．前述の A～E の各領域および I～IV の各電位に加えて，孔食域 G および孔食電位 VI，保護電位 VII が示されている．また，この図には CDC 地図の応用例として，①人工隙間内の電位-pH 軌跡(ただし SUS 304 鋼)[21]と②人工ピット内の電位-pH 軌跡(ただ

し SUS 316 鋼)[22] が記入されている[19]．①の各点は 1 h ごとに測定されており，軌跡から人工隙間内は約 3 h 後に脱不働態化 pH(不働態を失う pH 値)に達したことが推定できる．②は 113 A·m^{-2} で定電流溶解されており，各点の間隔は 60 s である．このような定電流溶解下の人工ピット内は初めは孔食溶解状態であるが，300 s 後くらいに全面活性溶解状態になると推定できる．

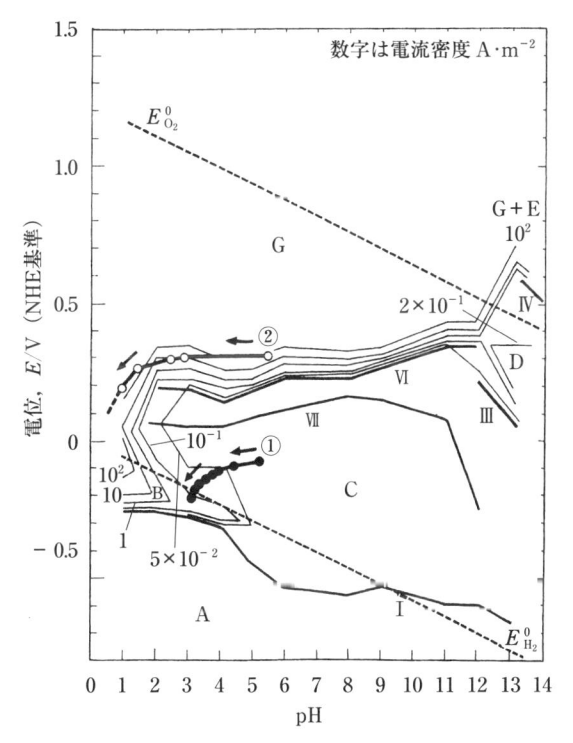

図 5.14 0.7 kmol·m^{-3} NaCl を含む 348 K (75℃)の硫酸塩溶液中における 17 Cr-13 Ni 鋼の CDC 地図[19, 20]
①：人工隙間内の電位-pH 軌跡，②：人工ピット内の電位-pH 軌跡

参 考 文 献

（1） 杉本克久：まてりあ, **46**(2007), 673.
（2） C. Wagner and W. Traud：Z. Elektrochem., **44**(1938), 391.

(3)　J. A. Butler：Trans. Faraday Soc., **19**(1923/24), 729.
(4)　T. Erdey-Gruz and M. Volmer：Z. physik. Chem., **A 150**(1930), 203.
(5)　M. Stern and A. Geary：J. Electrochem. Soc., **104**(1957), 56.
(6)　M. Stern：Corrosion, **14**(1958), 440 t.
(7)　水流　徹：金属学会セミナー　腐食制御の理論と技術, 日本金属学会(1988), p. 9.
(8)　井上博之：Zairyo-to-Kankyo, **52**(2003), 444.
(9)　水流　徹, 柿沼　基：Zairyo-to-Kankyo, **52**(2003), 488.
(10)　M. Mansfeld and H. Xiao：J. Electochem. Soc., **140**(1993), 2205.
(11)　D. A. Eden, D. G. John and J. L. Dason：Europian Patent 0 302 703 B1(1992).
(12)　杉本克久：材料電子化学, 金属化学入門シリーズ 4 改訂, 日本金属学会(2006), p. 136.
(13)　松田史朗, 杉本克久：改訂 4 版 金属データブック, 丸善(2004), p. 393.
(14)　杉本克久：防食技術(現 Zairyo-to-Kankyo), **29**(1980), 521.
(15)　杉本克久, 相馬才晃：防食技術(現 Zairyo-to-Kankyo), **31**(1982), 574.
(16)　杉本克久：防食技術便覧, 腐食防食協会編, 日刊工業新聞社(1986), p. 1073.
(17)　K. Sugimoto：*Stainless Steels'84*, The Institute of Metals(1985), p. 198.
(18)　L. H. Laliberte and W. A. Mueller：Corrosion, **31**(1975), 286.
(19)　杉本克久：金属, **51**(1981), 6.
(20)　杉本克久：防食技術(現 Zairyo-to-Kankyo), **31**(1982), 429.
(21)　足立俊郎, 吉井紹泰, 前北呆彦：鉄と鋼, **63**(1977), 614.
(22)　鈴木紹夫, 北村義治：第 15 回腐食防食討論会予稿集(1968), p. 291.

6 不働態皮膜のキャラクタリゼーション技術

6.1 表面キャラクタリゼーション

　金属材料と環境との間の化学反応は金属表面を介して行われる．そのため，表面の性状によって反応機構や反応速度は著しく変化する．したがって，化学反応に対する表面の活性度を議論するためには，表面の性質をよく知らねばならない．表面キャラクタリゼーション(surface characterization)とは，表面層の組成分析，構造解析，物性解析などを行い，表面の性格付けをするという意味である．すなわち，表面キャラクタリゼーションによって表面の物性と状態が明らかになれば，表面の機能を支配する因子が明確になり，その機能を向上させるための改善が容易になる．耐食材料の場合には，腐食環境で生成する不働態皮膜の性状を明らかにすることにより，その環境中での耐食性改善に有力な手がかりを得ることができる．本章では，不働態皮膜の防食機能に関わる皮膜の性状を解析するための手段について解説する．

6.2　In-situ 測定法と Ex-situ 測定法

　耐食材料に限らずどのような材料の表面キャラクタリゼーションにおいても，化学組成，原子配列や構造，電子のエネルギー状態，原子の移動現象などに関する情報が基本的に必要とされる[1]．そして，これらの情報が同時に非破壊，非汚染，高感度，短時間に得られることが要求される．特にステンレス鋼のように耐食機能と表面性状の関係が問題とされる場合には，その機能が作動している状態での表面性状について検討することが肝要であり，いわゆるその場(in-situ)測定が不可欠とされている．しかしながら，現在の所，ステンレス鋼の通常の使用環境である水溶液中で鋼表面をin-situ 測定解析できる方法の多くは実験室的な開発段階にあり，利用できる方法は極めて限られている．そのため，現状では，in-situ 測定法のみでステンレス鋼の表面性状全体を解明することは無理であり，試料を水溶液中から取り出してから真空中で表面の分析を行う非その場(ex-situ)測定法が多く用いられている．いずれの測定法においても，不働態皮膜を対象とする場合には，厚さ数 nm 以下の極薄膜の解析ができる

必要がある．

6.3 必要とする表面情報

　表面皮膜の防食機能には，皮膜の種々の物性と状態が関与している．したがって，皮膜の防食性能の善し悪しの理由を知るためには，皮膜の物性と状態を明らかにする必要がある．例えば，必要に応じて次のような事柄に関する情報が求められる[2]．

　　形態学的構造：厚さ，層構造，多孔度，構造的欠陥
　　原子的構造：結晶構造，組織，格子欠陥
　　化学組成：成分元素の種類と量，化学結合状態，偏析，介在物
　　電子のエネルギー状態：酸化状態，伝導形式，エネルギーバンド構造
　　原子の移動現象：拡散係数
　　機械的性質：強さ，塑性変形能，内部応力，機械的欠陥

理想的には，表面皮膜が防食機能を発揮している条件下でこれらに関する情報が得られることが望ましい．

6.4 表面解析法の種類と得られる情報

　ステンレス鋼を初めとする高耐食合金の不働態皮膜は厚さ数 nm 以下の極薄膜であるので，このような皮膜の物性と状態を解析するためには高度な分析技術が必要とされる．しかし，最近では測定技術の進歩により，以下のような各種の解析法がそれぞれ右に示す物性と状態の解明に適用されている[2]．In-situ 測定法と ex-situ 測定法に分けて示す．

（**1**）　In-situ 測定法
　　エリプソメトリー[3]：厚さ，層構造，光学定数
　　変調可視紫外反射分光法[4]：化学組成
　　電気化学インピーダンス法[5]：皮膜生成時の緩和過程，拡散係数
　　光電分極法[6]：伝導形式，バンドギャップエネルギー，フラットバンド電位
　　レーザーラマン分光法[7]：化学組成，化学結合状態
　　メスバウア分光法[8]：酸化状態
　　光音響分光法[9]：化学組成
　　ラザフォード後方散乱[10]：化学組成
　　EXAFS[11]：短範囲原子配置

走査トンネル顕微鏡[12]：原子構造
(**2**)　Ex-situ 測定法
　X 線光電子分光法[13]：化学組成，化学結合状態
　オージェ電子分光法[14]：化学組成
　二次イオン質量分析法[15]：化学組成
　グロー放電分光法[16]：化学組成
上掲の解析法の内の主なものについて，原理とそれによる不働態皮膜の解析例を以下に述べる．

6.5　In-situ 測定法

不働態皮膜の性質と状態を水溶液中で in-situ 解析することが可能な方法のうち，比較的応用例の多いものについて述べる．これらの方法は，定電位分極法と組み合わせて用いられている．

6.5.1　エリプソメトリー

エリプソメトリー(ellipsometry, 偏光解析法)は，偏光(polarized light)が基体表面上で反射されるときに生じる偏光状態の変化を解析して，基体表面に存在する皮膜の厚さや光学定数を求める方法である．偏光は，その電気ベクトルを垂直な直交2方向の成分に分けたとき，両成分の間にいつも一定の位相差と振幅比を保っている光である．このような性質を持つ偏光を皮膜で被覆された基体表面へ入射すると，反射される際に位相差と振幅比が変化する．反射による偏光状態の変化を測定する装置がエリプソメータ(ellipsometer, 偏光解析装置)である．

屈折率 N_3 の基体表面上に屈折率 N_2 で厚さ d_2 の均一な皮膜があり，これに屈折率 n_1 の透明媒体から入射角 ϕ_1 で波長 λ の直線偏光が入射すると仮定する．ここで，皮膜の N_2 と d_2 は未知で，基体の N_3 や測定条件の n_1, ϕ_1, λ は既知であるとする．このようなとき，N_2 と d_2 を求めるには，以下のように行う．

皮膜および基体が光の吸収体であるときには，屈折率 N は複素屈折率 $N = n - ki$ となる．n は単に屈折率，k は消衰係数と呼ばれており，i は虚数単位である．透明体では $k = 0$ となる．反射による偏光状態の変化は，式(6.1)に示す複素振幅反射係数比(complex-amplitude reflection coefficient ratio) ρ で表すことができる[17]．

$$\rho = \frac{R^p}{R^s} = (\tan\Psi)\exp(i\Delta) \tag{6.1}$$

ここで，R^p, R^s はそれぞれ光の入射面に対して平行な振動成分(p 成分)および垂直な振動成分(s 成分)の反射係数である．すなわち，反射によって偏光の p 成分と s 成分の振幅の比は $\tan\Psi$ となり，またその位相差は Δ となる．$\tan\Psi$ は振幅反射係数比 (relative amplitude ratio)，Δ は相対的位相差 (relative phase retardation) と呼ばれている．式(6.1)の Δ と Ψ は，求めたい値(皮膜の厚さ d_2 とその複素屈折率 $N_2 (= n_2 - k_2 i)$)および実験条件で定まる値(入射角 ϕ_1，波長 λ，媒体の屈折率 n_1，基体の複素屈折率 $N_3 (= n_3 - k_3 i)$)の関数になっている．

$$\Delta = f(d_2, N_2, \phi_1, \lambda, n_1, N_3) \tag{6.2}$$

$$\Psi = g(d_2, N_2, \phi_1, \lambda, n_1, N_3) \tag{6.3}$$

Δ と Ψ はエリプソメータによって実験的に求めることができるので，未知数 d_2, n_2, k_2 のうち一つを仮定してやれば，式(6.2)および(6.3)の連立方程式を解くことができる．式(6.1)に始まる反射による偏光状態の変化を表す一連の方程式は，Drude の光学方程式 (Drude's exact optical equations) と呼ばれている．皮膜の厚さと複素屈折率を合理的に決定するために，Drude の光学方程式のいくつかの解法が提案されている[18]．

水溶液中で定電位分極下にある金属電極の表面状態を測定解析するためのエリプソメトリー装置の概要を図 6.1 に示した[19]．エリプソメータには，回転アナライザ型自動エリプソメータ[19]が用いられている．このエリプソメータによれば，Δ と Ψ と

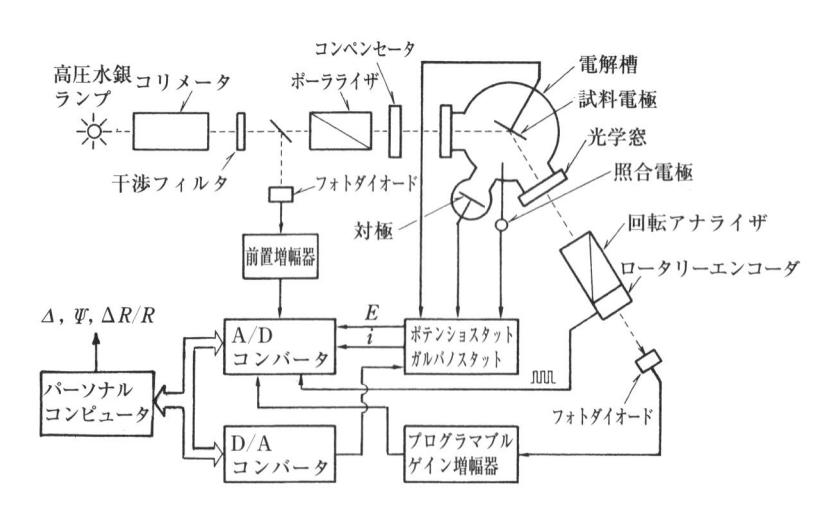

図 6.1 電気化学測定のためのエリプソメトリー装置の概要[19]
　　　矢印は情報の流れを示す

同時に相対的反射率変化(relative reflectivity)$\Delta R/R$の値も測定することができる．そして，これらの三つのパラメータを使用してDrudeの光学方程式を数値計算によって解き，測定時点での膜厚d_2，光学定数のn_2とk_2を一義的に決定することが行われている[20〜22]．このような方法は3-パラメータエリプソメトリー(3-P ellipsometry)と呼ばれている．数値計算にはNewton-Raphson法が使用されている．

図6.2は，pH 3.0の1 kmol·m^{-3} Na$_2$SO$_4$中で高純度Fe-18 Cr合金(組成はmass%，以下同じ)の表面皮膜の厚さd_2，屈折率n_2，消衰係数k_2の電位による変化を3-パラメータエリプソメトリーによって求めた結果を示す[22]．電流密度iの電位Eによる変化から活性態域(−0.5〜0.0 V，Ag/AgCl(3.33 kmol·m^{-3} KCl)基準)，不働態域(0.0〜0.8 V)，過不働態域(0.8〜1.5 V)の存在を認めることができる．d_2は活性態域では小さいが不働態域に入ると電位の上昇と共に大きくなる．過不働態域に入ると過不

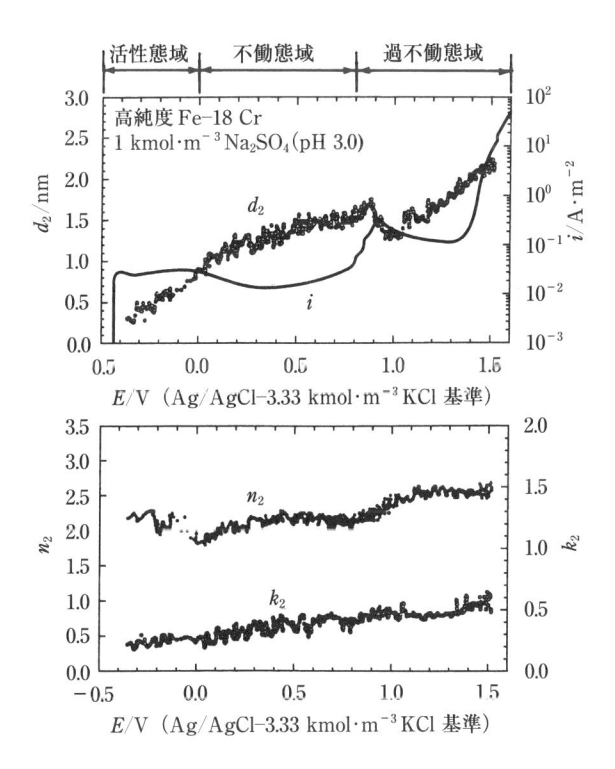

図6.2 高純度Fe-18 Cr合金の表面皮膜の厚さd_2，屈折率n_2，消衰係数k_2の電位による変化[22]
溶液：1 kmol·m^{-3} Na$_2$SO$_4$，pH 3.0

働態溶解のために d_2 はいったん小さくなるが，電位が高くなるとまた電位の上昇と共に大きくなる．n_2 および k_2 についても，変化の幅は小さいが，上記の三つの領域に対応した変化が認められる．そして，各領域内でわずかに電位に依存して変化している．

6.5.2 変調可視紫外反射分光法

変調可視紫外反射分光法(modulated UV-visible reflection spectroscopy)[23,24] では，電位を微小交流変調した状態における電極の表面に可視-紫外域の単色光を入射し，変調反射率変化 $\Delta R/R$ を求める[4,23]．

水溶液中における金属電極表面の反射率 R は，電極電位の関数として変化する．それゆえ，今，電位 E において振幅 $\pm \Delta E$ の微小な交流を重畳し，電位を E を中心にして $\pm \Delta E$ だけ変調すると，それに応じて R も $\pm \Delta R$ だけ変化する．変調可視紫外反射分光法では，この ΔR を交流増幅し，E における R で規格化した比 $\Delta R/R$ を求める．R は溶液の屈折率 n_1，皮膜の厚さ d_2 と複素屈折率 $N_2 (= n_2 - k_2 i)$，および下地金属の複素屈折率 $N_3 (= n_3 - k_3 i)$ の関数であるので，$\Delta R/R$ はこれらの光学パラメータの電位微分変化量でもって表すことができる．

$$\frac{\Delta R}{R} = \left(\frac{1}{R}\right)\left(\frac{\partial R}{\partial E}\right)\Delta E \tag{6.4}$$

$$= \left(\frac{1}{R}\right)\left[\sum_{j=1}^{3}\left(\frac{\partial R}{\partial n_j}\right)\Delta n_j + \sum_{j=1}^{3}\left(\frac{\partial R}{\partial k_j}\right)\Delta k_j + \left(\frac{\partial R}{\partial d_2}\right)\Delta d_2\right] \tag{6.5}$$

電極の表面全体を半導体の酸化物皮膜が覆っている場合，変調電圧の ΔE が十分小さくかつその周波数が高いときには，n_1，d_2，n_3，k_3 の変化はほとんど無視できると考えられる．それゆえ，このような場合の $\Delta R/R$ は，主として皮膜のエレクトロリフレクタンス効果によって決定され，Δn_2 と Δk_2 の項だけで表すことができる．

皮膜の厚さが光の波長に対して非常に薄い場合 $(d_2 \leq \lambda)$，入射面に垂直な偏光に対する $\Delta R/R$ は次式で表される[24]．

$$\left(\frac{\Delta R}{R}\right)_\perp = -\left(\frac{d_2 K_\perp}{\lambda}\right)\left[(2n_2 + \beta_\perp k_2)\Delta n_2 - (2k_2 - \beta_\perp n_2)\Delta k_2\right] \tag{6.6}$$

ここで，$K_\perp$ と $\beta_\perp$ は n_1，n_3，k_3，ϕ_1 によって定まる係数であり，上記のような場合には定数としてよい．入射面に平行な偏光に対しても，式の形はやや複雑になるが，式(6.6)と同様の関係を導くことができる．したがって，$\Delta R/R$ は n_2，k_2，Δn_2，Δk_2 の値によって決定される．n_2 および k_2 は皮膜構成物質に固有の吸収が起こるエネルギー値付近で著しく変化するので，そのようなところでは Δn_2 および Δk_2 の変化も大

きく，$\Delta R/R$ のスペクトルにピークなどの特徴的な構造を生じる．この性質を利用することによって，得られた $\Delta R/R$ スペクトルから皮膜構成物質を同定することができる．また，スペクトルに現れる各物質に固有のピークの強度はその物質の量に依存しているので，これを利用して皮膜組成を定量分析することができる．

さらに，半導体酸化物で覆われた電極の場合，$\Delta R/R$ スペクトルは酸化物表面の空間電荷層領域に相当するごく浅い領域(表面から深さ 0.3〜0.5 nm)の組成によって決定されるので，皮膜をカソード還元法などによって薄くしながら $\Delta R/R$ スペクトルを採れば，皮膜の深さ方向の組成変化も知ることができる[25]．

変調可視紫外反射分光装置の概要を図 6.3 に示す[25]．試料電極の電位変調は，ポテンショスタットの設定電位にファンクションゼネレータを用いて周波数 f_m，振幅 ΔE の正弦波交流電圧を重畳することによって行われる．電位変調されている試料電極に波長 225〜800 nm ($\hbar\omega = 5.51$〜1.55 eV) の範囲の並行偏光を $\phi_1 = 60.0°$ で入射する．光電子増倍管で検出される反射光の信号には二つの異なった周波数(ライトチョッパの周波数 f_c と変調周波数 f_m)の交流成分が含まれているので，各々の成分を 2 台のロックイン増幅器で増幅し，R と ΔR を求める．光電子増倍管のダイノード電圧の自動制御によって R に比例するロックイン増幅器(1)の出力は常に一定値に保持されているので，ロックイン増幅器(2)の出力から直ちに $\Delta R/R$ を得ることができる．

pH 6.0 の 1 kmol·m^{-3} Na$_2$SO$_4$ 中における Fe-19 Cr 合金の $\Delta R/R$ スペクトルの電位

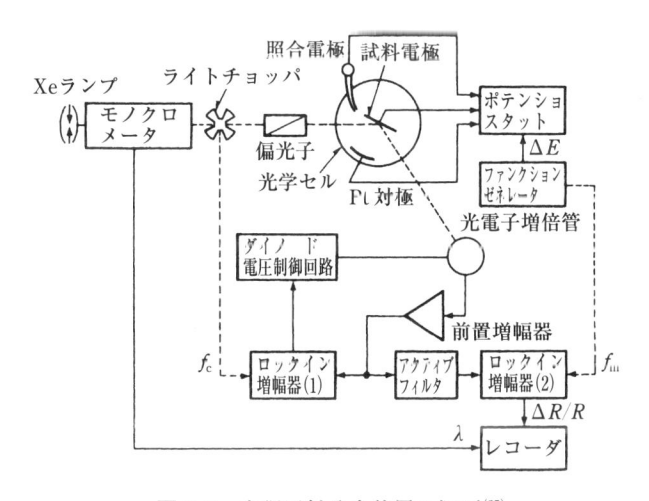

図 6.3 変調反射分光装置の概要[25]

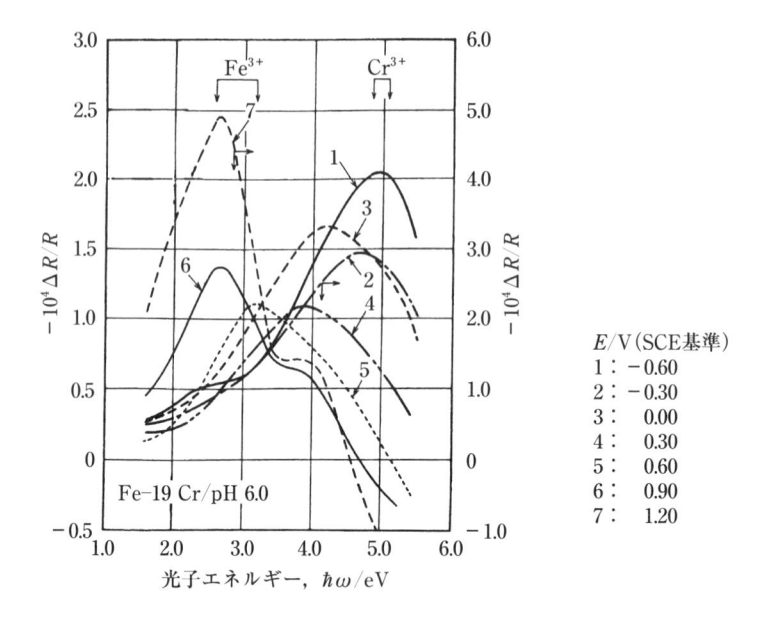

図 6.4 Fe-19 Cr 合金の不働態および過不働態皮膜の $\Delta R/R$ スペクトルの電位による変化[26]
溶液：1 kmol·m^{-3} Na$_2$SO$_4$, pH 6.0

による変化を**図 6.4**に示す[26]．スペクトルの形およびピークの位置は電位によって著しく変化し，不働態域内の低い電位(-0.60 V，SCE 基準)で得られたスペクトルには 5.0 eV にピークが現れるのに対して不働態域内の高い電位(0.60 V，SCE 基準)で得られるスペクトルには 3.2 eV のピークが現れる．すなわち，不働態域内では電位が高くなるに連れてピークの位置(光子エネルギー値)が 5.0 eV から 3.2 eV まで連続的に減少する．5.0 eV のピークは Cr(Ⅲ)酸化物に，また，3.2 eV のピークは Fe(Ⅲ)酸化物にそれぞれ特徴的に認められており，前者は Cr^{3+} イオンの存在に，また後者は Fe^{3+} イオンの存在にそれぞれ起因していることが知られている[26]．これらのことより，不働態域内の低電位側では皮膜中に Cr^{3+} イオンが大量に存在しており，高電位側では Fe^{3+} イオンが大量に存在していることが分かる．過不働態域の電位(0.90 および 1.20 V，SCE 基準)におけるスペクトルの形は不働態域のものとは著しく異なっており，2.8 eV にピーク，3.8 eV に肩が認められる．このようなタイプのスペクトルは CVD 法で Pt 板上に付けた γ-Fe$_2$O$_3$ 皮膜を同じ電位に分極したときにも認められており，皮膜内の電場の大きさに依存して現れるスペクトルと考えられる[26]．

6.5.3 光電分極法

　光電分極法(photoelectric polarization method)は，半導体の酸化物で被覆された電極に半導体のバンドギャップ以上のエネルギーの光を照射したときに生じる電位差（光電位，photopotential：V_{ph}）あるいは電流差（光電流，photocurrent：i_{ph}）を検出し，V_{ph} あるいは i_{ph} の符号と大きさの電位および入射光の波長による変化に基づいて，皮膜の伝導形式，エネルギーバンドギャップ，フラットバンド電位などの半導体特性を解析する方法である．V_{ph} や i_{ph} の符号と大きさは，近似的には酸化物皮膜内のカチオン欠陥濃度とアニオン欠陥濃度の比の対数によって決まる[27]．したがって，V_{ph} や i_{ph} の極性とその大きさから皮膜の伝導形式と欠陥濃度に関する情報を得ることができる．合金の不働態皮膜などの場合には定電位分極下で測定する必要があることから，i_{ph} が測定されることが多い．n 型，p 型いずれの半導体においてもフラットバンド電位 E_f と等しい電位にあるときには i_{ph} は流れない(ゼロ)が，n 型半導体では E_f より高電位側に分極されると正の i_{ph} (アノード光電流)が現れ，逆に，p 型半導体では E_f より低電位側に分極されたときに負の i_{ph} (カソード光電流)が現れる．したがって，i_{ph} の現れる電位から E_f が，また i_{ph} の極性から皮膜の伝導形式が分かる．さらに，i_{ph} の入射光波長による変化(光電流作用スペクトル)を測定すれば，これより酸化皮膜のバンドギャップ E_g の値を得ることができる[6,28]．そして，この E_g の値とスペクトルの構造に基づいて皮膜構成物質を知ることも可能である．また，i_{ph} の発生は皮膜表面近傍の空間電荷層の状態に密接に関係しているので，i_{ph} の値から皮膜表面近傍の電子状態に関する情報が得られることも特徴の一つである．

　光電分極法に使われている装置の概要を**図 6.5** に示す[6]．光の照射によって，定電

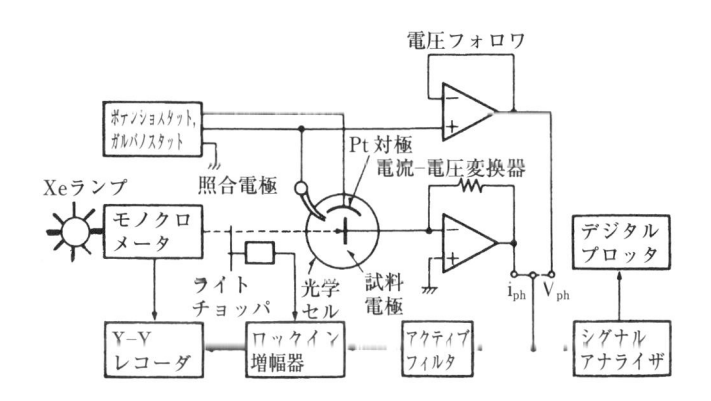

図 6.5　光電分極装置の概要[6]

位分極時には光電流 i_{ph} が,また,定電流分極時には光電位 V_{ph} が生じるが,これらはそれぞれ電流-電圧変換器および電圧フォロワを用いて検出されている.i_{ph} 信号あるいは V_{ph} 信号の増幅にはロックイン増幅器が使用され,また,これらの信号の平均化処理にはシグナルアナライザが使用されている.

　pH 6.0 の 0.1 および 1.0 kmol・m^{-3} Na$_2$SO$_4$ 中で測定した純鉄,純クロム,および一連の Fe-Cr 合金の光電流 i_{ph} の電位による変化を**図 6.6** に示す[6].Cr 含有量 5〜19% の Fe-Cr 合金の不働態域における光電流-電位曲線の形状は n 型 γ-Fe$_2$O$_3$ 皮膜のできる純鉄のそれと似ていることから,これらの合金の不働態皮膜は n 型伝導性を有すると考えられる.Cr 含有量 31% 以上の Fe-Cr 合金では,Cr 含有量が多くなるに連れて光電流-電位曲線の形状は p 型 Cr$_2$O$_3$ 皮膜が生じる純クロムのそれと似てくる.したがって,Fe-Cr 合金の不働態皮膜の伝導形式は Cr 含有量の増加と共に n 型から p 型へと変化すると考えられる.n 型から p 型へと変わる境界は,19〜31% Cr の間にある.一方,過不働態域の電位では,どの合金についても正の光電流の増加が認められるので,高 Cr 合金であっても過不働態皮膜は n 型伝導性を有するものと考えられる.

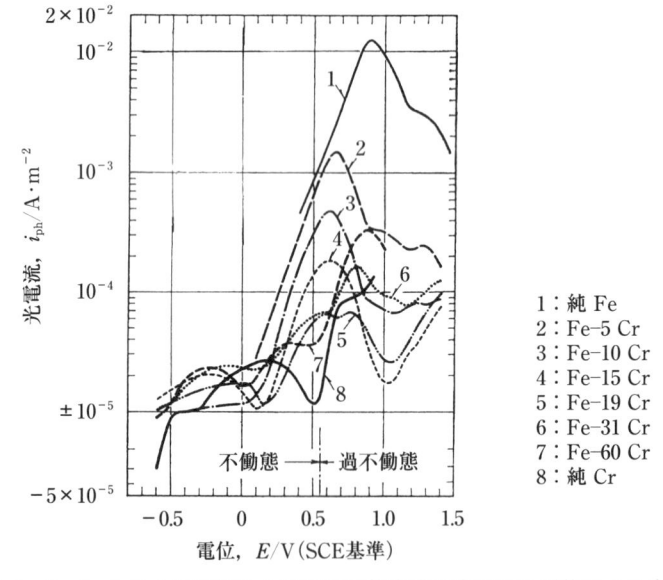

図 6.6　Fe-Cr 合金の不働態および過不働態皮膜の光電流の電位による変化[6]
　　　溶液:純鉄は 0.1 kmol・m^{-3} Na$_2$SO$_4$,pH 6.0,純クロムおよび Fe-Cr 合金は 1.0 kmol・m^{-3} Na$_2$SO$_4$,pH 6.0

半導体電極の伝導帯および価電子帯のエネルギー準位が水平になり，半導体界面の空間電荷層がなくなるときの半導体電極の電位はフラットバンド電位と呼ばれる(第7章図7.13(b)参照)．フラットバンド電位を境にして半導体電極の分極曲線の電流の極性が反転する．また，n型半導体の場合，光照射下では，フラットバンド電位よりも高い電位において光電流が生じる．したがって，フラットバンド電位は，半導体の電極特性を示す重要な特性値である．

フラットバンド電位 E_{fb} は，空間電荷層の容量 C_{SC} の電位 E による変化を測定することによって，決定することができる．n型半導体では，C_{SC} と E との間に式(6.7)の Mott-Schottky の式で示す関係が成立する．

$$\frac{1}{C_{SC}^2} = \left(\frac{2}{eN_D\varepsilon\varepsilon_0}\right)\left(E - E_{fb} - \frac{kT}{e}\right) \tag{6.7}$$

ここで，e は電子の素電荷，N_D は半導体のドナー濃度，ε は半導体の誘電率，ε_0 は真空の誘電率である．式(6.7)に従った $1/C_{SC}^2$ 対 E プロットを Mott-Schottky プロットという．純鉄(Fe(A)，表8.3参照)および高純度鉄(H. P. Fe(Ⅱ)，表8.3参照)を 1.0 kmol·m^{-3} NaNO$_3$ を含む pH 8.45 のホウ酸緩衝溶液中で 1.045 V(NHE基準)に 3.6 ks

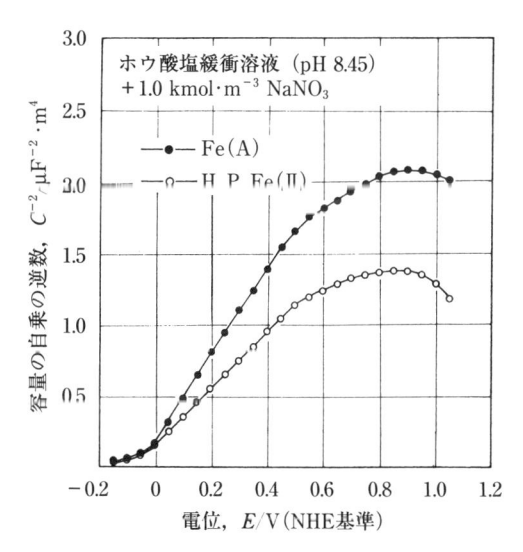

図 6.7 純鉄 Fe(A) と高純度鉄 H. P. Fe(Ⅱ) の不働態皮膜の Mott-Schottky プロット[29]
皮膜形成条件：1.0 kmol·m^{-3} NaNO$_3$ を含むホウ酸塩緩衝溶液(pH 8.45)中で 1.045 V に 3.6 ks 保持

保持して形成した不働態皮膜について測定された Mott-Schottky プロットを図 6.7 に示した[29]。Mott-Schottky プロットの勾配からドナー濃度 N_D が，また，直線の電位軸切片からフラットバンド電位 E_{fb} が，それぞれ求められる．この場合の E_{fb} は Fe (A)，H. P. Fe(II)共に $-0.08\,\mathrm{V}$ とであったが，N_D は Fe(A)が $6.18\times10^{26}\,\mathrm{m}^{-3}$，H. P. Fe(II)が $3.84\times10^{26}\,\mathrm{m}^{-3}$ であった．ドナー濃度は純度の高い鉄の不働態皮膜の方が低く，鉄の純度の向上は皮膜の欠陥濃度の低下をもたらす．

6.6 Ex-situ 測定法

Ex-situ 測定法に分類される分析法は，試料を皮膜形成環境から取り出し，真空中かあるいは希ガス中で分析を行う方法である．これらの方法の分析機器は市販されているものが多く，また，分析方法についての解説も多く行われている[30,31]．したがって，ここでは，不働態皮膜の分析を対象とするときの要点のみを述べる．

6.6.1　X 線光電子分光法

X 線光電子分光法(X-ray photoelectron spectroscopy；XPS)においては，試料に X 線を照射したとき光電効果によって外部に放射される光電子の運動エネルギーを測定し，試料物質内部での各準位における電子の結合エネルギーのスペクトルを求める．そして，スペクトルに現れるピークのエネルギー値から物質内部における元素の結合状態を，また，ピークの強度からその元素の存在量を知ることができる．一般に，光電子の脱出深度は数 nm であるので，表面から深さ数 nm までの領域の平均的組成に関する情報が得られる．

不働態皮膜の XPS 分析に関する報告の多くは，分析結果を定量的な数値で示している[13,32,33]．ただし，正確な定量分析を行うためには組成既知の標準試料が必要であるが，表面分析用の標準試料の調製は極めて困難であるので，現状では表面皮膜内の各元素からの電子線のピーク強度比を採り，理論的あるいは実験的に定められたパラメータ値を使って，各元素の原子組成比を求める半定量的な方法が採られている[32〜36]．したがって，前記の数値もそのようなものと解した方がよい．

XPS スペクトルの測定例として，$1\,\mathrm{kmol\cdot m^{-3}}$ HCl 中において種々の電位で $10.8\,\mathrm{ks}$ 不働態化処理した Fe-18 Cr-10 Mo 合金の表面皮膜の Fe 2p，Cr 2p，Mo 3d，および O 1s 電子スペクトルを図 6.8 に示す[37]．この合金は測定したすべての電位で不働態化している．各スペクトルのピークの位置より，皮膜中では Fe は Fe^{3+}，Cr は Cr^{3+}，Mo は Mo^{4+}，$Mo^{x+}(4<x<6)$，Mo^{6+} として，また，O は M-O，M-OH(M：金属)

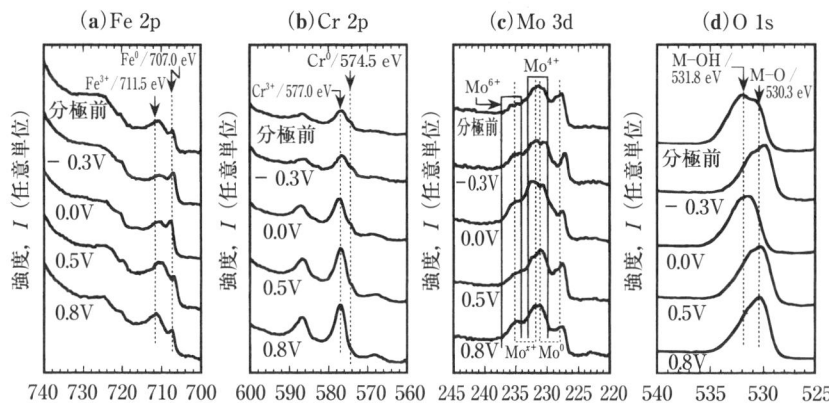

図 6.8 Fe-18 Cr-10 Mo 合金上に種々の電位で形成した不働態皮膜の XPS スペクトル[37]
皮膜形成条件：1 kmol·m^{-3} HCl 中で各電位に 10.8 ks 保持

の形で，それぞれ存在していることが分かる[37]．これらのスペクトルは，通常の ex-situ 測定法で求められた結果であるが，電解槽を XPS 装置に直接取り付け，不働態化処理を終えた試料の雰囲気を不活性ガスまたは真空にし，試料を空気に触れさせることなく XPS 測定室に移すことができるように工夫された装置も報告されている[32,34,38]．

X 線の入射角および光電子の検出角が一定の XPS 装置では，皮膜の一定深さの範囲の平均組成しか分からないが，X 線の入射角あるいは光電子の検出角を変えれば皮膜の深さ方向の組成変化を数 nm 範囲で調べることができる．このような測定方法は角度分解 XPS（Angular-resolved XPS）と呼ばれている．マルチチャンネルアナライザを使って広い範囲の光電子の検出角を瞬時に測定できる装置が開発されている[39]．

6.6.2 オージェ電子分光法

オージェ電子分光法（Auger electron spectroscopy；AES）においては，試料に電子線，X 線，あるいはイオンを照射し，試料内部におけるオージェ遷移によって放出される電子の運動エネルギーとその強度を測定する．そして，運動エネルギーの値から元素の種類を，また，強度からその元素の存在量を決定する．AES は表面感度が極めて高いことと情報深さが浅い（1.0 nm 以下）ことから，イオンスパッタリングなどと組み合わせて表面皮膜の深さ方向の組成変化の測定に多用されている．情報深さが

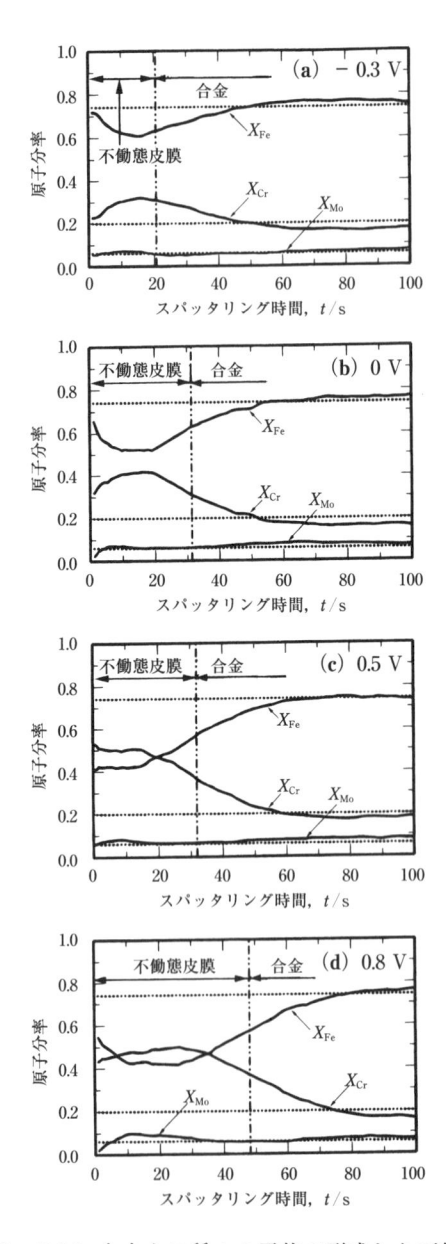

図 6.9 Fe-18 Cr-10 Mo 合金上に種々の電位で形成した不働態皮膜の成分元素の原子分率のスパッタリング時間による変化(点線は合金組成を示す)[37]
皮膜形成条件：1 kmol·m^{-3} HCl 中で各電位に 10.8 ks 保持

浅いといっても，通常の方法では下層からの情報が重畳して測定されるため，分析している表面の最外原子層の組成は得られない．このような下層からの情報の影響を除去して表面原子層の組成を決定し，原子層単位で深さ方向の組成変化を明らかにしようとする微分組成分析法も試みられている[14,40]．このように，測定結果の定量的解析法も進歩しつつあるが[41]，スパッタリングを併用している場合には，スパッタリングの組成に対する影響が明確にされていない限り，解析結果は成分濃度の半定量的変化を示すものとして解釈した方がよい．

通常のスパッタリングを併用したAES測定の一例として，$1\,kmol\cdot m^{-3}$ HCl中において種々の電位で10.8 ks不働態化処理したFe-18 Cr-10 Mo合金の表面皮膜の原子分率のスパッタリング時間による変化を図6.9に示す[37]．処理電位が高くなるほど皮膜中のCr分率が高くなり，逆に，Fe分率が低くなることが分かる．Mo分率はあまり電位に依存しない．

6.6.3 二次イオン質量分析法

二次イオン質量分析法(secondary ion mass spectrometry；SIMS)では，Ar^+イオンなどの一次イオンビームを試料に照射したとき衝突カスケード過程によって表面から放射される二次イオンを質量分析し，表面構成元素の定性と定量を行う[42]．この方法には，感度が極めて高くかつHを含む全元素および同位体の分析が可能という大きな特徴がある．しかし，二次イオン収率が元素の種類や化学状態，共存元素の種類や量，物質の結晶構造，測定雰囲気などによって変化するため，測定結果の定量的解釈が難しい[15]．そのため，不働態皮膜の分析においては，AESやその他の分析法と併用されている場合が多い[15,16,43]．

参 考 文 献

(1) 杉本克久, 末高 治：日本金属学会会報, **20**(1981), 553.
(2) 杉本克久：表面科学, **9**(1988), 61.
(3) N. Sato and K. Kudo：Electrochim. Acta, **16**(1971), 447.
(4) 原 信義, 杉本克久：防食技術(現 Zairyo-to-Kankyo), **36**(1987), 586.
(5) I. Epelboin, M. Keddam, O. R. Mattos and H. Takenouchi：Corros. Sci., **19**(1979), 1105.
(6) 原 信義, 山田 朗, 杉本克久：日本金属学会誌, **49**(1985), 640.
(7) T. Ohtsuka, J. Guo and N. Sato：J. Electrochem. Soc., **133**(1986), 2473.

(8)　W. E. O'Grady：J. Electrochem. Soc., **127**(1980), 555.
(9)　C. E. Vallet, S. E. Borns and J. S. Hendrickson：J. Electrochem. Soc., **135**(1988), 387.
(10)　R. Kötz, J. Gobrecht and S. Stucki：Electrochim. Acta, **31**(1986), 169.
(11)　G. G. Long, J. Kruger and M. Kuriyama：*Passivity of Metals and Semiconductors*, Ed. by M. Froment, Elsevier Science Publishers B. V. (1983), p. 139.
(12)　P. Marcus and V. Maurice：*Passivation of Metals and Semiconductors*, Proceedings of the 7th International Symposium on Passivity, Ed. by K. E. Heusler, Trans Tech Publications(1995), p. 221.
(13)　K. Hashimoto, K. Asami and K. Teramoto：Corros. Sci., **19**(1979), 3.
(14)　F. Pons, J. Le Hericy and J. P. Langeron：Surface Sci., **69**(1977), 547, 565.
(15)　S. C. Tjong, R. W. Hoffman and E. B. Yeager：J. Electrochem. Soc., **129**(1982), 1662.
(16)　R. Berneron, J. C. Charbonnier, R. Namdar-Irani and J. Manenc：Corros. Sci., **20**(1980), 899.
(17)　R. M. A. A. Azzam and N. M. Bashara：*Ellipsometry and Polarized Light*, North Holland, New York(1979).
(18)　工藤清勝, 佐藤教男：北海道大学工学部研究報告, **61**(1971), 45.
(19)　杉本克久：Denki Kagaku(現 Electrochemistry), **62**(1994), 212.
(20)　C.-T. Chen and B. D. Cahan：J. Electrochem. Soc., **129**(1982), 17.
(21)　Y.-T. Chin and B. D. Cahan：J. Electrochem. Soc., **139**(1992), 2432.
(22)　原　信義, 杉本克久：高純度 Fe-Cr 合金の諸性質, 日本鉄鋼協会特定基礎研究会高純度 Fe-Cr 合金研究部会, 日本鉄鋼協会(1995), p. 84.
(23)　原　信義, 杉本克久：日本金属学会会報, **20**(1981), 599.
(24)　W. J. Plieth：Ber. Bunsenges. Physik. Chem., **77**(1973), 871.
(25)　原　信義, 杉本克久：日本金属学会誌, **43**(1979), 992.
(26)　N. Hara and K. Sugimoto：文献[11], p. 211.
(27)　E. K. Oshe and I. L. Rosenfel'd：Zash. Met., **5**(1969), 524.
(28)　U. Stimming：文献[11], p. 477.
(29)　杉本克久, 松田史朗, 一色　実, 江島辰彦, 井垣謙三：日本金属学会誌, **46**(1982), 155.
(30)　D.ブリッグス, M. P.シーア編, 合志陽一, 志水隆一監訳, 表面分析研究会訳：表面分析　上, 下巻, アグネ承風社(1990).
(31)　吉原一紘：入門表面分析, 内田老鶴圃(2003).
(32)　I. Olefjord and B-O. Elfstrom：Corrosion, **38**(1982), 46.
(33)　I. Olefjord and B. Brox：文献[11], p. 561.

(34) K. Hirokawa and M. Oku：Z. Anal. Chem., **285**(1977), 192.
(35) 広川吉之助：日本金属学会会報, **21**(1982), 801.
(36) 橋本功二, 浅見勝彦：防食技術(現 Zairyo-to-Kankyo), **26**(1977), 375.
(37) M. Son, N. Akao, N. Hara and K. Sugimoto：J. Electrochem. Soc., **148**(2001), B43.
(38) I. Olefjord：Mater. Sci. Eng., **42**(1980), 161.
(39) K. Sugimoto, M. Saito, N. Akao and N. Hara：*Passivation of Metals and Semiconductors, and Properties of Thin Oxide Layers*, Ed. by P. Marcus and V. Maurice, Elsevier V. B. (2006), p. 3.
(40) 瀬尾眞浩, 佐藤教男：防食技術(現 Zairyo-to-Kankyo), **27**(1978), 647.
(41) 広川吉之助：文献[35], 885.
(42) 広川吉之助：日本金属学会会報, **22**(1983), 42.
(43) S. C. Tjong：Appl. Surf. Sci., **9**(1981), 92.

7 不働態化現象と不働態皮膜

7.1 耐食合金と不働態皮膜

　チタンなどの高耐食金属，また，ステンレス鋼などの高耐食合金は，酸化性の腐食環境に曝されると直ちに薄くて耐食性の高い酸化皮膜を表面に生成し，この皮膜で覆われた後は例えその環境の腐食性が高くてもほとんど腐食されなくなる．本来金属・合金が腐食する環境中で金属・合金に高い耐食性を与える極薄表面皮膜のことを不働態皮膜(passive film)といっている．すなわち，厳しい腐食環境中でも安定な高耐食性不働態皮膜を形成し得ることが高耐食金属・合金の条件である．本章では，ステンレス鋼(Fe-Cr および Fe-Cr-Ni 合金)を例に採り，不働態皮膜の生成条件と皮膜の性質および状態に関して解説する．

7.2 不働態化現象とその特性値

7.2.1 アノード分極曲線の変化

　熱力学的条件から見れば反応が進行可能な金属/水溶液系において，その反応が事実上停止してしまうとき，これを広い意味で不働態(passive state, passivity)と呼んでいる．金属の腐食反応における不働態は，水溶液中で金属をアノード分極したとき，ある電位以上で溶解速度が著しく低下する現象として現れる．図7.1にアノード分極域において不働態化現象が現れる場合の分極曲線を模式的に示した．アノード分極曲線にはいくつかの特徴的な変化が見られる．以下にこれらの変化とそれに関係する電位と電流について説明する[1]．

　金属を電解液に漬けたとき，金属は自然に腐食する電位 E_{corr} を示す．E_{corr} を腐食電位(corrosion potential)という．この電位よりアノード分極すると金属が低原子価金属イオンとなって活性溶解する速度が大きくなり，それに相当する電流が電位の上昇と共に大きくなる．しかし，電位 E_{pp} で電流はピーク値 i_{crit} に達し，それ以上電位を上げると電流は減少する．すなわち，E_{pp} で不働態皮膜と呼ばれる薄くて耐食性の良い皮膜が生成し始め，金属の溶解速度が減少する．E_{pp} を不働態化電位(passivation

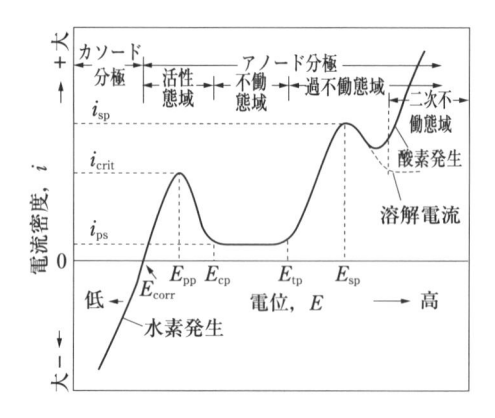

図 7.1　不働態化現象を示す合金の分極曲線

potential），i_{crit} を臨界不働態化電流密度（critical passivation current density）という．分極曲線上で不働態が複数認められるようなときには，最初の不働態化電位を一次不働態化電位という．不働態化が進行し，電位を上げても電流がほとんど低下しなくなった所の電位 E_{cp} を不働態化完了電位（potential of complete passivity）という．E_{cp} 以上では金属表面全体が不働態皮膜で覆われた状態，すなわち不働態になっており，電位を上げても電流はほとんど増加せず，皮膜を通しての金属の溶解速度に相当する極めて小さい電流 i_{ps} が流れる．i_{ps} を不働態維持電流密度（current density in passive state）という．しかし，電位をさらに上げ，電位 E_{tp} 以上になると電流が再び上昇し，金属は激しい溶解を起こし始める．この溶解は，金属が高原子価金属イオンになることによって起こり，過不働態溶解と呼ばれる．E_{tp} を過不働態溶解開始電位（initial potential of transpassivity）という．さらに電位を上げると，電位 E_{sp} で溶解電流がまたピーク値 i_{sp} を示した後減少する．これは高原子価酸化物皮膜が生じ再度不働態化が始まったためである．E_{sp} を二次不働態化電位（secondary passivation potential），i_{sp} を最大過不働態溶解電流密度（maximum current density in transpassivity）という．二次不働態化による電流の減少は，高い電位では，水の分解による酸素発生電流によって隠されてしまう．したがって，二次不働態化完了電位 E_{scp} は分極曲線上では分からない．

7.2.2　分極曲線の各領域での反応

上述の分極曲線の変化に基づき，図 7.1 の上に示したように，分極曲線を水素発生

域，活性態域，不働態域，過不働態域，二次不働態域，酸素発生域に分けた．各領域では，以下のような反応が生じる．ただし，M は金属を表す．

$$水素発生域：2\,H^+ + 2\,e^- \rightarrow H_2 \tag{7.1}$$

$$活性態域：M \rightarrow M^{z+} + z\,e^- \tag{7.2}$$

$$不働態域：M + n\,H_2O \rightarrow MO_n + 2n\,H^+ + 2n\,e^- \tag{7.3}$$

$$過不働態：MO_n + m\,H_2O \rightarrow MO_{n+m}^{2-} + 2m\,H^+ + 2(m-1)e^- \tag{7.4}$$

$$MO_n + m\,H_2O \rightarrow MO_{n+m} + 2m\,H^+ + 2m\,e^- \tag{7.5}$$

$$酸素発生域：2\,H_2O \rightarrow O_2 + 4\,H^+ + 4\,e^- \tag{7.6}$$

不働態域におけるアノード電流の大きな低下は，耐食性の良い酸化物皮膜 MO_n(オキシ水酸化物皮膜 MOOH のこともある)の形成によって引き起こされる(式(7.3))．過不働態域におけるアノード電流の上昇は，不働態皮膜が高原子価のオキシアニオン MO_{n+m}^{2-} となって溶解するか(式(7.4))，あるいは多孔質で保護性が乏しい高原子価酸化物 MO_{n+m} に変わることによって生じる(式(7.5))．二次不働態はこのような多孔質高原子価酸化物によってもたらされる．

7.2.3　分極曲線上の特性値と耐食性の関係

アノード分極曲線上の特性値を見ると，合金の耐食性に関する情報が得られる．多くの合金は不働態で使用されるので，不働態域が広く(すなわち，E_{pp} と E_{cp} が低く，E_{tp} が高い)かつ i_{ps} が小さいほど耐食性が良い．さらに，i_{crit} が小さければ，酸化力の弱い環境中でも不働態化することができる．また，E_{tp} が高く i_{sp} が小さければ，過不働態溶解を起こしにくい．合金が腐食環境中で高い耐食性を示すには，腐食環境中で自発的に不働態化する必要がある．合金が水溶液中で自発的に不働態化できるのは，水溶液中の酸化剤が還元電流として i_{crit} 以上の電流を合金に供給できるときだけであるので，i_{crit} はできるだけ小さい方が好ましい．

不働態化現象を示す金属には鉄，クロム，ニッケル，コバルト，モリブデン，アルミニウム，チタン，タンタル，ニオブ，ジルコニウムなどがある．これらの金属の合金も不働態化現象を示す．これらの金属のうち，鉄からモリブデンまでの金属には半導体の酸化物皮膜が生成する．また，アルミニウムからジルコニウムまでの金属には絶縁体の酸化物皮膜が生成する．これらの金属および合金の不働態化現象の特性値は，環境側の因子(溶液の種類，濃度，温度，pH など)および測定条件(電位送り速度，試料の前処理など)に大きく依存する．

7.3 不働態皮膜形成反応

水溶液中における不働態皮膜の形成反応は，金属・合金の種類，水溶液の種類，pH，酸化剤の濃度などの組み合わせによって変わり得るが，以下の三つのタイプの反応が考えられている．

(1) 金属と水溶液との直接反応

$$M + n\,H_2O \rightarrow MO_n + 2n\,H^+ + 2n\,e^- \tag{7.7}$$

(2) 金属イオンの過飽和溶液からの析出

$$M \rightarrow M^{n+} + n\,e^- \tag{7.8}$$

$$M^{n+} + H_2O \rightarrow M(OH)_n + n\,H^+ \tag{7.9}$$

(3) 金属イオンの電気化学酸化

$$M \rightarrow M^{n+} + n\,e^- \tag{7.10}$$

$$M^{n+} + n\,H_2O \rightarrow MO_n + 2n\,H^+ + n\,e^- \tag{7.11}$$

(1)は，金属が水によって直接電気化学的に酸化される反応である．(2)は，活性態域で金属から溶け出したイオンが水と反応して金属水酸化物を沈殿析出する反応である．(3)は，活性態域で金属から溶け出したイオンがその後金属の電位が高くなったとき水によって電気化学的に酸化され，酸化物を沈殿析出する反応である．一般的に沈殿析出皮膜は多孔質になりやすいので，(1)の反応で形成される皮膜は(2)や(3)の反応で形成されるものよりも緻密で防食性が高いことが予想される．

7.4 合金の不働態

不働態化現象を示すある金属を基本にしてこれに種類の異なる金属元素を少量合金すると，得られる合金の表面に生成する酸化皮膜の組成，構造，厚さ，物性は基の金属の酸化皮膜のそれらとは著しく異なったものになる．合金化によって化学的安定性の高い不働態皮膜を形成する合金が得られれば，それは優れた耐食材料になり得る．実用耐食材料の多くはこのような合金化によって不働態皮膜の耐食性を改善している．その代表的なものは，鉄を基本にしてクロムを合金した Fe-Cr 合金である．Fe-Cr 合金およびこれに複数の金属元素を合金した耐食合金はステンレス鋼（stainless steel）と呼ばれている．ステンレス鋼の基本成分である鉄の不働態の耐食性は，鋼の Cr 含有量によって著しく変化する．

Fe-Cr 合金の Cr 含有量の増加に伴うアノード分極特性の変化を図 7.2 に示す[2]．合金中の Cr 含有量が増加すると，i_{crit} は減少，E_{pp} は低下，E_{cp} は低下し弱い酸化力環

7.4 合金の不働態　111

図 7.2 pH 2.0, 1 kmol·m^{-3} Na$_2$SO$_4$(298 K(25 ℃), H$_2$SO$_4$で pH 調整)中における Fe-Cr 合金のアノード分極曲線[2]

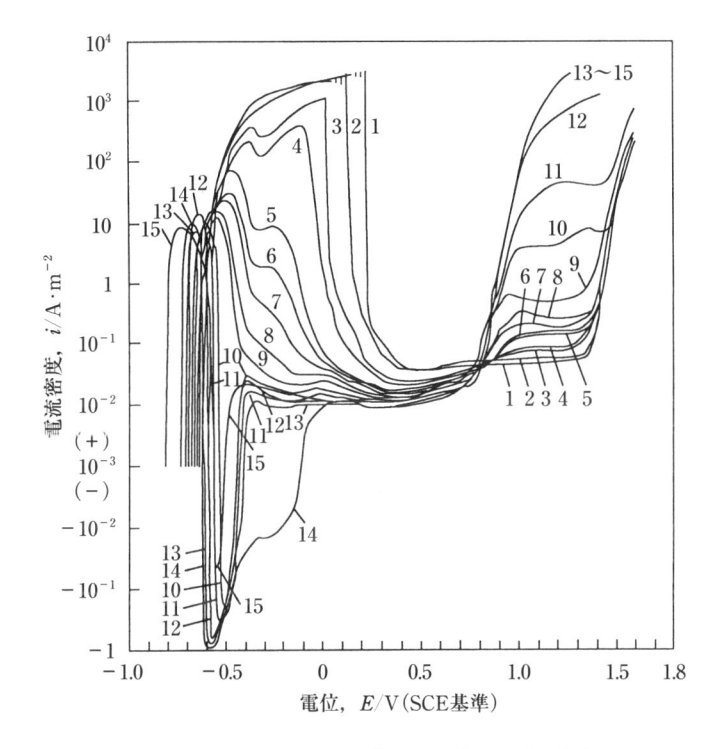

1： Fe
2： Fe- 3 Cr
3： Fe- 5 Cr
4： Fe- 7 Cr
5： Fe-10 Cr
6： Fe-12 Cr
7： Fe-13 Cr
8： Fe-15 Cr
9： Fe-20 Cr
10： Fe-25 Cr
11： Fe-30 Cr
12： Fe-40 Cr
13： Fe-60 Cr
14： Fe-70 Cr
15： Cr

境中でも容易に不働態化するようになる．また，i_{ps} は減少し，不働態の耐食性が向上する．しかし，i_{sp} は増大し，強酸化力環境中では耐食性が低下する．

　純鉄や Cr 含有量数%(%は mass%)以下の合金には活性態と不働態の間に過渡状態(電流の振動)が現れる．この状態は，不働態皮膜の形成が不安定なことを示している．Cr 含有量 25% 以上の合金には negative loop (不働態維持電流がマイナスになる領域)が現れる．このようなときは不働態皮膜が極めて安定で，i_{ps} が H$^+$ イオンの還元電流 i_{H_2} 以下であることを意味している．Cr 含有量 40% 以上の合金は過不働態溶解を起こすのみで二次不働態を示さない．このような高 Cr 合金では，高酸化力環境中では過不働態腐食が激しく起こることを示している．

　アノード分極曲線から分かるように，Fe-Cr 合金が高い耐食性を示すのは不働態域だけであるので，この合金は必ずこの電位域で使用されねばならない．

7.5 ステンレス鋼の不働態皮膜の性質と状態

Fe-Cr系およびFe-Cr-Ni系はステンレス鋼の基本組成であるので，これらの系の合金の不働態皮膜の性状がどのようになっているかを知ることは，ステンレス鋼の耐食性の根拠を理解しステンレス鋼を正しく使用するうえで重要である．ここでは，これらの系の合金の組成，電位，水溶液の種類などが不働態皮膜の性質と状態に与える影響について述べる．

7.5.1 皮膜の厚さ

Fe-Cr合金の不働態皮膜の厚さは，主として光学的測定法であるエリプソメトリー (6.5.1参照) によって調べられている．Cr含有量の異なる一連の合金について，不働態皮膜の厚さの電位による変化をpH 2.0およびpH 6.0の1 kmol・m^{-3} Na$_2$SO$_4$水溶液 (H$_2$SO$_4$でpH調整) 中で測定した結果を図7.3に示す[3]．不働態皮膜の厚さは電位，pH，およびCr含有量に依存している．すなわち，同じpH，Cr含有量ならば電位が高いほど厚くなり，同じ電位，pHならばCr含有量が高いほど薄くなり，そして同じ電位，Cr含有量ならばpHが大きいほど厚くなる．pH 2.0ではCr含有量10〜20%の合金に，また，pH 6.0ではCr含有量15%以上の合金に，電位上昇に伴う不働態皮

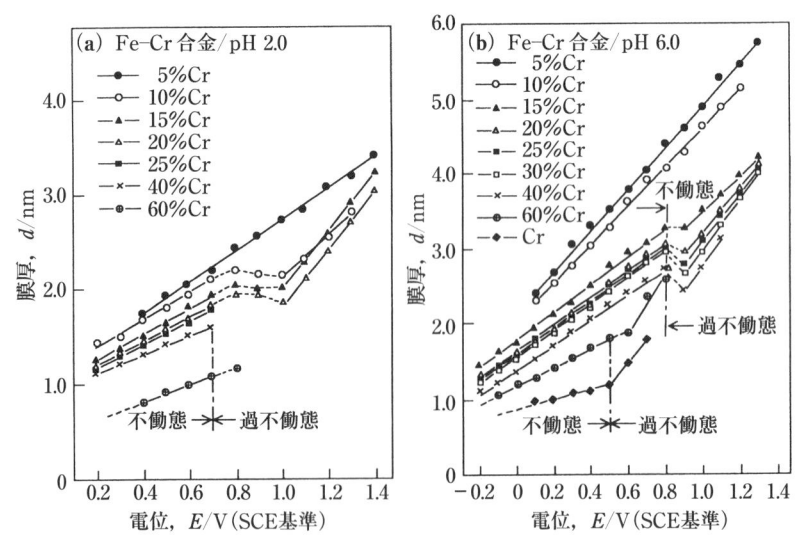

図7.3 (a) pH 2.0 および (b) pH 6.0 の 1 kmol・m^{-3} Na$_2$SO$_4$ 中における Fe-Cr 合金の不働態および過不働態皮膜の厚さの電位による変化[3]

7.5 ステンレス鋼の不働態皮膜の性質と状態

膜から過不働態皮膜への遷移が見られる．過不働態皮膜の厚さは，電位の低いところを除けば，不働態皮膜よりも厚い．

合金元素が不働態皮膜の厚さに及ぼす影響は，Fe-Cr-Ni系オーステナイトステンレス鋼について調べられている．図7.4(a)～(e)は，各図の右上に組成を示したオーステナイトステンレス鋼について，pH 0.2 H$_2$SO$_4$ および pH 6.0 Na$_2$SO$_4$ 酸性溶液中 0.5 V(SCE 基準)における不働態皮膜の厚さと鋼の Cr, Ni, Mn, Mo, および Si 含有量の関係をそれぞれ示している[4]．pH 0.2 および pH 6.0 のいずれにおいても，Cr, Ni の含有量が増すと皮膜は薄くなること，逆に，Mn, Mo の含有量の増加は皮膜を厚くすること，また Si の含有量については，3%までは皮膜が薄くなるが，それ以上ではわずかながら厚くなる傾向があることなどが分かる．

上述の不働態皮膜の厚さは，通常のエリプソメータで測定した値であり，試料面約 10^{-4} m^2 の平均的な膜厚を示している．これ以上小さい領域，例えば，合金の顕微鏡組織における不働態皮膜の厚さを調べるには，顕微エリプソメータを用いる必要がある[5]．顕微エリプソメータによれば，直径約 10 μm の領域の膜厚を決定できる．図

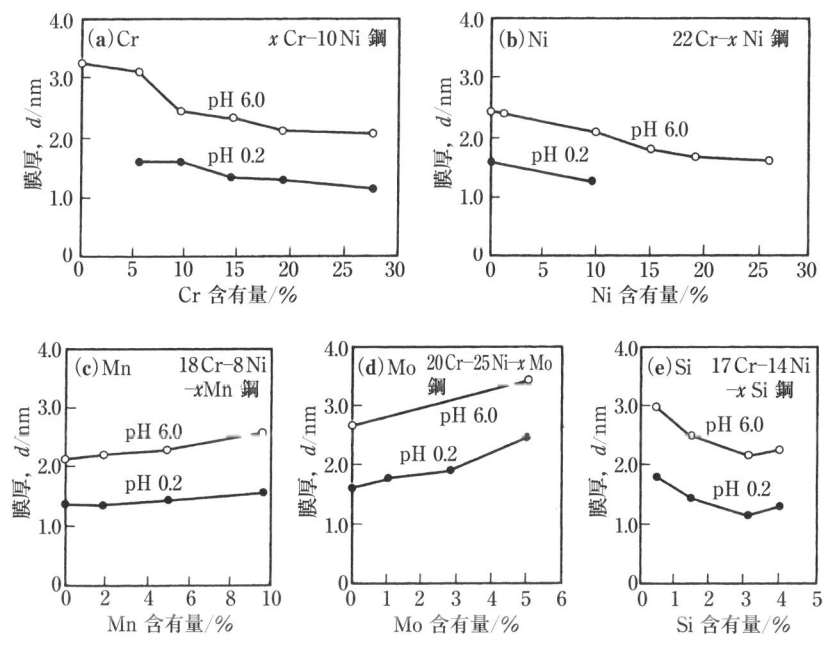

図 7.4 pH 0.2 の H$_2$SO$_4$ および pH 6.0 の Na$_2$SO$_4$ 中，0.5 V(SCE 基準)で生成したステンレス鋼の不働態皮膜の厚さ d と合金元素含有量 x の関係[4]

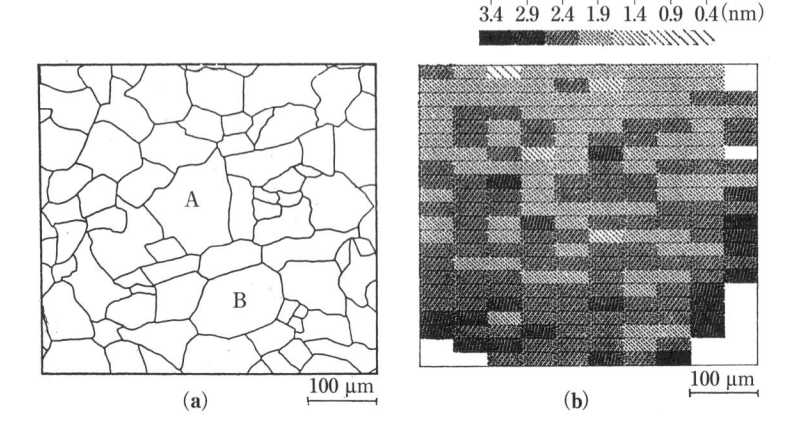

114　7　不働態化現象と不働態皮膜

図 7.5　(a) 19 Cr-9 Ni 鋼の顕微鏡組織と (b) この上の不働態皮膜の厚さの分布[4,6]. 不働態化処理条件：1 kmol·m^{-3} NaCl, 0.3 V (SCE 基準), 5 h

7.5 は，固溶体の 19 Cr-9 Ni 鋼(組成は mass%, 以下同じ)の顕微鏡組織(a)とこの上に生成した不働態皮膜の厚さの分布(b)を示す[4,6]. まず，試料の測定面を鏡面にし，その面を 1 kmol·m^{-3} NaCl 中で孔食電位よりも低い 0.3 V に 5 h 保持して不働態化させた. 不働態化後の測定面を顕微エリプソメータで測定した結果が(b)である. 測定後，同じ面をエッチングして顕微鏡組織を現出した結果が(a)である. 測定面全体で見ると，0.4 nm から 3.4 nm にわたる膜厚の場所的変動があることが分かる. また，(a)の中の結晶粒 A や B について見ると，結晶粒内の場所によって膜厚に違いがある.

7.5.2　皮膜の組成

不働態皮膜の組成は，主としてX線光電子分光法(6.6.1 参照)および変調可視紫外反射分光法(6.5.2 参照)で調べられている. 前者は非その場(ex-situ)分析法であり，後者はその場(in-situ)分析法であるという分析環境上の違いはあるが，両者とも皮膜を破壊(スパッタリングなどで)せずに分析しているので，分析結果には一定の信頼がおける.

X線光電子分光法の一種である角度分解X線光電子分光法により Fe-18 Cr-10 Mo 合金の不働態皮膜を分析した結果を図 7.6 に示す[7]. 皮膜は合金を 1 kmol·m^{-3} HCl 中で種々の電位に一定時間保持して形成した. 角度分解X線光電子分光法によると，

7.5 ステンレス鋼の不働態皮膜の性質と状態

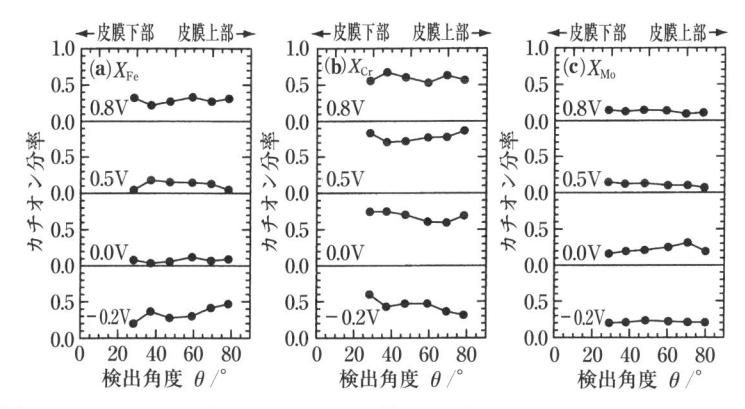

図 7.6 1 kmol·m⁻³ HCl 中において種々の電位で形成された Fe-18 Cr-10 Mo 合金の不働態皮膜のカチオン分率の検出角度 θ による変化(θ が大きい方が皮膜上部)[7]. (a) X_{Fe}, (b) X_{Cr}, (c) X_{Mo}

皮膜を損傷することなく深さ方向の組成変化を定量的に分析することができる.また,Fe-18 Cr-10 Mo 合金は 1 kmol·m⁻³ HCl 中で孔食を起こさず,この溶液中で孔食に耐えうる不働態皮膜の組成を知ることができる.図 7.6(a) は Fe カチオン分率 X_{Fe}, (b) は Cr カチオン分率 X_{Cr}, (c) は Mo カチオン分率 X_{Mo} の皮膜深さ方向の変化を示す.各分率の深さ方向の変化を見ると,皮膜上部と下部で分率の値に多少の違いはあるが,いずれの分率も皮膜内の位置による成分の極端な濃縮や欠乏は示していない.したがって,各電位で形成した皮膜について,各成分の分率の深さ方向平均値を採れば,その皮膜の組成をおおよそ代表できると思われる.皮膜の平均的な X_{Cr} 値は,0.5 V までは電位が上がるほど大きくなる.また,平均的 X_{Mo} 値は電位が上がるほどわずかながら低下する.0.5 V での平均的 X_{Cr} 値は 0.75,平均的 X_{Mo} 値は 0.15 であり,このような組成を持てば 1 kmol·m⁻³ HCl 中でも耐孔食性が得られることが分かる.

皮膜構成元素の酸化状態についても X 線光電子分光法で調べられている.硫酸水溶液中の不働態域で処理された Fe-22.5 Cr-3.3 Mo 合金の表面について,処理後表面を空気に触れさせることなく分析した結果は次の通りである[8].

不働態皮膜中でクロムは Cr^{3+} として存在しており,その濃度はカチオン中最も高い.鉄は Fe^{II} および Fe^{III} として存在するが,これらの濃度は低い.モリブデンは Mo^{6+}, Mo^{x+}(4+ と 6+ の中間の原子価)および Mo^{4+} として存在している.Mo^{4+} は不働態域の低電位側で生成した皮膜中には存在するが,高電位側で生成した皮膜中に

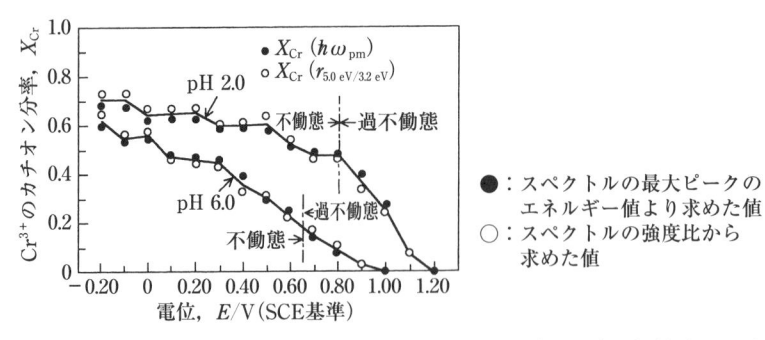

図 7.7 pH 2.0 および pH 6.0 の 1 kmol·m^{-3} Na$_2$SO$_4$(293 K(20 ℃))中における Fe-19 Cr 合金の不働態皮膜の Cr^{3+} カチオン分率の電位による変化[9]

は存在しない.酸素は OH$^-$,O^{2-} および SO$_4^{2-}$ の形で存在しており,低電位側では OH$^-$ の濃度が高く,O^{2-} の濃度が低い.しかし,高電位側では O^{2-} の濃度が高く,OH$^-$ の濃度が低い.硫黄は SO$_4^{2-}$ として存在するが,その濃度は極めて低い.したがって,アニオンは OH$^-$ と O^{2-} によって占められる.以上を総合すると,不働態皮膜は (Cr$_{1-m-n}$, Fe$_m$, Mo$_n$)OOH($0 < m$, $n \ll 1$)と表されるようなオキシ水酸化物であると考えられる.m と n の値は電位によっても変わり,また,皮膜の深さ方向によっても変化する.

　皮膜組成の電位による変化は,変調可視紫外反射分光法によって水溶液中で連続的に調べられている.**図 7.7** に,pH 2.0 と pH 6.0 の 1 kmol·m^{-3} Na$_2$SO$_4$ (H$_2$SO$_4$ で pH 調整)中における Fe-19 Cr 合金の不働態および過不働態皮膜の Cr^{3+} カチオン分率 X_{Cr} の電位による変化を示す[9].図より明らかなように,pH 2.0 の溶液中で生成した皮膜の方が,pH 6.0 の溶液中で生成した皮膜よりも全電位域において X_{Cr} が大きい.また,いずれの溶液中で生成した皮膜の X_{Cr} も,電位の上昇と共に減少している.ただし,変調可視紫外反射分光法の分析深さが約 0.5 nm であることを考慮すると,分析された組成は皮膜の表面付近の組成である.皮膜の深さ方向の組成を分析した結果によると,X_{Cr} 値は皮膜内部ほど高くなり,皮膜/合金界面付近では電位に依存しないほぼ一定値になる[9].

7.5.3　皮膜の電子エネルギーバンドギャップ

　不働態皮膜の伝導形式およびエネルギーバンドギャップは,光電分極法(6.5.3 参照)で調べられている.すなわち,光電流の電位による変化から皮膜の伝導形式が分かり,また,光電流の入射光波長による変化(光電流作用スペクトル)からエネ

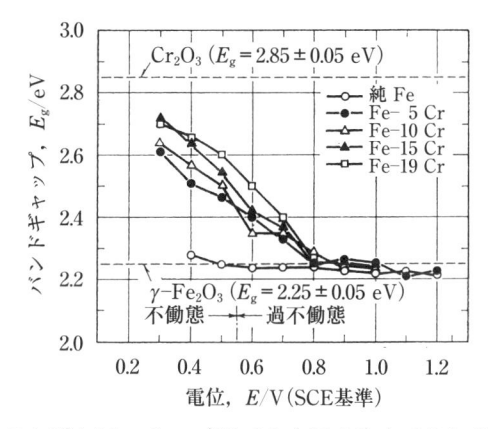

7.5 ステンレス鋼の不働態皮膜の性質と状態

図7.8 0.1 および 1.0 kmol·m^{-3} Na$_2$SO$_4$(pH 6.0)中でそれぞれ純鉄およびFe-Cr 合金に生成した不働態および過不働態皮膜のバンドギャップの電位による変化[10]

ギーバンドギャップ E_g の大きさを知ることができる.

pH 6.0 の 0.1 および 1.0 kmol·m^{-3} Na$_2$SO$_4$ 中で純鉄,純クロム,および一連のFe-Cr 合金について光電流の電位による変化を調べた結果[10]によると,純鉄および Fe-5~20 Cr 合金の不働態皮膜は n 型,Fe-25~30 Cr 合金の不働態皮膜は Cr 含有量の増加と共に n 型から p 型へと変化する.30 Cr 以上の合金および純クロムの不働態皮膜は p 型を示す.一方,過不働態皮膜は高 Cr 合金であっても n 型であった.

次に,光電流作用スペクトル(正確には$(\phi \cdot \hbar\omega)^{1/2}$対 $\hbar\omega$ プロット,ϕ:量子効率,$\hbar\omega$:光子エネルギー)から求めた Fe-Cr 合金の皮膜の E_g の値の電位による変化を図 **7.8** に示す[10].いずれの合金の皮膜の E_g も不働態域においては Cr$_2$O$_3$ の E_g = 2.85 eV に近い値を示すが,電位の上昇と共にこの値は低下し,過不働態域内の高い電位になると γ-Fe$_2$O$_3$ の E_g = 2.25 eV とほとんど等しい値を示す.不働態域内の皮膜((Cr$_{1-m}$, Fe$_m$)OOH$(0 < m < 1)$)の E_g の値は,Cr 含有量の高い合金ほど大きい.このような E_g の変化は,電位が高くなるほど皮膜中の Cr^{3+} カチオン分率が低下すること,および高 Cr 合金ほど皮膜の Cr^{3+} カチオン分率が増加することとよく一致している[9].

不働態皮膜の組成が皮膜下部と上部で異なるときには,$(\phi \cdot \hbar\omega)^{1/2}$ 対 $\hbar\omega$ プロットに折れ曲がりが現れ,皮膜下部と上部に対応する二つのエネルギーバンドギャップが得られる.例えば,0.1 kmol·m^{-3} H$_2$SO$_4$ 中 360 ks 保持して Fe-18 Cr 合金に形成した不働態皮膜の内層は E_g = 3.6 eV の p 型,外層は E_g = 2.5 eV の n 型であり,同じ

合金をホウ酸塩緩衝液中 86.4 ks 保持して形成した不働態皮膜の内層は $E_g = 3.4\sim3.5$ eV の n 型, 外層は $E_g = 2.4\sim2.5$ eV の n 型という報告がある[11]. 後者のように電子構造が n-n 接合型であれば皮膜内の電場は陽イオンの外方向移動と陰イオンの内方向移動は妨げないので皮膜の成長は持続するが, 前者のように電子構造が p-n 接合型となるときには皮膜の成長が阻止されると考えられる[11].

7.6 不働態化の過程

7.6.1 ファラデーインピーダンスの周波数変化

　不働態化の過程は, 主として電気化学インピーダンス法(5.5.3 参照)で調べられている. ファラデーインピーダンスを広い周波数範囲で測定すると, 不働態化過程に関わる反応を時定数の違いに基づいて分離することができる. 最初にファラデーインピーダンスの周波数変化によるベクトル軌跡について述べる.

　溶解している金属電極の界面は電気二重層容量 C_{dl} とファラデーインピーダンス Z_F の並列結合回路に溶液抵抗 R_{sol} が直列に結合した電気的等価回路(図 5.6 参照)で表すことができる. ここでは, 簡単化のため R_{sol} を無視し, また, 拡散も含まれていないと仮定する. このときの回路のインピーダンス Z は次のようになる.

$$\frac{1}{Z} = \frac{1}{Z_F} + j\omega\, C_{dl} \tag{7.12}$$

ここで, Z_F は次の一般式で書くことができる.

$$\frac{1}{Z_F} = \frac{1}{R_{ct}} + \frac{1}{R_0(1+j\omega\tau)} \tag{7.13}$$

τ は緩和効果を示す反応の時定数であり, $R_0(1+j\omega\tau)$ はその反応の反応抵抗である. ファラデーインピーダンスの軌跡の形状は, R_0 の符号および R_0 と R_{ct} の大小関係によって変化する.

　$R_0 < 0$ で $R_0 > R_{ct}$ のとき(ケースⅠ): 高周波数側に C_{dl} と R_{ct} による容量性半円, 低周波数側に擬似容量と擬似抵抗による容量性半円が現れる.

　$R_0 < 0$ で $R_0 < R_{ct}$ のとき(ケースⅡ): 高周波数側に C_{dl} と R_{ct} による容量性半円, 低周波数側に擬似容量と擬似抵抗による負性抵抗半円が現れる.

　$R_0 > 0$ のとき(ケースⅢ): 高周波数側に C_{dl} と R_{ct} による容量性半円, 低周波数側に擬似インダクタンスと R_0 による誘導性半円が現れる.

7.6.2 不働態化過程のインピーダンス軌跡

不働態化過程のインピーダンス軌跡の実測例として，Fe-10 Cr 合金の pH 3.0，0.5 kmol·m^{-3} Na$_2$SO$_4$ 中での活性態-不働態遷移域におけるインピーダンス軌跡の電位による変化を図 7.9 に示す[12]．

腐食電位 A 点では，高周波数側に C_{dl} と R_{ct} による容量性半円 C1 と低周波数側に誘導性半円 L1 の一部が現れる．これは 7.6.1 のケース III に相当している．半円 C1 は合金の溶解反応，半円 L1 は吸着中間生成物によると考えられている．

腐食電位よりごくわずかアノード分極した B 点では，大きな容量性半円 C1，小さな容量性半円 C2，および誘導性半円 L2 の一部が現れる．半円 C1 は合金の溶解反応，半円 C2 は皮膜の生成反応，半円 L2 は皮膜の生成（あるいは溶解）に関わる吸着中間生成物によると考えられている．

さらに電位が高い C 点では，容量性半円 C1 と容量性半円 C2 がほぼ同じ大きさになる．C2 よりも低周波数側に誘導性半円 L2 のごく一部が認められるが，C 点の状態は 7.6.1 のケース I に相当している．このように，電位が上昇すると皮膜の生成反応によると考えられる半円 C2 が大きくなる．

第一の活性態電流ピーク（不働態化電位）よりも少し低い D 点では，高周波数側の容量性半円 C1 と誘導性半円 L1 に続き低周波数側に容量性半円 C2 と誘導性半円 L2 が現れる．これは 7.6.1 のケース I とケース III の組み合わせに相当する．

不働態化電位にごく近い E 点でも，D 点と同じく，四つの半円が見られる．皮膜の生成に関わる低周波数側の容量性半円 C2 と誘導性半円 L2 は大きくなり，合金の溶解に関わる高周波数側の容量性半円 C1 と誘導性半円 L1 は小さくなる．

不働態化電位を過ぎた F 点では，高周波数側に容量性半円 C1 と低周波数側に負性抵抗となった容量性半円 C3 を示す．これは 7.6.1 のケース II に相当している．

第二の活性態電流ピークより少し低い G 点では，小さな容量性半円 C1 と大きな容量性半円 C2 が現れる．

第二活性態電流ピーク付近の H 点では，半円 C1 の低周波数側の容量性半円 C2 が著しく大きくなり，実軸上に閉じなくなる．

電位が上昇すると電流が低下する I 点では，F 点と同じく，容量性半円 C1 と負性抵抗の容量性半円 C3 を示す．半円 C2 が半円 C3 に変わることから，半円 C3 も皮膜によると推察されている．

不働態化完了電位である J 点では，大きな容量性半円 C2 の一部が認められるだけである．この部分的な半円は皮膜のインピーダンスを示していると考えられる．前述

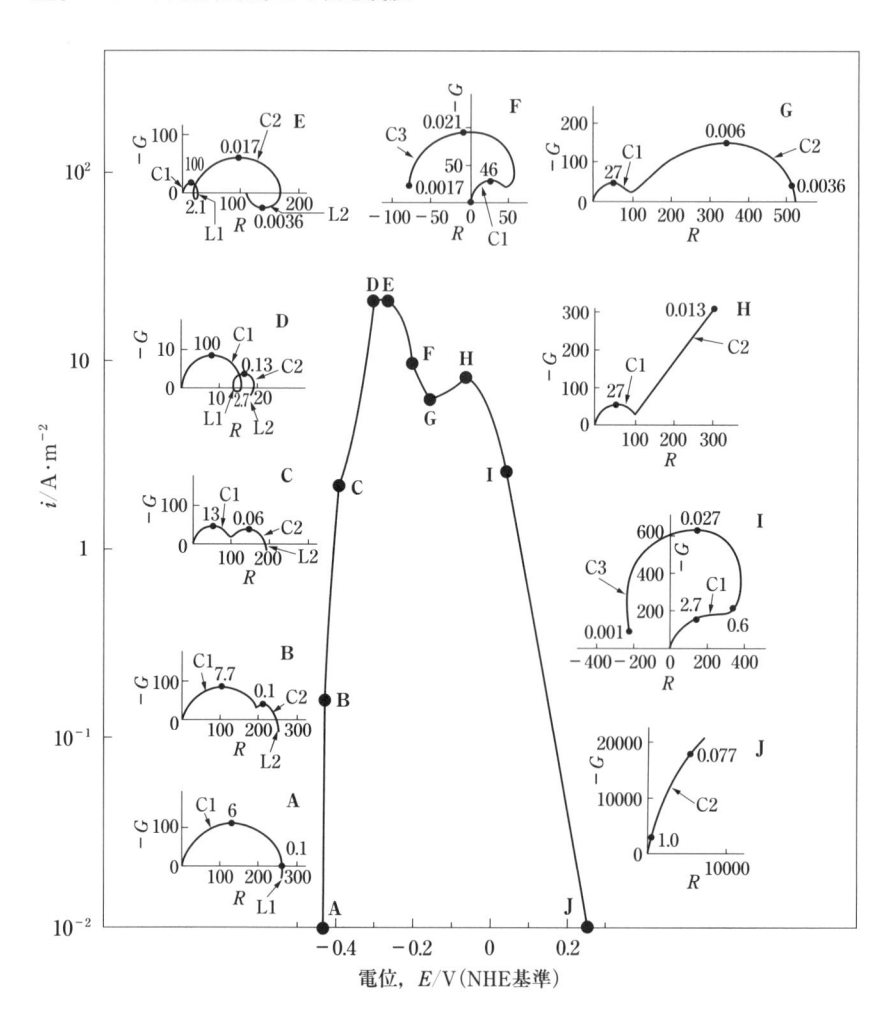

図 7.9 Fe-10 Cr 合金の pH 3.0, 0.5 kmol·m^{-3} Na$_2$SO$_4$ (298 K (25 ℃))中における活性態-不働態遷移域のインピーダンス軌跡の電位による変化[12]
インピーダンス軌跡の縦軸 G と横軸 R の単位は $10^{-4} \Omega \cdot m^2$, また軌跡上の数字の単位は Hz

のように, 半円 C2 は活性態域のかなり低い電位(B 点)から見られるので, 活性態域は合金の溶解と皮膜の生成が競合している状態と考えるのがよい.

7.7 不働態皮膜の成長

7.7.1 金属/不働態皮膜/水溶液系の電位分布

　鉄の不働態皮膜のようなn型半導体酸化物皮膜では，アノード分極下の不働態域の電位おいては，皮膜表面付近の伝導帯および価電子帯が電子エネルギーの低い側から高い側に湾曲する逆バイアス状態になる．このため，不働態電位域では電子移動を伴う電気化学反応は生じない．しかし，皮膜には高い電場が掛かっており，イオン移動を伴う電気化学反応による皮膜の成長は可能である．

　アノード分極下における不働態皮膜の成長を考える場合，金属/皮膜界面から皮膜/水溶液界面に至るまでの皮膜内で電位がどのように分布しているかということが大切である．このような電位分布に関しては，鉄の不働態皮膜について調べられている．例えば，pH 6.5のホウ酸塩緩衝液中において一連の電位で形成した不働態皮膜について，皮膜の厚さがエリプソメトリーで，また，皮膜のコンデンサ容量が電気化学インピーダンススペクトロスコピーで測定されている[13]．その結果によると，皮膜厚さは電位に比例して増加し，また，容量値の逆数も電位に比例して増加する．すなわち，皮膜は誘電体的な挙動をし，皮膜内で電位が直線的に分布していることを示唆している[13]．

　このような知見に基づき，鉄/不働態皮膜/水溶液系のアノード分極下における電子エネルギーバンドと電位分布を**図7.10**(a)および(b)にそれぞれ模式的に示した[14]．このモデルは，不働態皮膜厚さ $d = 1 \sim 5$ nmで考えている．不働態域の電位におい

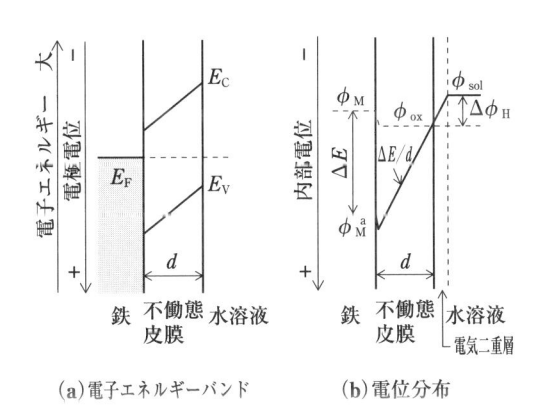

図7.10 鉄/不働態皮膜/水溶液系のアノード分極下における(a)電子エネルギーバンドと(b)電位分布の模式図

ては，鉄のフェルミ準位 E_F は図 7.10(a) に示すように不働態皮膜のエネルギーバンドギャップ内にあり，電子の移動は生じない．このようなとき，図 7.10(b) に示すように，鉄の電位が皮膜と平衡状態にある内部電位 ϕ_M（このときの皮膜の内部電位は ϕ_{ox}）より過電圧 ΔE だけアノード分極されて ϕ_M^a になったとする．皮膜/水溶液界面の電位は水溶液の内部電位 ϕ_{sol} と電気二重層内の電位差 $\Delta\phi_H$ によって決まり，鉄のアノード分極電位 ϕ_M^a には依存しない．したがって，皮膜内には ΔE だけの電位差が生じる．膜厚 d であるので，皮膜内の電場は $\Delta E/d$ となる．鉄の不働態皮膜の場合，膜厚の電位依存性から，$\Delta E/d$ は $2\times10^8\,\mathrm{V\cdot m^{-1}}$ という高い値であることが知られている[13]．このようなことから，鉄の不働態皮膜は高電場下のイオン移動機構（high-field assisted ionic migration mechanism）[15,16] で成長すると考えられている．

7.7.2 鉄の不働態皮膜の成長

アノード分極下の鉄の不働態皮膜の内部には大きな電位差があり，また，不働態皮膜と水溶液の界面には電気二重層による電位差がある．このような電位差の下での不働態皮膜の成長は，以下のように説明されている[17,18]．

鉄酸化物の場合，皮膜の成長は鉄イオンの移動によると考えられるので，皮膜内のイオン電流 $i_{ox}(M^{z+})$ は次式で表される．

$$i_{ox}(M^{z+}) = i_0^* \exp\left[\left(\frac{zaF}{RT}\right)\left(\frac{d\phi}{dx}\right)\right] \tag{7.14}$$

ここで，i_0^* は $d\phi/dx = 0$ での交換イオン電流，z は移動イオンの価数，a は活性化距離（ポテンシャルの谷と谷の間の距離の半分），$d\phi/dx$ は電場強度である．皮膜内でのイオン移動は，格子間イオンやイオン空孔などのイオン欠陥の移動と考えられる．

酸化物格子点位置のアニオン O^{2-} は定常状態では増減がないので，皮膜表面では水溶液と次のような平衡関係が成り立っている．

$$O^{2-}(\text{酸化物/水溶液界面}) + 2H^+(\text{水溶液}) \rightleftarrows H_2O(\text{水溶液}) \tag{7.15}$$

このような平衡関係にある酸化物/水溶液界面の電位差 $\Delta\phi_H$ は，Nernst の式により表される．

$$\Delta\phi_H = \phi_0 - 2.303\left(\frac{RT}{F}\right)\mathrm{pH} \tag{7.16}$$

ただし，ϕ_0 は pH $= 0$ のときの電位差である．酸化物/水溶液界面における鉄イオンの移動速度 $i_{ox/sol}(M^{z+})$ は電位差 $\Delta\phi_H$ に依存するので，次のように表せる．

$$i_{ox/sol}(M^{z+}) = i_0 \exp\left(\frac{\theta F}{RT}\Delta\phi_H\right) \tag{7.17}$$

ここで，i_0 は $\Delta\phi_H = 0$ のときの移動速度，θ は酸化物/水溶液界面を通過するイオンの価数と通過係数の積である．式(7.17)に式(7.16)を入れて整理すると次のようになる．

$$i_{\text{ox/sol}}(\text{M}^{z+}) = i_0 \exp\left(\frac{\theta F}{RT}\phi_0 - 2.303\theta \text{ pH}\right) \tag{7.18}$$

皮膜内の電場強度として平均電場強度，すなわち膜厚 d 当たりの電位差 ΔE を用いると

$$\frac{d\phi}{dx} = \frac{\Delta E}{d} \tag{7.19}$$

であり，また，定常状態では $i_{\text{ox/sol}}(\text{M}^{z+}) = i_{\text{ox}}(\text{M}^{z+})$ であるので，式(7.14)，(7.18)および(7.19)より皮膜厚さと電極電位および水溶液のpHの関係を表す式が得られる．

$$d = \frac{zaF}{RT}\Delta E\left[\ln\left(\frac{i_0}{i_0^*}\right) - 2.303\theta \text{ pH}\right]^{-1} \tag{7.20}$$

すなわち，皮膜の厚さは，pH 一定の溶液中では電位の上昇と共に厚くなり，また，電位一定の下では pH の増加と共に厚くなる．

7.8　脱不働態化 pH

脱不働態化 pH (depassivation pH；pH_{dp}) とは，不働態皮膜が H^+ の作用下で還元溶解を起こし，金属が不働態状態を保持し得なくなる下限界 pH のことである．例えば，pH_{dp} 以下では，酸化物 M_2O_3 (M：III価金属)は式(7.21)のように還元溶解してII価金属イオン M^{2+} となる．

$$\text{M}_2\text{O}_3 + 6\,\text{H}^+ + 2\,\text{e}^- \rightarrow 2\,\text{M}^{2+} + 3\,\text{H}_2\text{O} \tag{7.21}$$

図 7.11 は，(a) Fe-18 Cr 合金および(b) Fe-18 Cr-5 Mo 合金を $1\,\text{kmol}\cdot\text{m}^{-3}$ Na_2SO_4 中で $0.20\,\text{V}(\text{Ag/AgCl}(3.33\,\text{kmol}\cdot\text{m}^{-3})$基準)に $10.8\,\text{ks}$ 保持して不働態皮膜を形成した後，種々の濃度の HCl 溶液中で腐食電位を $80\,\text{ks}$ 測定し，定常状態の腐食電位と溶液の pH の関係を示したものである[7]．いずれの合金も低 pH の溶液中ではある時間後に脱不働態化し，活性態の電位を示す．不働態から活性態になる境目の pH が pH_{dp} であり，Fe-18 Cr 合金では $\text{pH}_{\text{dp}} = 1.89$，Fe-18 Cr-5 Mo 合金では $\text{pH}_{\text{dp}} = -0.118$ である．合金の Mo 含有量が高くなると pH_{dp} は低くなる．

ステンレス鋼の pH_{dp} は上に示した Mo 含有量のみならず Cr 含有量にも依存し，これらが増すと pH_{dp} は低下する[7,19,20]．クロム以外の合金元素添加による pH_{dp} の低下量は Fe-Cr 合金の Cr 含有量と pH_{dp} の関係から Cr 含有量に換算され，Cr 当量

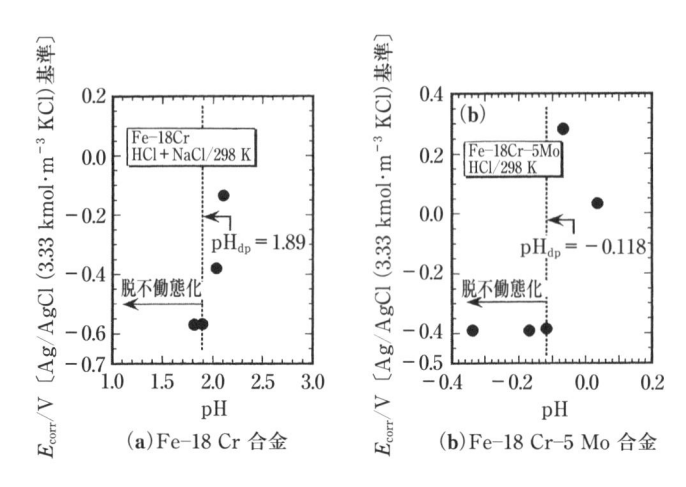

図 7.11 種々の濃度の HCl 溶液中における (a) Fe-18 Cr 合金および (b) Fe-18 Cr-5 Mo 合金の脱不働態化 pH, pH_{pd} [7]

[Cr]$_{eq}$ と表示されている．[Cr]$_{eq}$ と pH_{dp} の間には，次のような経験式が成り立つことが知られている[21]．

$$pH_{dp} = 5.0 - 0.13\,[Cr]_{eq} \tag{7.22}$$

ここで，[Cr]$_{eq}$ はフェライト系含 Mo ステンレス鋼では [Cr]$_{eq}$ = Cr% + 3 Mo%, オーステナイト系含 Mo ステンレス鋼では [Cr]$_{eq}$ = Cr% + 2 Mo% + 0.5 Ni% とされている．

pH_{dp} が小さいステンレス鋼ほど低い pH まで不働態状態を保つので，マイクロキャビティや隙間内で大きな pH 低下が起こっても不働態皮膜を失って活性化することがないので，孔食や隙間腐食の発生および成長に対する抵抗が大きくなる[22,23]．また，pH_{dp} が小さいものは，低 pH 溶液中で不働態皮膜が破壊されても，再不働態化が可能である．

7.9 不働態皮膜被覆金属電極

7.5.3 で述べたように，ステンレス鋼の不働態皮膜は半導体である．したがって，ステンレス鋼表面での電子移行を伴う電気化学反応は，不働態皮膜の半導体としての性質によって支配される．ここでは，不働態皮膜で被覆された金属電極上での電子移行について述べる．半導体酸化物皮膜は，他の金属をアノード酸化した場合にも生じる．鉄，亜鉛，チタン，ニオブなどでは，化学量論比より金属イオン過剰か酸素不足

7.9 不働態皮膜被覆金属電極

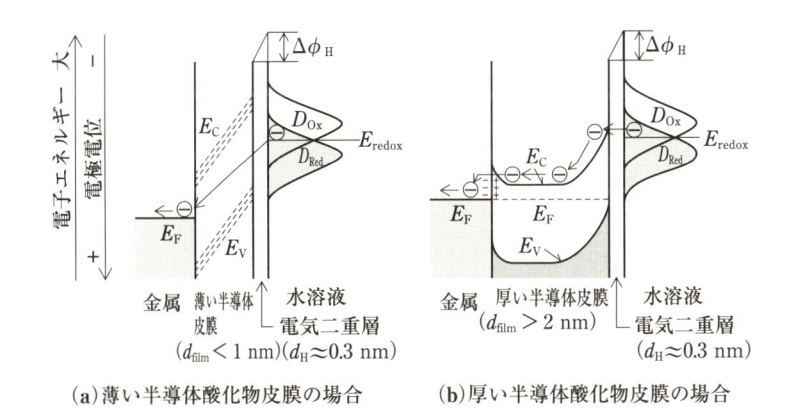

図7.12 アノード分極されたn型半導体酸化物皮膜被覆金属電極上での電子移行[26]（佐藤[24,25]による図を元に作成）

のn型半導体酸化物皮膜ができる．また，ニッケル，クロム，銅，マンガンなどには金属イオン不足か酸素過剰のp型半導体皮膜が生成する．ここではn型半導体酸化物で覆われた金属電極[24,25]を例にとって説明する．

不働態皮膜被覆金属電極上での電子移行機構は，不働態皮膜の厚さによって変化する．図7.12に，アノード分極下にある不働態皮膜被覆金属電極上での電子移行について，皮膜が薄い場合と厚い場合の違いを示した[26]．なお，この図には，不働態皮膜と水溶液の界面に存在する電気二重層の影響も模式的に示してある．電気二重層の内部には，$\Delta\phi_H$の電位降下（水溶液のpHに依存）がある．今までに示した半導体/水溶液界面の図では，簡易化のために，このような電気二重層の影響を省略してきた．

図7.12(a)は皮膜の厚さd_{film}が1 nm以下のときであり，このように薄い皮膜では電子準位は局在化しているので，皮膜にエネルギーバンドモデルは適用できない．エネルギー障壁の厚さがこのように薄いときには電子はトンネル効果で透過できるので，水溶液中のredox系の還元体Redのエネルギー準位にある電子は金属のフェルミ準位E_Fへ直接遷移する．

皮膜の厚さd_{film}が2 nm以上になると電子準位は皮膜全体に広がるので，図7.12(b)に示すように，皮膜にエネルギーバンドモデルを適用できる．このような場合は，皮膜そのものの半導体性質が電子移行を支配する．水溶液中のredox系の還元体Redのエネルギー準位にある電子は電気二重層をトンネル透過し，皮膜の伝導帯上端で伝導帯に遷移し，伝導帯を通って金属のフェルミ準位へ移行する．

半導体皮膜の伝導帯から金属のフェルミ準位への電子の遷移には，二つのケースがある．一つは半導体皮膜と金属とがオーミックコンタクト（金属/半導体界面付近で半導体の伝導帯が金属のフェルミ準位に向かって低下するような接触）になっている場合である．もう一つは，アノード酸化皮膜と金属の界面において，酸化皮膜側に正電荷が過剰に，そして金属側にそれと釣り合う負電荷が過剰に存在して，電気二重層が形成されている場合である．電荷密度の高い電気二重層が存在するときには空間電荷層が薄く（< 1 nm）なり，界面の接触が非オーミックコンタクトであっても，電子はトンネル効果で皮膜から金属へ移行する．図7.12(b)には，後者の例が示してある．

アノード分極下のn型半導体皮膜の場合，redox系の酸化還元電位 E_{redox} がフェルミ準位 E_F よりも低くても還元体Redのエネルギー準位が伝導帯下端準位以上になければRedの酸化は起こらず，皮膜内に電子電流は流れない．しかし，このような場合にも皮膜内には大きな電場（10^8 V·m^{-1} 程度）が存在している．金属のアノード酸化においては，この大きな電場によって皮膜内を金属イオンおよび酸化物イオンが対向方向に移動してある場所で反応し，皮膜成長が生じる．また，皮膜表面では，水溶液中のH$^+$イオンによる皮膜の溶解が起こる．皮膜の厚さは，成長速度と溶解速度の釣り合いで決まる．

7.10　半導体酸化物/水溶液界面での電子移行

エネルギーバンドモデルが成り立つ程度の厚さの半導体酸化物皮膜で覆われた金属について，アノードおよびカソード分極に伴う皮膜/水溶液界面における電子移行について述べる[26, 27]．

n型半導体の電子エネルギーバンドとredox系の状態密度 $D(E)$ の位置の関係およびその分極状態による変化を**図7.13**に示した（半導体/水溶液界面の電気二重層は略す）[26, 27]．半導体表面の伝導帯下端および価電子帯上端のエネルギー準位の電位 E_C^S および E_V^S は，半導体/水溶液界面の電気二重層（ヘルムホルツ層）の電位差が一定であるときには，半導体の種類に固有の値に固定されている．そのため，半導体の電位（フェルミ準位の電位 E_F）を変えたときの電位差は，すべて半導体の空間電荷層の電位差となる．このような状況の下でアノード分極したときには，半導体の電位 E_F がredox系の酸化還元電位 E_{redox} よりも高くなり，それに伴い半導体の表面付近の伝導帯下端および価電子帯上端のエネルギー準位の電位 E_C および E_V は高電位側に大きく湾曲する．伝導帯の湾曲部は電子に対するショットキー障壁（Schottky barrier）と

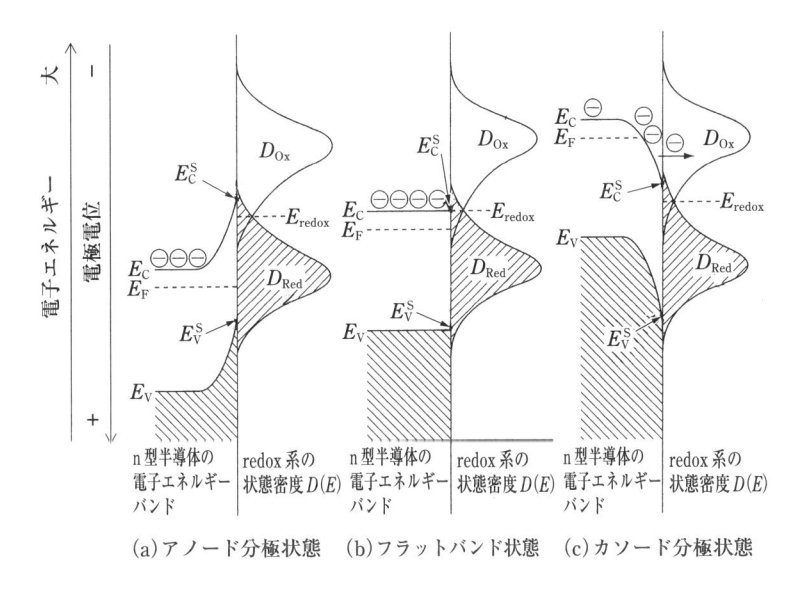

図 7.13 n型半導体の電子エネルギーバンドとredox系の状態密度の位置の関係およびその分極状態による変化[26, 27]

(a)アノード分極状態　(b)フラットバンド状態　(c)カソード分極状態

なるため，電子はredox系の酸化体の状態密度D_{Ox}のエネルギー準位へ移行することはできない（図7.13(a)）．この状態から半導体の電位を下げていくと，やがてE_CとE_VはそれぞれE_C^0とE_V^0に等しくなり，伝導帯および価電子帯のエネルギー準位が水平になる．この状態がフラットバンド状態（flat band state），またこのときの電位がフラットバンド電位（flat band potential）である（図7.13(b)）．この電位よりさらに半導体の電位を下げてカソード分極状態にすると，E_FはE_{redox}よりも低くなり，半導体の表面付近のE_CおよびE_Vは低電位側に大きく湾曲する．電子はこの電位勾配によって界面付近に引き付けられ，redox系の酸化体の状態密度D_{Ox}のエネルギー準位へ容易に移行する（図7.13(c)）．すなわち，n型半導体ではフラットバンド電位よりも低電位側に分極されたときにカソード電流が流れる．

一方，p型半導体においては，アノード分極するとE_FはE_{redox}よりも高くなり，それに伴い半導体の表面付近の伝導帯および価電子帯は高電位側に大きく湾曲する．正孔はこの電位勾配によって界面付近に引き付けられ，redox系の還元体の状態密度D_{Red}のエネルギー準位へ容易に移行する．半導体の電位を下げるとE_VがE_V^Sと等しくなり，伝導帯および価電子帯のエネルギー準位が水平になり，フラットバンド状態

となる．この状態からさらに電位を下げカソード分極状態にすると，E_F は E_{redox} よりも低くなり，半導体の界面付近の価電子帯および伝導帯は低電位側に大きく湾曲する．価電子帯の湾曲部は正孔に対するショットキー障壁になり，正孔は redox 系の還元体の状態密度 D_{Red} のエネルギー準位へ移行することはできない．すなわち，p 型半導体ではフラットバンド電位よりも高電位側に分極されたときにアノード電流が流れる．

以上から分かるように，半導体不働態皮膜で覆われた金属をアノードまたはカソード分極したとき水溶液中の redox 系に反応が起こるかどうかは，皮膜の伝導形式に依存している．

7.11 半導体酸化物電極の光電気化学反応

前節で述べたように，n 型半導体をアノード分極したときには，半導体の界面付近の伝導帯および価電子帯のエネルギーバンドは高電位側に大きく湾曲し，空間電荷層が形成されている(図 7.13(a))．この空間電荷層内には大きい負の電位勾配があるため，伝導帯の電子は半導体内部に押しやられる．すなわち，この状態の空間電荷層は電子の移動に対する障壁になるため，アノード分極下では電子は水溶液中の redox 系と反応することはできず，したがって，暗黒下では n 型半導体電極に電流は流れない．

しかし，このような状態にある n 型半導体電極にバンドギャップ E_g 以上のエネルギーを持つ光($h\nu > E_g$)を照射すると，価電子帯の電子が伝導帯に励起され，価電子帯には正孔が生成する．Gerischer[28]は，このようにして生成した電子と正孔の濃度が動的安定状態を保っているときには，フェルミ準位 E_F は電子擬似フェルミ準位(electron quasi-Fermi level)$E_{F,e}^*$ と正孔擬似フェルミ準位(hole quasi-Fermi level)$E_{F,p}^*$ に乖離するとしている．

光照射下における n 型 TiO_2 半導体界面のこのようなエネルギーバンドの状態と溶液中の redox 系の酸化還元電位の位置の関係を図 7.14 に示した[26]．空間電荷層内での正孔擬似フェルミ準位 $E_{F,p}^*$ の電位は界面に近づくほど上昇し，界面では価電子帯の上端にほぼ等しくなる．多数キャリアーである電子の濃度は光照射してもわずかしか変化しないから，電子擬似フェルミ準位 $E_{F,e}^*$ はほとんど変化しない．正孔擬似フェルミ準位の電位の上昇は正孔の酸化力が高くなることを意味している．

今，溶液中の redox 系 $H_2O \rightleftarrows (1/2)O_2 + 2H^+ + 2e^-$ の平衡電位が E_{H_2O/O_2} にあるとする．E_{H_2O/O_2} の値は，例えば pH 4.7 の溶液中では 0.7 V(SCE 基準，以下同じ)であ

7.11 半導体酸化物電極の光電気化学反応

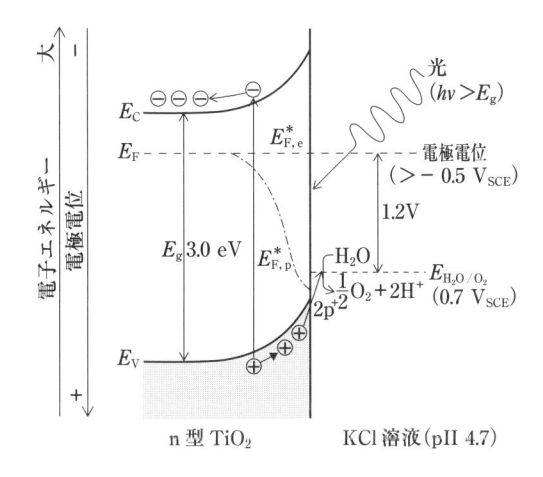

図7.14 アノード分極下にあるn型TiO₂電極に光照射したときのエネルギーバンドの状態と価電子帯上端での光誘起正孔によるH₂Oの酸化[26]

る.一方,電極電位は電子擬似フェルミ準位に固定されており,-0.5 V にあるとする.すなわち,電極電位は E_{H_2O/O_2} よりも低いが,正孔擬似フェルミ準位は E_{H_2O/O_2} よりも高い.曲がった価電子帯の上端が H_2O/O_2 redox 系の還元体 H_2O の状態密度 D_{H_2O} のエネルギー準位内に入っていれば,正孔 p⁺ は還元体 H_2O を酸化する.

$$H_2O + 2p^+ \to \frac{1}{2}O_2 + 2H^+ \tag{7.23}$$

すなわち,正孔電流が n 型 TiO₂ 半導体電極から水溶液側に流れる.

実際に酢酸・酢酸ナトリウムで pH 4.7 に調節した 0.5 kmol·m⁻³ KCl 溶液中で n 型 TiO₂ 半導体電極を暗黒中および光照射下でアノードおよびカソード分極測定した藤嶋ら[29]の結果では,暗黒中でアノード分極しても電流は流れないが,光照射下でアノード分極すると -0.5 V 以上の電位でアノード電流が流れる.このアノード電流は光によって誘起された電流であり,光電流 (photocurrent) と呼ばれる.式 (7.23) の反応の平衡電位は pH 4.7 の溶液中では 0.7 V であるが,n 型 TiO₂ でこの反応が -0.5 V で起こる理由は,フェルミ準位が電極電位に設定されており,これよりも 1.2 V 高い価電子帯上端で正孔による H_2O の酸化が起こるからである.すなわち,一般に,曲がった価電子帯の上端が水溶液中の redox 系の還元体 Red の状態密度 D_{Red} のエネルギー準位内に入っていれば,正孔 p⁺ は還元体 Red を酸化して酸化体 Ox にする.

$$Red + p^+ = Ox \tag{7.24}$$

以上のことから分かるように，n型半導体電極においては，目的の反応の平衡電位よりも著しく低い電極電位でその反応を行わせることができる．このような反応は，光増感電解酸化(photosensitized electrolytic oxidation)と呼ばれている．また，酸素電極反応の平衡電位よりも低い電位にあるn型半導体電極に光照射したときH_2O分解によるO_2発生が起こる現象は，本多-藤嶋効果と称されている[30]．このように，酸化物半導体は光-化学機能材料として利用することができる．

参 考 文 献

(1) N. D. Tomashov and G. P. Chernova：*Passivity and Protection of Metals Against Corrosion*, Prenum Press(1987), p. 38.
(2) 原　信義, 杉本克久：改訂4版 金属データブック, 日本金属学会編, 丸善(2004), p. 392.
(3) K. Sugimoto and S. Matsuda：Mater. Sci. Eng., **42**(1980), 181.
(4) 杉本克久：鉄と鋼, **70**(1984), 637.
(5) 杉本克久：DENKI KAGAKU(現 Electrochemistry), **62**(1994), 212.
(6) K. Sugimoto, S. Matsuda, Y. Ogiwara and K. Kitamura：J. Electrochem. Soc., **132**(1985), 1791.
(7) K. Sugimoto, M. Saito, N. Akao and N. Hara：*Passivation of Metals and Semiconductors, and Properties of Thin Oxide Layers*, P. Marcus and V. Maurice, Editors, Elsevier(2006), p. 3.
(8) I. Olefjord and B. Brox：*Passivity of Metals and Semiconductors*, Ed. by M. Fromont, Elsevier Science Publishing(1983), p. 561.
(9) N. Hara and K. Sugimoto：文献[8], p. 211.
(10) 原　信義, 山田　朗, 杉本克久：日本金属学会誌, **49**(1985), 640.
(11) S. Fujimoto and H. Tsuchiya：*Characterization of Corrosion Products on Steel Surfaces*, Ed. by Y. Waseda and S. Suzuki, Springer (2006), p. 33.
(12) 杉本克久, 細谷敬三：防食技術(現 Zairyo-to-Kankyo), **34**(1985), 63.
(13) K. Azumi, T. Ohtsuka and N. Sato：Trans. Jpn. Inst. Metals, **27**(1986), 382.
(14) 佐藤教男：電極化学(下), 日鉄技術情報センター(1994), p. 387.
(15) H. Cabrera and N. F. Mott：Rep. Progr. Phys., **12**(1949), 163.
(16) N. F. Mott：Trans. Faraday Soc., **36**(1960), 1197.
(17) K. E. Heusler：Ber. Bunsenges. Phys. Chem., **72**(1968), 1197.
(18) K. J. Vetter and F. Gorn：Electrochim. Acta, **18** (1973), 321：Werkst. u. Korrosion, **21**(1973), 703.

(19) 小川洋之, 伊藤一功, 中田潮雄, 細井裕三, 岡田秀弥：鉄と鋼, **63**(1977), 605.
(20) 久松敬弘：日本金属学会会報, **20**(1981), 3.
(21) 小野山征生, 辻　正宣, 志谷健才：防食技術(現 Zairyo-to-Kankyo), **28**(1979), 532.
(22) 久松敬弘：鉄と鋼, **63**(1977), 574.
(23) J. R. Galvele：*Passivity of Metals*, Corrosion Monograph Series, Ed. by R. P. Frankenthal and J. Kruger, The Electrochemical Society, Inc. (1978), p. 285.
(24) 佐藤教男：文献[14], p. 219.
(25) N. Sato：*Electrochemistry at Metal and Semiconductor Electrodes*, Elsevier(1998), p. 281.
(26) 杉本克久：まてりあ, **47**(2008), 23
(27) 杉本克久：材料電子化学, 金属化学入門シリーズ 4 改訂, 日本金属学会(2006), p. 70.
(28) H. Gerischer：Electrochim. Acta, **35**(1990), 1677.
(29) 藤嶋　昭, 本多健一, 菊池真一：工業化学雑誌, **72**(1969), 108.
(30) A. Fujishima and K. Honda：Nature, **238**(1972), 37.

8 耐食合金と腐食環境

8.1 耐食合金の種類と使われる環境

　耐食合金(corrosion resistant alloy)は，使用環境と用途に応じて意図する耐食性が得られるように開発されている．したがって，各耐食合金に適した環境を理解しておかないと，その合金本来の耐食性能を発揮できないことになる．ここでは，主要耐食合金の種類とその特徴，主要な使用対象環境，起こりうる腐食形態について通覧する．耐食合金の種類は多いので，腐食特性の詳細な解説はFe基耐食合金に限ることにする．Fe基以外の耐食合金の詳細については，他書[1]を閲覧して頂きたい．

8.2 耐食合金の耐食性発現機構

　耐食合金の種類は多いが，耐食性発現機構は6種類に分類することができる．これら6種類の機構を，合金化による内部分極曲線の変化に基づき，図8.1(a)～(f)に模式的に示した[2]．

（**1**）　不働態化による機構(図8.1(a))
　不働態化性の合金元素を生地金属に添加すると，水溶液中の溶存酸素の酸化力により薄くて耐食性の良い不働態皮膜が形成され，添加後の合金の腐食電流 i_{corr} が低下する．このような機構は，ステンレス鋼(Fe-Cr合金，Fe-Cr-Ni合金)，Ni-Cr合金，Co-Cr合金などの耐食合金に認められる．

（**2**）　高抵抗錆層形成による機構(図8.1(b))
　合金から溶解した金属イオンが厚くて緻密な錆層として表面に沈殿析出すると，錆層の抵抗が高いために腐食の局部電池の回路の iR 降下が大きくなり，合金の腐食電流 i_{corr} が低下する．このような機構は，Cu，Cr，Niを含む耐候性鋼や低合金鋼に見られる．

（**3**）　活性溶解のアノード分極を大きくする元素の添加による機構(図8.1(c))
　活性溶解のアノード分極を大きくする元素を生地金属に添加すると，添加後の合金の局部電池のアノード分極が大きくなり，腐食電流 i_{corr} が低下する．このような機構

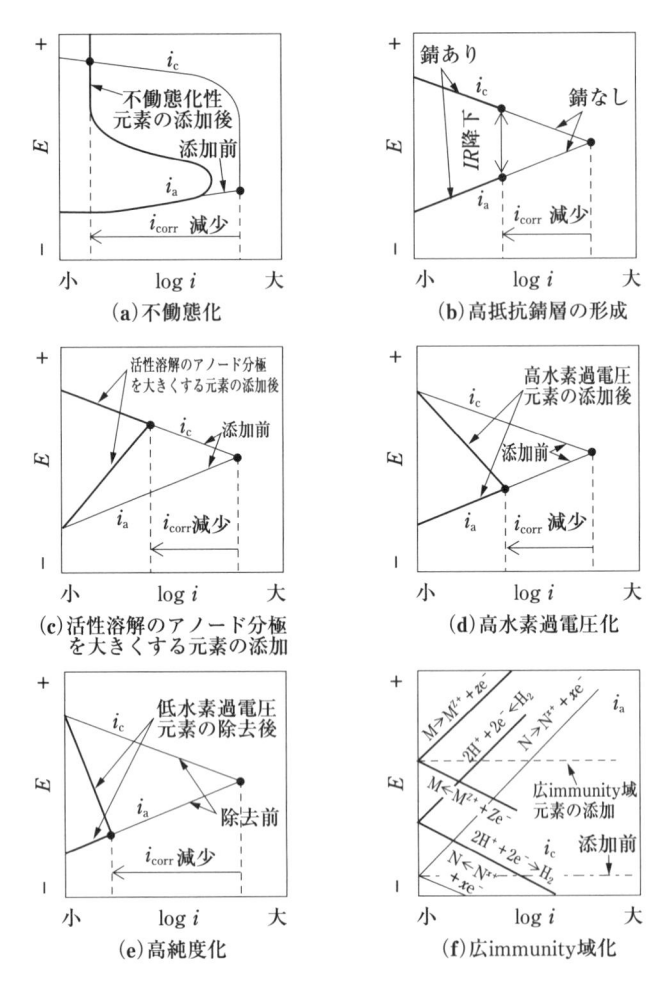

図8.1 合金の耐食性発現機構
i_a：内部アノード分極曲線，i_c：内部カソード分極曲線

は，FeにNi，Mo，W，Cu，Siなどを添加した各種の耐酸鋼に見られる．

（**4**）　高水素過電圧化による機構（図8.1(d)）

水素過電圧の高い元素を生地金属に添加すると，添加後の合金の局部電池のカソード分極が大きくなり，腐食電流i_{corr}が低下する．このような機構は，PbへのCa添加，FeへのAs，Sb，Sn添加により合金のH_2SO_4に対する耐食性が増す場合に見ら

れる．

（5） 高純度化による機構（図8.1(e)）

水素過電圧の低い不純物元素を合金から除去すると，除去後の合金の局部電池のカソード分極が大きくなり，腐食電流 i_{corr} が低下する．このような機構は，Al, Zn, Mg, Fe などの合金の高純度化による耐食性向上の場合に見られる．

（6） 広 immunity 域化による機構（図8.1(f)）

水素電極反応の平衡電位以上に immunity（不感性）域を持つ金属 M を水素電極反応の平衡電位以下（あるいは付近）に immunity 域を持つ金属 N に添加すると，添加後の immunity 域が見かけ上広くなり，腐食しなくなる．このような機構は，Au, Pt, Ir, Pd, Rh などの貴金属同士の合金に見られる．

8.3 実用耐食合金の種類と代表的合金

実用耐食合金の主要品種を基本成分金属ごとに分類して**表8.1**に示した[3]．耐食合金の数は多く，例えば，ステンレス鋼だけでも JIS 規格のもの 169 種類（記号 SUS, SCS, SUH, SCH, NCF の合計），日本国内各社独自規格のもの 401 種類が存在する[4]．したがって，ここに掲載したものは，各合金系中の主要なものである．

金属および合金が「耐食的」と判断される基準は，鉄鋼材料の場合，使用環境中での全面腐食による侵食率（肉厚減少速度，penetration rate）が 3.17×10^{-12} m・s^{-1}（0.1 mm・y^{-1}，y は年）以下であることである．他の材料についてもこの侵食率が準用されている．鉄の場合，0.1 mm・y^{-1} は 0.1 A・m^{-2} の溶解電流密度に相当する．したがって，電気化学測定で評価した腐食電流密度が 0.1 A・m^{-2} 以下であれば耐食的と判断できる．

表8.1 に示した 10 種類の合金系の中で最も品種が多く汎用されているのは，Fe 基合金である．他の系の合金は，Fe 基合金では使用目的環境中での性能や機能が不足する場合に用いられることが多い．なお，表8.1 には示していないが，貴金属（Pt, Au, Ir, Pd）とその合金も，特殊な場合には，耐食材料として用いられる．

8.4 代表的腐食環境と実用耐食金属材料

代表的腐食環境とそこで使われている実用耐食金属材料を**表8.2**に示した．同じ環境であっても，その環境中の腐食因子の種類と作用の強弱によって金属材料の耐食性は変わる．各環境中での耐食材料選択に当たっては，以下に示す因子の影響を考慮す

表 8.1 実用耐食合金の種類と代表的合金[3]（組成は mass%）

種類	代表的合金と組成	種類	代表的合金と組成
Fe 基合金	炭素鋼 　ボイラ用鋼管(0.1 C-0.2 Si-0.4 Mn- < 0.2 Cu) 低合金鋼 　耐候性鋼(0.1 C-0.4 Cu-0.1 P-1.0 Cr) 　耐海水鋼(0.1 C-0.5 Cu-0.1 P-0.5 Ni) 　耐硫酸露点腐食鋼 　(0.1 C-0.5 Cu-1.0 Cr-0.5 Si) 　圧力容器用鋼(0.1 C-2.25 Cr-1.0 Mo) 中合金鋼 　Cr 鋼(4.0 Cr-0.5 Mo) 　Ni 鋼(3.2 Ni) 鋳鉄 　普通鋳鉄(3C-2 Si-1 Mn) 　球状黒鉛鋳鉄(3.5 C-2.4 Si-0.06 Mg-1.8 Ni) 　低合金鋳鉄(3.5 C-2.0 Si-1.5 Ni-0.4 Cr) 　高 Ni 鋳鉄(3 C-2 Si-2 Cr-17 Ni-6 Cu) 　高 Si 鋳鉄(0.8 C-14.5 Si-0.4 Mn) 　高 Cr フェライト鋳鉄 　(1 C-30 Cr-1.5 Mo) ステンレス鋼 　マルテンサイト系 　SUS 403(13 Cr-0.2 C) 　フェライト系 　SUS 430(18 Cr-0.12 C) 　オーステナイト系 　SUS 304(18 Cr-8 Ni-0.06 C) 　オーステナイト・フェライト 2 相系 　SUS 329J1(24 Cr-5 Ni-2 Mo-0.03 C) 　析出硬化系 　SUS 631(17 Cr-7 Ni-1 Al-0.07 C)	Ni 基合金	実用ニッケル(99.9 Ni) Ni-Cr-Mo 系 　ハステロイ C-276(57 Ni-16.5 Cr-17 Mo-5 Fe-4.5 W-0.01C) 　インコロイ 825(42 Ni-21.5 Cr-3 Mo-30 Fe-2.3 Cu) Ni-Cu 系 　モネル 400(66 Ni-31.5 Cu-1.35 Fe) Ni-Si 系 　ハステロイ D(88 Ni-9 Si-3 Cu) Ni-Cr-Fe 系 　インコネル 600(76 Ni-16 Cr-8 Fe) 　インコネル 690(60 Ni-30 Cr-10 Fe) 　イリウム(60 Ni-21 Cr-1 Fe-7 Cu-2 W-4.7 Mo) Ni-Mo 系 　ハステロイ B(67 Ni-28 Mo-5 Fe)
		Cu 基合金	工業用純銅(99.9 Cu) Cu-Zn 系 　7-3 黄銅(70 Cu-30 Zn) 　4-6 黄銅(60 Cu-40 Zn) Cu-Zn-Sn 系 　アドミラルティ黄銅 　(Cu-29 Zn-1 Sn) Cu-Zn-Al 系 　Al 黄銅(Cu-22 Zn-2 Al-0.04 As) Cu-Zn-Mn 系 　Mn 青銅(Cu-40 Zn-1 Mn-1 Al) Cu-Zn-Ni 系 　洋銀(Cu-20 Zn-12 Ni-9 Pb-2 Sn) Cu-Sn 系 　Sn 青銅(Cu-7 Sn-3 Zn) 　AP ブロンズ(Cu-8 Sn-1 Al-0.1 Si) 　砲金(Cu-10 Sn-2 Zn-5 Pb)

表 8.1 （続き）

種類	代表的合金と組成	種類	代表的合金と組成
Cu 基合金	Cu-Al 系 　Al 青銅（Cu-5 Al） Cu-Si 系 　Si 青銅（Cu-3 Si） Cu-Ni 系 　キュプロニッケル（Cu-10 Ni-1.5 Fe）	Pb 基合金	化学用鉛（99.9 Pb） Pb-Sb 系 　硬鉛（Pb-8 Sb）
		Ti 基合金	工業用純 Ti（99.5 Ti） Ti-Pd 系 　Ti-0.2 Pd Ti-Mo 系 　Ti-15Mo-0.2 Pd Ti-Al-V 系 　Ti-6 Al-4 V
Al 基合金	工業用純 Al（99.5 Al） 高純度 Al（99.9 Al） Al-Mn 系 　3003 合金（Al-1.5 Mn） Al-Si 系 　4043 合金（Al-6 Si） Al-Mg 系 　5052 合金（Al-2.5 Mg） Al-Mg-Si 系 　6063 合金（Al-0.7 Mg-0.4Si）	Zr 基合金	原子炉用 Zr（99.8 Zr） 工業用純 Zr（Zr-2.5 Hf） Zr-Sn 系 　ジルカロイ 2（Zr-1.5 Sn-0.12 Fe-0.05 Ni-0.1 Cr） Zr-Nb 系 　Zr-2.5 Nb
Co 基合金	Co-Cr-W 系 　ステライト（Co-30 Cr-10 W-2.5 C） Co-Cr-Mo 系 　バイタリウム（Co-28 Cr-6 Mo-2 Ni） Co-Ni-Cr-Mo 系 　ASTM F562-78（Co-35 Ni-20 Cr-10 Mo） Co-Si 系 　デーブリッシュ（Co-< 50 Si）	Ta 基合金	工業用純 Ta（99.8 Ta） Ta-Pt 系 　Ta-0.05 Pt Ta-Mo 系 　Ta-< 50 Mo Ta-Ti 系 　Ta-< 50 Ti Ta-W 系 　Ta-50 W
		Nb 基合金	工業用純 Nb（99.8 Nb）

る必要がある．

　大気環境：水膜厚さ，相対湿度，降水量，大気汚染物質，海塩粒子，気温，日射量

　淡水環境：溶解成分，飽和指数，pH，溶存酸素，温度，流速

　海水環境：温度，流速，水深，付着生物

　土壌環境：水分，pH，比抵抗，通気性，可溶性塩，細菌

　高温高圧水環境：温度，pH，溶存酸素，溶解成分，放射線照射

　硫酸，塩酸，フッ酸，硝酸，苛性ソーダ環境：濃度，温度，不純物成分

表 8.2 代表的腐食環境と実用耐食材料

腐食環境	耐食金属材料	腐食環境	耐食金属材料
大　気	Al, Al 合金 (6000系), 亜鉛めっき鋼, Ti, Cu, Cu 合金 (青銅), 耐候性鋼, ステンレス鋼 (一般)	硫　酸	Ni-Mo 合金 (ハステロイ), ステンレス鋼 (高 Cr-高 Mo 系), Pb, Pb 合金, 耐硫酸露点腐食鋼
淡　水	Cu, Cu 合金, ステンレス鋼 (一般), Al, Al 合金 (3000系), 低合金鋼	塩　酸	Ni-Mo 合金 (ハステロイ), ステンレス鋼 (高 Cr-高 Mo 系), Ti
海　水	Cu 合金 (アルミニウム黄銅, キュプロニッケル), Ti, ステンレス鋼 (高 Cr-高 Mo 系), 耐海水鋼, Al 合金 (5000系), Ni-Cu 合金 (モネル)	フッ酸	Ni-Cu 合金 (モネル), Ni-Cr-Mo 合金 (ハステロイ), Cu-Ni 合金 (Cu-30 Ni), Mg 合金 (Mg-8 Al-0.2 Mn), Pb
土　壌	鋳鉄, 亜鉛めっき鋼, 低合金鋼, Pb	硝　酸	Zr, Ti-Ta 合金, ステンレス鋼 (一般), Ni-Cr 合金 (インコネル), 高ケイ素鋳鉄
高温高圧水	ステンレス鋼 (極低 C), Ni-Cr 合金 (インコネル, インコロイ), Zr 合金 (ジルカロイ)	苛性ソーダ	Ni, ステンレス鋼 (一般), Ni-Cr 合金 (インコネル), Ni-Cu 合金 (モネル), 高ニッケル鋳鉄 (ニレジスト)

表 8.2 に示すように，多くの環境中でステンレス鋼が使用されている．ただし，ステンレス鋼の鋼種によって利用に適した環境は異なっているので，目的環境に応じて適切な鋼種を選択しなければならない．

8.5　ステンレス鋼

ステンレス鋼は耐食合金の中で最も多く使われている．また，ステンレス鋼は厳しい腐食環境中で使われることが多く，多様な形態の腐食を経験している．ステンレス鋼の腐食特性についてよく知ることは，耐食合金全般についての理解を深めることにつながる．以下，各種ステンレス鋼について解説する．

8.5.1　ステンレス鋼の定義

鉄にクロムを合金すると耐食性が向上し，Cr 含有量 11% (mass%，以下同じ) 以上の合金は通常の大気環境中で赤錆を生じなくなる．すなわち，stainless (錆びない) 状

態になる．日本工業規格の用語(JIS G 0203)では，ステンレス鋼を「耐食性を向上させる目的で，CrまたはCrとNiを含有させた合金鋼で，一般にはCr含有量11%以上の鋼」と定義している．ここでも，この定義に従う．

8.5.2 ステンレス鋼の歴史

ステンレス鋼の代表的鋼種が誕生するまでの経緯を以下に示す[5]．

1798年　Louis Nicolas Vauquelin(仏)：金属クロムを発見

1820年　Michael Faraday(英)：貴金属入り合金鋼を研究．白金鋼，ロジウム鋼が錆びにくいことを発見

1821年　Pierre Berthier(仏)：フェロクロム(17～60% Crの合金鉄)，クロム鋼(1% Cr)を作製．高Crほど耐酸性があることを指摘

1904年　Leon Alexandre Gillet(仏)：低炭素高Cr鋼(マルテンサイト系およびフェライト系ステンレス鋼)，低炭素Cr-Ni鋼(オーステナイト系ステンレス鋼)の組織を研究

1907年　Gustav Heinrich Johann Apollon Tamman(独)：Fe-Cr系二元状態図を完成

1909年　Albert Marcel Portevin(仏)：低炭素高Cr鋼の難エッチング性を報告

1911年　Philip Monnartz(独)：低炭素高Cr鋼は12% Cr以上になると耐硝酸性が改善されることを発見．これは不働態化現象によると説明．Mo合金化による耐食性改善も報告

1912年　Benno StraussとEduard Maurer(独)：20% Cr-7% Ni鋼(304オーステナイト系ステンレス鋼の原形)を完成．Krupp社(独)，"nichtrostende Stähle"の特許出願．硝酸製造装置用材料として工業化

1913年　Harry Brearley(英)：13% Cr鋼(420マルテンサイト系ステンレス鋼)を開発．錆びない刃物用鋼として工業化．Thomas Firth社(英)，"Stainless Steel"の商品名使用

なお，現在の304オーステナイト系ステンレス鋼の組成に相当する18% Cr-8% Niを定めたのは，William H. Hatfield(英)である．彼はCr-Ni鋼の金属組織の研究を行い，最も経済的に安定オーステナイト組織が得られるのは，C < 0.20%，Cr 18%，Ni 8%であるとした．この組成の鋼は，Thomas Firth社(英)より"Staybrite"の名で1925年頃発売された．

8.5.3 ステンレス鋼の種類

ステンレス鋼は組成と金属組織によって分類されている．大きく分類すると，Fe-

Cr 合金系と Fe-Cr-Ni 合金系の二つの系統がある．さらにそれらは金属組織によって以下のように分けられている[6]．

（**1**） Fe-Cr 合金系に属するもの
　　a． Cr 含有量が低く C 含有量が高いマルテンサイト系
　　b． Cr 含有量が高く C 含有量が低いフェライト系

（**2**） Fe-Cr-Ni 合金系に属するもの
　　a． Cr 含有量は中程度で C 含有量が低くかつ Ni を 8% 以上含むオーステナイト系
　　b． 高 Cr 含有量，低 Ni 含有量で C 含有量が極めて低いオーステナイト・フェライト二相系
　　c． Cr 含有量は中程度，Ni 含有量は小ないし中程度で析出硬化元素を添加した析出硬化系

これらの各系統の発展経過[7]を **図 8.2** に示した．上記のうち，マルテンサイト系，フェライト系およびオーステナイト系は基本系統と称されている．マルテンサイト系は 13 Cr-0.3 C 鋼（組成は mass%，以下同じ）から，フェライト系は 18 Cr-< 0.12 C 鋼から，そしてオーステナイト系は 18 Cr-8 Ni-< 0.08 C 鋼からそれぞれ発展している．オーステナイト・フェライト二相系はフェライト系から派生している．析出硬化系にはマルテンサイト系からきたものとオーステナイト系からきたものがある．

　JIS 規格では，ステンレス鋼には材質記号 SUS（S：Steel，U：Use，S：Stainless）が付けられている．SUS の後に，マルテンサイト系は 400 番台，フェライト系も同じく 400 番台，オーステナイト系は 300 番台の数字が添えられる．ステンレス鋼と組成は似ているが，耐熱鋼には SUH，耐熱鋼鋳物には SCH，耐熱超合金には NCF という材質記号が付けられている．

8.5.4 マルテンサイト系ステンレス鋼

（**1**） 概要

　代表鋼種は 13% Cr-< 0.15% C の 13 Cr 鋼（SUS 410）である．この種の鋼は Fe-Cr 系状態図の高温域の γ ループ内の組織から焼入れを行うとマルテンサイト組織となるので，マルテンサイト系ステンレス鋼（martensitic stainless steel）[3,8]と呼ばれている．高い硬さでかつ靱性を保つために，高 C 含有量の鋼では焼入れ後 823〜1023 K（550〜750℃）で焼戻しによる調質を行う．

　SUS 410 は極めて硬く，かつ耐食性，耐熱性を有するので，刃物，工具，タービンブレードなどに用いられている．SUS 410 に Mo を添加し耐食性を上げた 13 Cr-0.5

8.5 ステンレス鋼　141

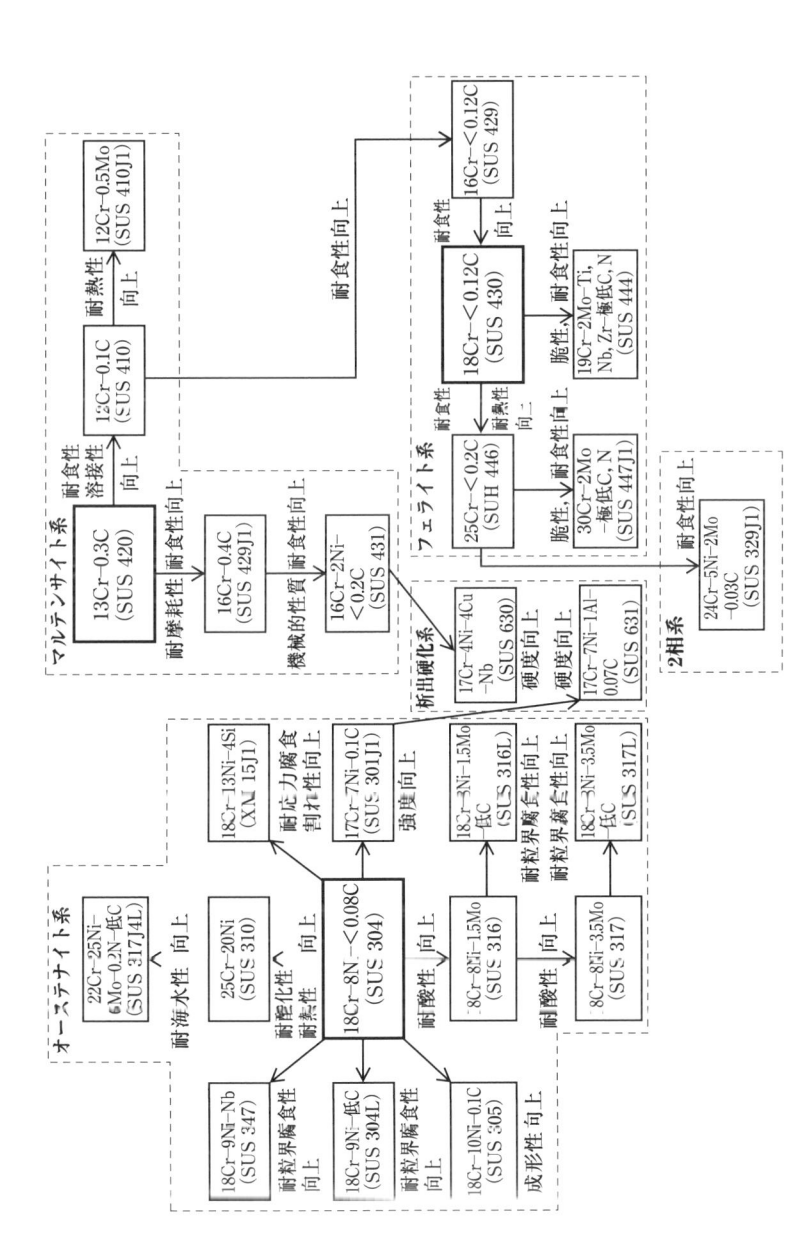

図 8.2 ステンレス鋼の発展経過（深瀬[7]の図を元に作成）（組成は mass%）

Mo-0.15 C 鋼（SUS 410J1）はスーパー 12 Cr 鋼と称される．SUS 410J1 は強度，耐食性，耐熱性が必要な高温部品に使用される．

なお，この系の鋼はマルテンサイト晶（α' 相）があるため強磁性体である．

（2） 腐食特性

焼戻しにより基質中に M_3C，M_7C_3，$M_{23}C_6$，MC（M：大部分 Cr，ごく一部 Fe）などの炭化物が析出する．このため，基質中の有効 Cr 量が低くなるので，マルテンサイト系ステンレス鋼の耐食性は同 Cr 含有量のフェライト系あるいはオーステナイト系のステンレス鋼より劣る．また，引張応力が負荷された状態で腐食反応による水素が鋼中に入ると，鋼に水素脆性が生じる場合がある．水素脆性感受性は強度の大きい鋼ほど高い．

8.5.5　フェライト系ステンレス鋼

（1） 概要

代表的鋼種は 18% Cr-< 0.12% C の 18Cr 鋼（SUS 430）である．この系の鋼は，Fe-Cr 系状態図の γ ループの外側の組成域の α 相組織（フェライト組織）を持っているのでフェライト系ステンレス鋼（ferritic stainless steel）[3,9] と称される．結晶粒が粗大化しない温度域である 1033〜1123 K（760〜850℃）における焼なまし組織が標準組織となっている．この系の鋼も α 相が存在するため強磁性体である．

15% Cr 以上の鋼を加熱する場合には，σ 脆性（1223〜873 K（950〜600℃）を徐冷すると σ 相 FeCr が析出し脆化する現象），475℃脆性（748 K 前後に長時間曝されると脆化する現象），高温脆性などに注意しなければならない．高 Cr 含有量になるほど 475℃脆性が生じやすい．高 Cr 鋼は侵入型元素 C，N の含有量を低くしないと常温付近の衝撃強度が低くなる．

通常の C 量（約 0.12%）の場合，この系の鋼の靱性，加工性，溶接性，耐食性は同じ Cr 量のオーステナイト系ステンレス鋼と比べると劣るので，この系の鋼は化学工業用装置のような使用環境が厳しいものへの利用には向いていない．しかし，大気中など普通の使用環境においては十分な耐食性を有しているので，耐久消費財用の材料などには適している．最も多い用途は，自動車排気系部品である．

この系の鋼の中には C，N 含有量を極度に下げて低温靱性および耐食性を改善した鋼種がある．これらは高純度フェライトステンレス鋼と呼ばれ，従来オーステナイト系ステンレス鋼が使われていた領域にも用いられている．

（2） 腐食特性

Cr 含有量 18% 程度でかつ C 含有量 0.12% 程度の鋼を 1173 K（900℃）以上の高温か

ら急冷したときには，Cr炭化物が粒界上に選択的に析出するため粒界に沿ってCr欠乏帯が形成され，粒界腐食感受性が生じる．この系の鋼の耐食性で特徴的なことは，オーステナイト系と比べて貫粒型の塩化物応力腐食割れに対する感受性が低いことである．

18 Cr鋼（SUS 430）の海水噴霧-乾燥サイクル環境での耐食性は18 Cr-8 Ni鋼（SUS 304）よりも劣る．しかし，SUS 430を改良した19 Cr-0.4 Cu-0.3 Ni-Nb鋼（SUS 430J1L）はこの環境中でSUS 304と同等の耐食性を持っている．そのため，この鋼は省Niステンレス鋼として一般利用が進んでいる．

8.5.6 高純度フェライトステンレス鋼

(1) 概要

ステンレス鋼の耐食性は，Cr，Ni，Moなどの主要合金元素の量のみならず，C，N，P，Sなどの不純物元素の量によっても大きな影響を受ける．AOD（argon-oxygen decarburization：転炉中の溶鋼にArとO_2を吹き込んで脱炭）やVOD（vacuum-oxygen decarburization：減圧容器中の溶鋼にArとO_2を吹き込んで脱炭）などのステンレス鋼精錬技術によれば，C+N量で100〜300 ppm以下の極低C，N鋼を製造することができる．これらの技術を用いて作られた鋼は，高純度フェライトステンレス鋼（high-purity ferritic stainless steel）[3,9]と称されている．この種の鋼には，19% Cr-2% Mo，26% Cr-1% Mo，28% Cr-2% Mo，29% Cr-4% Mo，30% Cr-2% Moなどがある．

(2) 腐食特性

Fe-Cr合金の耐食性改善に高純度化がいかに有効であるかを示すものとして，製法の違いにより純度が異なる3種類の合金について，塩化第二鉄水溶液（5% $FeCl_3$ + 0.05 kmol·m^{-3} HCl，323 K（50℃））中における腐食速度と合金のCr含有量の関係を図8.3に示す[10]．ここでの高純度合金は超高純度鉄（残留抵抗比 $RRR_{H,4.2K}$ > 5000）とアイオダイドクロム（99.99% Cr）を原料としてアルゴンプラズマ溶解法で作った合金，真空溶解合金は電解鉄（99.9% Fe）と電解クロム（99% Cr）を原料として真空高周波誘導溶解法で作った合金，市販合金はSUS 400番台ステンレス鋼である．図8.3から，いずれの合金においてもCr含有量の増加と共に腐食速度は低下するが，同一Cr量での腐食速度は合金純度が高いほど低くなることが分かる．特に，Cr含有量が25%以下の領域においては，Cr含有量を増加させて腐食速度の低下を図るよりも，合金純度を向上させて腐食速度の低下を図る方がはるかに大きな腐食速度の低下が得られる．図中にはSUS 304およびSUS 316 L鋼の腐食速度も示されているが，高純

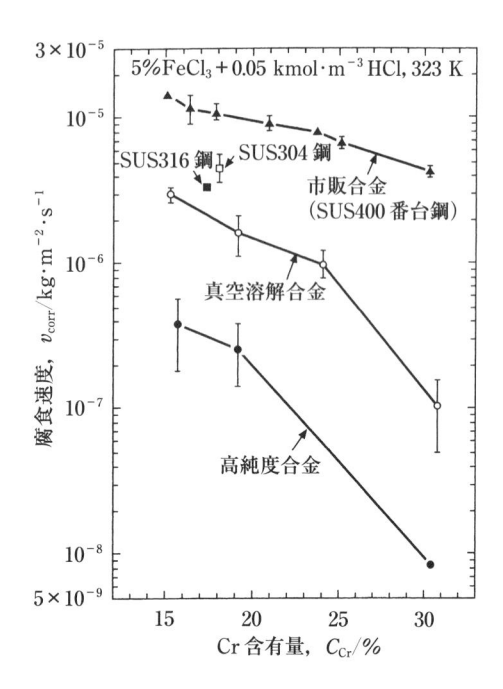

図 8.3 各種 Fe-Cr 合金の塩化第二鉄溶液中における腐食速度と合金の Cr 含有量の関係[10]

度 Fe-15 Cr 合金の腐食速度はこれらと比べても約 1/10 になっている．これらのことは，合金の純度を向上させることによって Cr, Ni, Mo などの主要合金元素の添加量を大幅に節約できる可能性があることを示唆している．

このような高純度化による腐食抑制効果は，ピットの発生と成長が共に抑制されることに起因している．すなわち，ピット発生の起点となる不働態皮膜中の欠陥密度が低下し孔食電位が上昇すること，および水素過電圧が大きくなりピット内での酸性塩化物溶液による溶解速度が低下すること，によると考えられている[10]．

JIS に規定されているものについては，19 Cr-2 Mo 鋼(SUS 444)は塩化物応力腐食割れに対する抵抗が大きく，その他の腐食に対する抵抗性も SUS 304 鋼やこれの改良型である SUS 316 鋼と同等かあるいはそれ以上である．それゆえ，この鋼は，オーステナイト系の SUS 304 の代替材として，化学工業用装置などに積極的に用いられている．高 Cr・高 Mo の 29% Cr-4% Mo, 30% Cr-2% Mo などの鋼は，耐応力腐食割れ，耐孔食などの局部腐食に対する抵抗性のみならず，耐酸，耐アルカリなどの全面腐食に対する抵抗性も極めて高い．耐海水用途に使用されている．

8.5.7 オーステナイト系ステンレス鋼

(1) 概要

代表的鋼種は，18% Cr-8% Ni-< 0.08% C の 18 Cr-8 Ni 鋼 (SUS 304) である．この鋼は，1323 K (1050 ℃) 付近に加熱して炭化物を基質中に溶解させた後 273 K (0 ℃) 付近の冷水中に急冷する溶体化処理 (solution treatment) を行い，均一オーステナイト組織にして使用する．オーステナイト組織であることからオーステナイト系ステンレス鋼 (austenitic stainless steel)[3, 11] と呼ばれる．ただし，鋼成分の Ni 当量と Cr 当量の関数として組織を表示したシェフラーの組織図に示されているように，18% Cr-8% Ni のオーステナイト組織は準安定オーステナイトであるため，強加工を受けるとその部分が加工誘起変態によりマルテンサイト組織になる．18 Cr-8 Ni 鋼は，Ni を含むことによって酸化性酸に対してのみならず非酸化性酸に対しても耐食性を有しており，また，靱性，加工性，溶接性にも優れているので，厳しい腐食環境で使用される化学工業装置などに大量に使用されている．この系の鋼は非磁性である．

オーステナイト系ステンレス鋼の Ni 量を高めかつ Mo および N の含有量を多くした 21 Cr-24 Ni-6 Mo-0.22 N 鋼などは耐孔食性，耐応力腐食割れ性が高く，スーパーオーステナイトステンレス鋼と称されている．これらは耐海水用途に使用できる．

(2) 腐食特性

水溶液中での 18 Cr-8 Ni 鋼の基本的な電気化学的性質は，pH の異なる溶液中のアノード分極曲線から知ることができる．図 8.4 に pH 0.21～13.1 の水溶液中で測定したアノード分極曲線を示す[17]．いずれの pH においても不働態域が見られるが，pH 4 以上では活性態を示さず腐食電位において自己不働態化している．すなわち，pH 4 以上では腐食電位においても高い耐食性を示す．しかし，pH が高くなるほど過不働態溶解開始電位が低くなるので，高 pH の溶液中では過不働態溶解に注意しなくてはならない．pH 3 以下では，pH が低くなるほど活性溶解および過不働態溶解の電流密度は大きくなる．すなわち，pH 3 以下では腐食電位において大きな速度の活性溶解を起こす．

18 Cr-8 Ni 鋼の欠点は，塩化物溶液中で孔食や応力腐食割れを起こしやすいことである．耐孔食性の改善には，Mo の添加が極めて有効である．Mo を 2%ほど合金した 18 Cr-10 Ni-2 Mo 鋼 (SUS 316) は，酸化力の弱い塩化物溶液中で使用することができる．耐応力腐食割れ性の改善には，Ni 含有量を増すこと，あるいは，Si を添加することが有効である．このような目的で作られたものに，18 Cr-13 Ni-3 Si 鋼 (SUS XM15J1) がある．

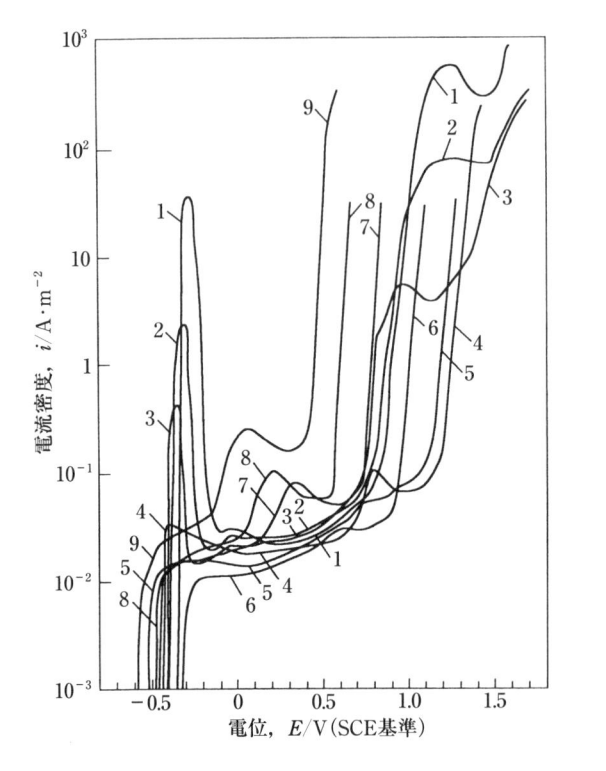

図8.4 18 Cr-8 Ni ステンレス鋼のアノード分極曲線のpHによる変化[12]
測定条件：各pHの緩衝溶液，N_2脱気，323 K(50℃)，0.417 mV·s^{-1}

pH
1： 0.21
2： 1.23
3： 2.33
4： 4.01
5： 5.79
6： 7.81
7： 9.92
8：11.77
9：13.1

18 Cr-8 Ni 鋼は，673～1073 K(400～800℃)の温度域に短時間加熱されたり，あるいはこの温度域を徐冷されたりすると，粒界に炭化物 $M_{23}C_6$(M：大部分がCr，一部Fe)が析出して粒界近傍にCr欠乏帯が形成され，粒界腐食感受性が現れる．粒界腐食を防ぐためには，C含有量を下げるか，あるいは安定炭化物を形成するTi，Nbを添加することが有効である．C量を0.02%以下に低くした18 Cr-8 Ni 鋼(SUS 304 L)やNbをC量の8～10倍量添加した18 Cr-8 Ni-Nb 鋼(SUS 347)などの耐粒界腐食鋼がある．

8.5.8　スーパーオーステナイトステンレス鋼

(1) 概要
ステンレス鋼の耐孔食性を高めるのに有効な元素であるMoおよびNの固溶限は

フェライト相よりもオーステナイト相の方が高いので，これらの元素添加による耐孔食性の改善はフェライト系よりもオーステナイト系で効果的に行うことができる．このような改善効果の評価には，耐孔食指数(pitting index；PI, pitting resistance equivalent)が使用されている．耐孔食指数は，組成の異なった合金が同じ耐孔食性を示すCr当量で，この値が大きいほど耐孔食性は高くなる[13]．

$$\mathrm{PI} = [\% \mathrm{Cr}] + 3.3[\% \mathrm{Mo}] + x[\% \mathrm{N}] \tag{8.1}$$

ここで，x の値はフェライト系0，オーステナイト系30，二相系16である[13]．すなわち，N添加の効果はオーステナイト系の場合に大きい．一般に，PIが40を超すステンレス鋼に"スーパー"という呼称が付けられている．

(2) 腐食特性

スーパーオーステナイトステンレス鋼に相当する鋼種は，SUS 317Jシリーズの中に規定されている[14]．例えば，24% Cr-26% Ni-7% Mo-＜0.3% N-＜0.03% C(SUS 317J4 L)，23% Cr-28% Ni-5% Mo-2% Cu-＜0.03% C(SUS 317J5 L)などのMoを6%くらい含む鋼である．これらの鋼は，塩化物水溶液中での孔食，応力腐食割れに対して高い抵抗を持っていると同時に硫酸などの非酸化性酸に対しても高い耐食性を示す．そのため，塩化物を含むプロセス流体を扱う装置，例えば石油精製装置や海水冷却熱交換器などに使われている．

8.5.9 二相ステンレス鋼

(1) 概要

代表的鋼種は，25.5% Cr-4.5% Ni-2.0% Mo-＜0.08% Cの25 Cr-5 Ni-2 Mo鋼(SUS 329J1)である．この鋼種はフェライト＋オーステナイトの微細混合組織を持ち，二相ステンレス鋼(duplex stainless steel, austeno-ferritic stainless steel)[3,15]と呼ばれる．オーステナイト相とフェライト相の比が1：1(オーステナイト相比率50%)のところが選ばれており，このときのCr当量は22%，Ni当量は7.5%となっている．この相比率のところで耐応力腐食割れ性および耐孔食性が最も高くなる．標準組織は，1273～1373 K(1000～1100℃)で溶体化処理された組織である．フェライト相にはCr, Moが濃縮(合金平均25% Crのときフェライト相31% Cr)し，オーステナイト相にはNiが濃縮(合金平均5% Niのときオーステナイト相9% Ni)している．この系の鋼は磁性を有する．

SUS 329J1は，SUS 430やSUS 304に比べて，引張強さや硬さは大きいが靱性や延性は小さい．この鋼は，溶接などにより熱影響を受けると組織が変わり，耐応力腐食割れ性が劣化することがあるので注意が必要である．SUS 329J1は化学プラントの各

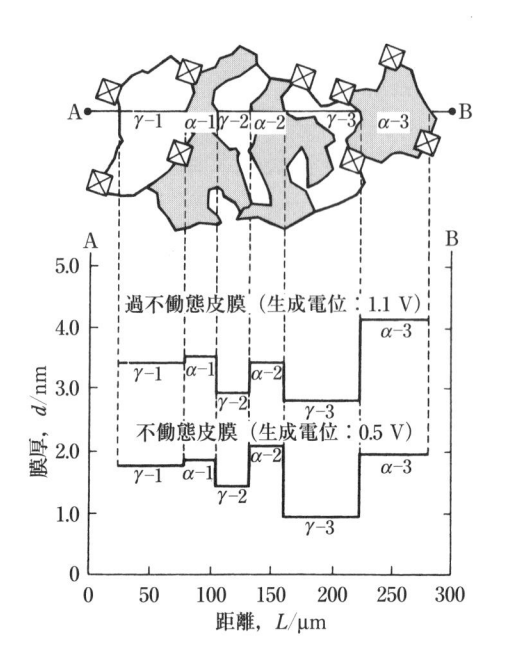

図 8.5 22 Cr-10 Ni 二相ステンレス鋼の組織(上)と A-B 間における皮膜厚さ d の変化(下)[16]
溶液：1.0 kmol·m^{-3} Na$_2$SO$_4$, pH 6.0

種装置材料として用いられている．
(**2**) 腐食特性
SUS 329J1 の耐酸性，耐応力腐食割れ性，耐孔食性は，SUS 430 や SUS 304 に比べて優れている．Ni 当量はオーステナイト系と比較すると小さいので，Ni 節約型耐応力腐食割れ鋼といわれる．Cr および Mo が濃縮したフェライト相が孔食の発生および応力腐食割れの伝播を妨げると考えられている．
二相ステンレス鋼の不働態皮膜の厚さは，顕微エリプソメトリーで調べられている．**図 8.5** は，pH 6.0 の 1.0 kmol·m^{-3} Na$_2$SO$_4$ 中で 22 Cr-10 Ni 鋼に形成した不働態皮膜と過不働態皮膜の厚さの結晶粒ごとの変動を示す[16]．いずれの皮膜についても，α で示すフェライト粒上の皮膜の方が γ で示すオーステナイト粒上の皮膜よりも厚いことが分かる．α 相の Cr 含有量が γ 相よりも高いことを考えると，α 相上の不働態皮膜の耐食性は γ 相上のそれよりも高いと推察される．
SUS 329J1 の Mo 量を高め，N を添加し，極低 C 量にした 25% Cr-6% Ni-3% Mo-

0.3% N-< 0.03% C の SUS 329J4 L は，高温海水に対して高い耐食性を示す．この鋼は高塩化物環境で用いられる装置の材料として使われている．

8.6 純　　鉄

　一般に入手可能な程度の純度(99.9% Fe くらい)の鉄は大気中で錆びやすく，また，靱性も低いので耐食材料として使われることはない．しかし，鉄は構造用材料として重要な炭素鋼および耐食材料として重要なステンレス鋼の基本成分金属であるので，鉄の基本的な電気化学的性質を知っておくことは Fe 基合金の腐食特性の本質を理解するうえで有意義である．鉄の性質は純度に大きく依存している．以下に，鉄の純度と耐食性の関係について述べる．

8.6.1　酸性溶液中での純鉄の腐食特性

　酸性溶液中での鉄の腐食速度は，腐食のカソード反応である水素発生反応の速度に律速される．水素発生反応の速度は電極金属の性質に依存し，電極金属の純度には大きく支配される．鉄の腐食速度が鉄の純度に依存することはよく知られている[17, 18]．
　鉄の純度は製造法によって変わる．製造法の異なる5種類の純鉄の分析値を表8.3に示した[19]．表中の Fe(A) および Fe(B) は市販の電解鉄を真空溶解した純鉄，Fe(C) はジョンソン・マッセイ社製純鉄，H.P.Fe(I) および H.P.Fe(II) は陰イオン交換法と帯溶融法を併用した方法で実験室的に作製した高純度鉄である．極めて純度が高くなると各不純物濃度を正確に決められないので，鉄の純度は不純物濃度の影響が敏感に現れる 4.2 K における残留抵抗比 $RRR_{H, 4.2K}$ で表している．この値が大きいほど純度がよい．$RRR_{H, 4.2K}$ 6000 の H.P.Fe(II) は，作り得る最高純度の鉄と考えてよい．
　上記の5種類の純鉄を脱気 0.5 kmol·m^{-3} H$_2$SO$_4$ 中で腐食試験し，腐食速度を求めた結果を表8.4に示す[19]．腐食速度は $RRR_{H, 4.2K}$ の値が大きくなるほど低下している．

表8.3　代表的純鉄の分析値と残留抵抗比 $RRR_{H, 4.2K}$[19]

試　料	$RRR_{H, 4.2K}$	化　学　組　成(質量 ppm)											
		Na	Mg	Al	Cr	Mn	Co	Cu	Ga	As	In	W	Au	C
Fe(A)	150	0.06				23		6.8	<2	<8.8	<0.02	<0.8		56
Fe(B)	80	0.65		13	18	1.7	20	28	59	5.2	50	1.0		
Fe(C)	800	0.6	<1		1	<3.7		<4.8	<2	<0.8	<0.3	<0.8	<0.49	<20
H.P.Fe(I)	1500	0.64				<0.1		<0.45	<1	<0.8	<0.02	1.2		≅10
H.P.Fe(II)	6000	<0.1				<0.1		<0.1	<0.26	<0.6	<0.01	<0.1	<0.03	≅10

表8.4 代表的純鉄の脱気 0.5 kmol·m^{-3} H$_2$SO$_4$ (298 K (25℃)) 中における腐食速度[19]

試料	腐食速度 /kg·m^{-2}·s^{-1}
Fe(A)	33.28×10^{-7}
Fe(B)	89.03×10^{-7}
Fe(C)	5.41×10^{-7}
H. P. Fe(Ⅰ)	2.36×10^{-7}
H. P. Fe(Ⅱ)	1.80×10^{-7}

表8.5 代表的純鉄の脱気 0.5 kmol·m^{-3} H$_2$SO$_4$ (298 K (25℃)) 中におけるカソード分極曲線の Tafel 勾配 b_c と水素過電圧 η_{H_2}[19]

試料	b_c/mV·decade^{-1}	η_{H_2}/mV*
Fe(A)	130	492
Fe(B)	136	507
Fe(C)	145	546
H. P. Fe(Ⅰ)	150	564
H. P. Fe(Ⅱ)	152	575

* 10^2 A·m^{-2} における値

次に,これらの鉄のカソード分極曲線を同じ溶液中で測定し,Tafel 勾配 b_c と水素過電圧 η_{H_2} (10^2 A·m^{-2} における値) を求めた結果を表8.5に示す[19]. 表8.4と表8.5を比較すれば分かるように,腐食速度の大小の序列と水素過電圧の大小の序列は一致している. 普通純度の純鉄である Fe(A) の腐食速度に比して,超高純度の H. P. Fe(Ⅱ) の腐食速度は 1/18 程度である.

8.6.2 中性溶液中での純鉄の腐食特性

溶存酸素を含む中性溶液中での普通純度の鉄の腐食速度は,腐食のカソード反応である溶存酸素の還元速度,言い換えれば拡散速度に律速されるので,多少の純度の違いの影響は現れないのが普通である. しかし,極めて純度の高い鉄が大気中で錆びにくいことも経験する. このような現象上の違いは,脱気中性溶液中でのアノード分極曲線の純度による違いを見ることによって明らかになる.

図8.6は,脱気した pH 8.45 のホウ酸塩緩衝溶液 (0.15 kmol·m^{-3} H$_3$BO$_3$+0.0375 kmol·m^{-3} Na$_2$B$_4$O$_7$) 中における純度の異なる鉄 (表8.3) のアノード分極曲線を示す[19]. 臨界不働態化電流密度および不働態維持電流密度の大きさは,いずれも鉄の純度が高いものほど小さくなる. 純度の低い Fe(A) の臨界不働態化電流密度 8×10^{-1}

8.6 純鉄

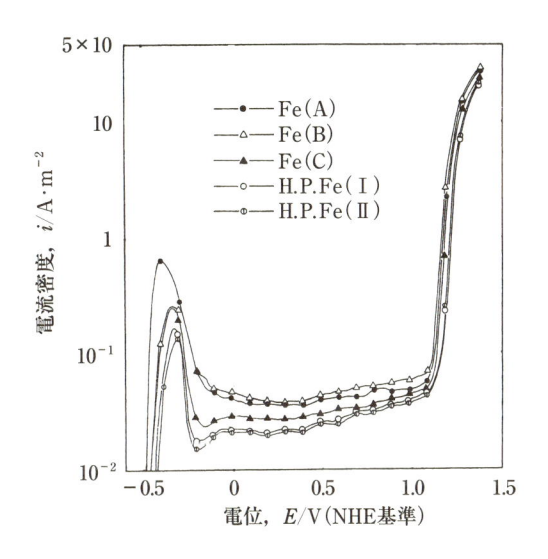

図 8.6 代表的純鉄のホウ酸塩緩衝溶液(pH 8.45, 298 K(25℃))中におけるアノード分極曲線[19]

$A \cdot m^{-2}$ は溶存酸素の限界拡散電流密度 $6 \times 10^{-1} A \cdot m^{-2}$ よりも大きいので，溶存酸素を含む中性溶液中では Fe(A) の腐食電位は活性態電位域にあると推察される．一方，H. P. Fe(II) の臨界不働態化電流密度 $1.4 \times 10^{-1} A \cdot m^{-2}$ は溶存酸素の限界拡散電流密度 $6 \times 10^{-1} A \cdot m^{-2}$ よりも小さいので，H. P. Fe(II) の腐食電位は不働態電位域にあると推察される．すなわち，純度の高い H. P. Fe(II) の腐食電流密度は不働態維持電流密度に相当する小さな値になる．

Fe(A) と H. P. Fe(I) の不働態皮膜の光学定数，厚さ，層構造をエリプソメトリーで解析した結果を**表 8.6** に示す[19]．皮膜は pH 8.45 ホウ酸塩緩衝溶液中で 1.045 V

表 8.6 純度の異なる純鉄上の不働態皮膜の内層，外層の光学定数と厚さ[19]
皮膜形成条件：ホウ酸塩緩衝溶液，pH 8.45, 298 K(25℃), 1.045 V

試　　料	光学定数 N_2	外層および内層の厚さ, d_o, d_i/nm	全膜厚に対する内層の厚さの割合, d_i/d_o+d_i
Fe(A)	外層 1.8−0.1 i 内層 0.0　0.0 i	外層 $d_0 = 2.2$ 内層 $d_1 = 0.9$	0.56
H.P.Fe(I)	外層 1.8−0.1 i 内層 3.0−0.5 i	外層 $d_0 = 1.6$ 内層 $d_1 = 1.9$	0.54

(NHE 基準)に 3.6 ks 保持して形成された．いずれの鉄の不働態皮膜も内外二層からなるが，いずれの層の厚さも純度の高い H. P. Fe(I)の皮膜の方が小さい．pH 8.45 ホウ酸塩緩衝溶液中の不働態皮膜が二層構造を有することは，アームコ鉄について佐藤ら[20,21]も報告しており，外層は Fe(III)含水酸化物，内層は γ-Fe$_2$O$_3$ と推察している．

8.7 炭 素 鋼

炭素鋼(carbon steel)は C 含有量 0.035～1.7%の Fe-C 合金で，通常 C 以外に 1%以下の微量成分元素を含んでいる．例えば，炭素鋼として汎用性の高い SS 400 鋼(一般構造用圧延鋼材)の組成は，0.19% C，0.22% Si，0.83% Mn，0.014% P，0.021% S である．鉄の低温相であるフェライトへの C の溶解度は小さい(共晶温度 1000 K で 0.02%)ので，常温においては炭化物(セメンタイト Fe$_3$C)を析出し，炭素鋼の金属組織はフェライト地中にパーライト(フェライトとセメンタイトの共析晶)が存在する混合相になる．ここでは，このような組織を持つ炭素鋼の腐食に及ぼす種々の因子について通覧する．

8.7.1 腐食速度の pH による変化

溶存酸素を含む軟水を HCl および NaOH で pH 調整した水溶液中で炭素鋼の腐食速度と水溶液の pH の関係を求めた結果を図 8.7 に示す[22]．295 K(22℃)における腐食速度は，pH によって 3 領域に分けられる．

　　pH 2～4：腐食速度は pH 低下と共に増加．水素発生型腐食
　　pH 4～10：腐食速度は pH に依存せずほぼ一定．酸素消費型腐食
　　pH 10～14：腐食速度は pH の増加と共に減少．不働態化状態での腐食

したがって，pH 4 以下では，鋼の組成や組織が腐食速度に影響する．水素過電圧の大きいものほど耐食性が高い．pH 4～10 では，腐食速度は溶存酸素の拡散速度によって定まり，鋼の組成や組織はあまり影響しない．錆が緻密に形成されて溶存酸素の拡散を妨げる効果の大きいものほど耐食性がよい．pH 10～14 では，速やかに不働態化し，鋼の組成や組織はあまり影響しない．なお，pH 14 以上では，アルカリ腐食(HFeO$_2^-$ としての溶解)が起こる．

上述のように pH 10～14 の水溶液中では炭素鋼は不働態化するので，耐食材料として用いることができる．pH 4～10 の水溶液中では，溶存酸素の限界拡散電流密度は約 6×10^{-1} A·m^{-2} であるので，炭素鋼が裸で腐食する場合には「耐食的」とはいいにくい．しかし表面に保護性の高い錆層が形成されれば，十分に「耐食的」になる．

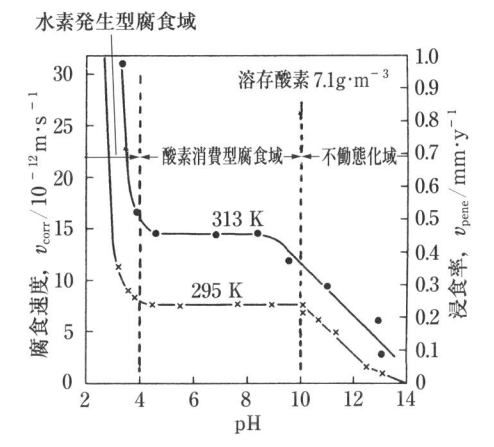

図 8.7 炭素鋼の腐食速度の pH による変化[22]

8.7.2 酸性溶液中での腐食特性

　pH 4 以下の水溶液中における炭素鋼の腐食速度は大きく，このような環境中で炭素鋼が使用されることは一般的にない．ただし，65％以上の高濃度 H_2SO_4 中では，反応生成物皮膜 $FeSO_4$ の溶解度が小さいので，炭素鋼が使用可能である．

　酸性水溶液中における炭素鋼の腐食速度はカソード反応律速であり，その速度の大小は水素発生反応の過電圧によって決まる．水素過電圧の大きさは電極金属の組成によって変わるので，炭素鋼の腐食速度は鋼中の微量成分元素の影響を受ける．例えば，水素脱気した 0.2 kmol・m^{-3} H_2SO_4 中[23] および 0.12 kmol・m^{-3} HCl 中[24] における腐食速度に及ぼす微量成分元素(0.001〜0.7％の範囲)の影響を概括的に示すと次のようである．

　(1) 腐食速度を増加させる元素：C，P，S，N，Mn
　(2) 腐食速度を減少させる元素：Cu，Si
　(3) 腐食速度に影響を与えない元素：Ni，Cr，B

　環境が中性であっても，炭素鋼に錆層が形成されるときには，Fe^{2+} の加水分解反応($Fe^{2+}+2H_2O = Fe(OH)_2+2H^+$)によって錆層/鋼下地界面付近の水溶液が酸性化する．そのため，中性環境中であってもこのような微量成分元素が腐食速度に影響する．

　50％冷間圧延のままの状態およびこれを 1173 K(900℃)で 7.2 ks(2h)焼なました状

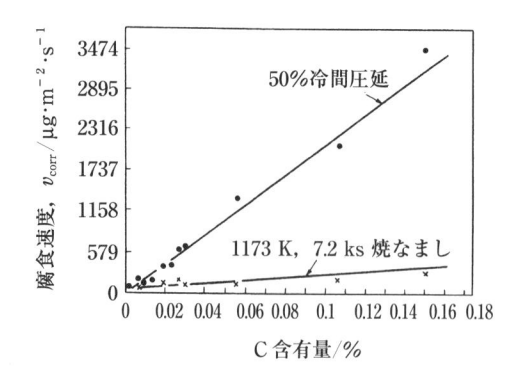

図 8.8 炭素鋼の腐食速度の C 含有量による変化[24]
測定条件：脱気 0.125 kmol・m^{-3} HCl, 298 K(25 ℃)

態の鋼の脱気 0.125 kmol・m^{-3} HCl 中における腐食速度と C 含有量との関係を図 8.8 に示す[24]．焼なまし状態および冷間圧延状態のいずれにおいても，腐食速度は C 含有量の増加と共に増加する．ただし，その増加率は冷間圧延状態の方が大きい．C 含有量の増加と共に腐食速度が増加するのは，鋼のパーライト相中の Fe$_3$C の量が増えることによる．Fe$_3$C は水素過電圧が小さいので，鋼のフェライト相の溶解が促進される．冷間圧延状態の腐食速度が大きいのは，Fe$_3$C 粒子が微細化分散するため鋼表面でのカソード面積が大きくなることによる[24]．

8.7.3 中性溶液中での腐食特性

先に 8.6.2 で示した pH 8.45 の脱気ホウ酸塩緩衝液中での純鉄のアノード分極曲線(図 8.6)と同じように，炭素鋼も侵食性アニオンを含まない中性水溶液中では小さい活性溶解ピークを示した後不働態化する[25]．Fe$_3$C の腐食電位および不働態化電位は炭素鋼や純鉄のそれらよりも少し高いが，やはり不働態化する[25]．しかし，水溶液中に Cl$^-$，SO$_4^{2-}$ などの侵食性イオンが存在するときには，炭素鋼，純鉄，Fe$_3$C はいずれも不働態化できなくなる．図 8.9 は，pH 9 の脱気 5.72 mol・m^{-3} Na$_2$SO$_4$ 中における純鉄，市販炭素鋼(0.12% C)，高純度炭素鋼(0.12% C)，高純度高炭素鋼(1.16% C)，および Fe$_3$C のアノード分極曲線を示す[25]．この溶液中では，C 含有量および純度に関わらずいずれの試料も全面活性溶解を起こし，不働態化することはない．

上述のようなアノード分極挙動から，溶存酸素を含む中性水溶液中では，侵食性アニオンが存在しなければ，炭素鋼は不働態化する可能性がある(活性溶解ピーク電流が溶存酸素の限界拡散電流より小さいとき)．しかし，侵食性イオンが存在するとき

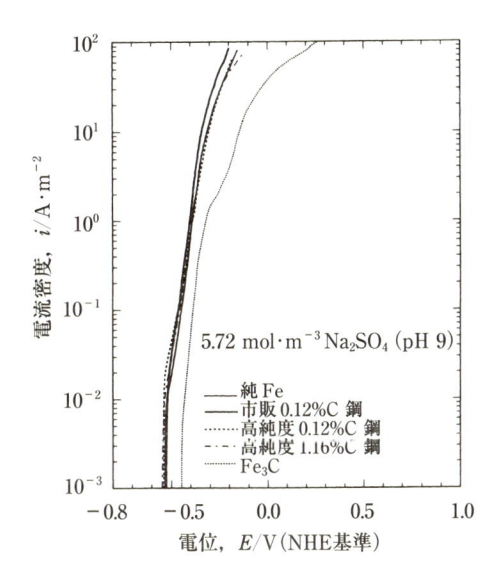

図 8.9 純鉄,各種炭素鋼,および Fe_3C の $5.72\,mol\cdot m^{-3}\,Na_2SO_4$ (pH 9) 中におけるアノード分極曲線[25]

には炭素鋼は全面活性溶解を起こす.自然環境の中の水には侵食性アニオンが含まれていることが多いので,このような水に触れた炭素鋼は全面活性溶解型腐食を起こし,溶液中に溶け込んだ鉄イオンから錆(オキシ水酸化鉄)が形成される.

　中性水溶液中で炭素鋼が全面活性溶解型腐食する場合,その腐食速度は溶存酸素の拡散速度で決まり,鋼種による腐食速度の違いは生じにくい.しかし,同一鋼内に極端に組成の違う部分があると局部腐食が起こる.例えば,普通鋼を電気抵抗溶接した電縫鋼管を工業用水の配管などに利用したとき,使用中に溶接部に沿った深い溝状腐食が生じることが知られている.電縫鋼管の溶接部分は鋼の融点まで加熱されるので,鋼中の MnS は分解して S が過飽和に溶解した部分が形成される.この S 含有量の高い部分は他の S 含有量の低い部分よりも優先的にアノード溶解し,溶接線に沿って深い溝状の腐食が形成されると考えられている[26].中性水溶液中でこのような局部腐食が起こる場合の部分分極曲線の関係を**図 8.10** に示した.腐食の機構は,異種金属接触腐食の場合と同様に考えることができる.すなわち,鋼全体の腐食電位は溶存酸素還元のカソード電流と鋼の S 含有量の高い部分と低い部分の合計アノード電流が釣り合った所に決まり,この腐食電位において部分アノード電流密度の大きい部分(ここでは高 S 含有量部分)が選択的に溶解する.なお,この種の溝状腐食は,

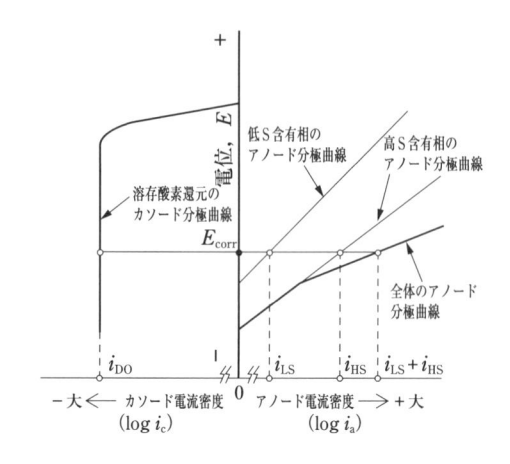

図 8.10 S含有量の多い相(HS)と少ない相(LS)からなる炭素鋼の溶存酸素(DO)を含む中性水溶液中における腐食の分極図

S含有量を0.02%以下にしかつCuを約0.2%添加した鋼(耐溝状腐食鋼)を鋼管に使用することによって，防がれている．

8.7.4　金属表面上の水膜の厚さと腐食速度の関係

　地球上の自然の空気の状態を大気といい，大気との化学反応によって進む金属の腐食を大気腐食(atmospheric corrosion)という．大気腐食は，金属表面上の薄い水膜を介した腐食である．大気中の水分は金属表面に吸着・凝結し，水膜を形成して腐食を起こす．大気腐食の腐食速度は，表面水膜の厚さによって変化する．

　炭素鋼の腐食速度と表面水膜の厚さの関係についてのTomashov[27]の概念的説明と細矢ら[28]が海塩(NaCl＋MgCl$_2$)を含む水膜の厚さと炭素鋼の腐食速度の関係を実測した結果を**図 8.11**に示す．Tomashovは経験に基づき以下のように説明している．

　　領域Ⅰ：水膜厚さ0.01 μm以下．水分子が吸着した状態．乾いた大気中での腐食に相当し，腐食速度は極めて小さい．

　　領域Ⅱ：水膜厚さ0.01〜1 μm．肉眼では見えない薄い水膜が存在する状態．湿った大気中の腐食に相当し，水膜厚さが増すほど腐食速度が増加する．

　　領域Ⅲ：水膜厚さ1〜1000 μm．肉眼でも見える凝結水の膜が存在する状態．金属表面が濡れた状態の腐食に相当し，水膜厚さが増すほど腐食速度は減少する．

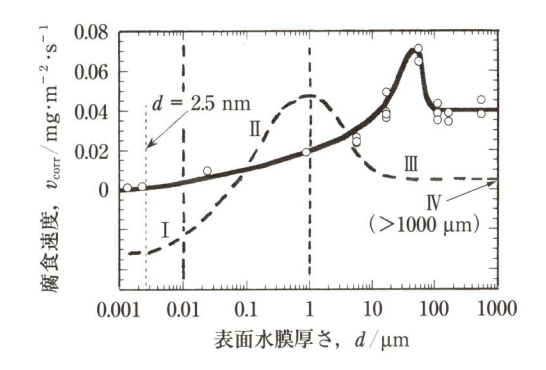

図 8.11 炭素鋼の腐食速度と表面水膜の厚さに関する Tomashov[27] の概念的説明(破線)と実測結果(実線)[28]

領域Ⅳ：水膜厚さ 1000 μm 以上．水溶液中に浸漬されたときと同じ状態になり，金属の腐食速度は水膜厚さとは無関係になる．腐食速度は，領域Ⅲの水膜厚さ 1000 μm 付近の速度と同じである．

領域Ⅰでは，金属は乾燥空気によって酸化され，表面に保護皮膜を形成し，ほとんど腐食しない．領域Ⅱでは，水膜が電解質膜として機能するようになり，厚さが増すほど局部電池機構による腐食が促進される．大気からの酸素は薄い水膜を容易に拡散し，金属表面に速やかに供給される．領域Ⅲでは，水膜厚さが酸素拡散層厚さ以上になり，大気から金属表面への酸素の供給が困難になる．そのため，腐食速度は水膜厚さが増すほど低下し，やがて酸素の拡散限界速度に相当する一定値になる．領域Ⅳでは，腐食速度は水膜厚さに関係なく溶存酸素の拡散限界速度に相当する一定値を示す．

実際の炭素鋼の腐食速度と表面水膜の厚さの関係も，図 8.11 の細矢ら[28] の結果に見るように，定性的な傾向はおおよそ Tomashov の説明の通りである[28]．ただし，腐食速度は水膜厚さ 50 μm のときに最大になっている．その原因は，水溶液中の酸素の還元速度が水溶液側および金属側の条件によって変わるからである．

溶存酸素還元速度が水溶液の条件に依存する例として，濃度の異なる Na_2SO_4 溶液中で白金電極上での溶存酸素還元速度と表面水膜の厚さの関係をケルビンプローブ法で求めた Tsuru ら[29] の結果を**図 8.12** に示す．図に見るように，溶存酸素還元電流の大きさは Na_2SO_4 濃度に依存し，還元電流が最大値を示す水膜厚さは 0.05 kmol·m^{-3} では 20 μm であるが，0.2 kmol·m^{-3} では 10 μm になる．最大値も濃度が増すと低下する．溶存酸素還元電流の大きさは金属の種類，表面の状態，溶液の種類と濃度など

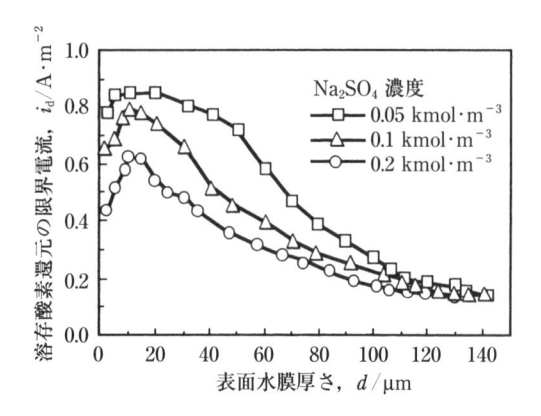

図 8.12 白金電極上での溶存酸素還元速度と表面水膜の厚さの関係[29]

に依存するので，実際の大気腐食における水膜厚さと腐食速度の関係はかなり複雑である．

8.7.5 大気中での錆層の形成

(1) 湿潤期における錆の生成

水膜内で鉄が活性溶解し，水膜中に Fe^{2+} が移行する．Fe^{2+} は加水分解すると同時に溶存酸素によって酸化され，$Fe(OH)_3$ が生成する．$Fe(OH)_3$ は時間と共に脱水し，FeOOH が形成される．以上の一連の反応を式(8.2)〜(8.4)に示す．

$$Fe \rightarrow Fe^{2+} + 2e^- \tag{8.2}$$

$$4Fe^{2+} + O_2 + 10H_2O \rightarrow 4Fe(OH)_3 + 8H^+ \tag{8.3}$$

$$Fe(OH)_3 \rightarrow FeOOH + H_2O \tag{8.4}$$

式(8.4)によって生成する FeOOH の結晶性は環境に依存する．中性環境では γ-FeOOH が形成される．弱酸性環境では無定型オキシ水酸化鉄($FeO_x(OH)_{3-2x}$，無定型 FeOOH と記す)が生成し，無定型 FeOOH は時間の経過と共に結晶化し，やがて α-FeOOH になる．α-FeOOH は安定錆といわれている．水膜中に Cl^- が存在すると β-FeOOH が形成される．これは α-FeOOH になりにくい．

(2) 乾湿繰返しによる錆層の成長

湿潤期に鉄表面上に錆層 FeOOH が形成されると，この錆層は下地鉄に対して酸化剤として働き，下地鉄の溶解を促進する．下地鉄に接した FeOOH は，還元されて Fe_3O_4 になる．Fe_3O_4 は乾燥期に空気中の酸素および錆層内の水と反応し，酸化されて FeOOH に戻る．このような反応を式(8.5)〜(8.7)に示す．

8.7 炭素鋼

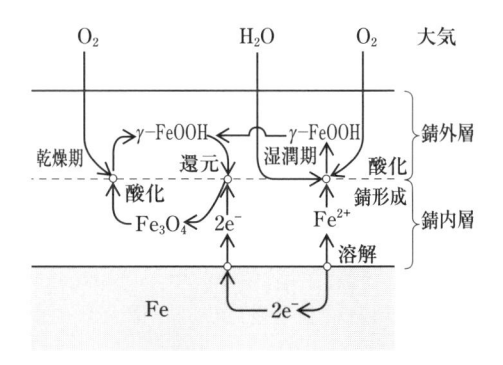

図8.13 Evans サイクル[30]による錆の成長

$$6\,FeOOH + 2\,e^- \rightarrow 2\,Fe_3O_4 + 2\,H_2O + 2\,OH^- \tag{8.5}$$

$$Fe \rightarrow Fe^{2+} + 2\,e^- \tag{8.6}$$

$$4\,Fe_3O_4 + O_2 + 6\,H_2O \rightarrow 12\,FeOOH \tag{8.7}$$

式(8.6)は錆層内の孔を介して浸透してきた水と鉄の界面で行われる．生成した Fe^{2+} は，式(8.2)～(8.4)によって FeOOH になる．すなわち，錆層は乾湿繰返しによって成長する．このような錆層形成過程は，Evans[30] モデルと呼ばれる．Evans モデルの概要を図8.13 に示した．

式(8.5)によって還元されるのは，γ-FeOOH（および β-FeOOH）である．α-FeOOH は安定で還元されにくい．γ-FeOOH の還元は Fe_3O_4 層を通ってきた電子によって行われるので，湿潤時期の腐食速度は Fe_3O_4 層の電子伝導度に依存する．

(3) 大気汚染物質による錆形成速度の増加

工業地帯の大気中には化石燃料の燃焼生成物である SO_2 が含まれていることが多い．炭素鋼の腐食は SO_2 によって促進される．その機構は，Schikorr[31] による一連の式で表すことができる．

$$Fe + SO_2 + O_2 \rightarrow FeSO_4 \tag{8.8}$$

$$4\,FeSO_4 + O_2 + 6\,H_2O \rightarrow 4\,FeOOH + 4\,H_2SO_4 \tag{8.9}$$

$$4\,H_2SO_4 + 4\,Fe + 2\,O_2 \rightarrow 4\,FeSO_4 + 4\,H_2O \tag{8.10}$$

式(8.8)で生成した $FeSO_4$ は，式(8.9)により FeOOH と H_2SO_4 になる．このうち，H_2SO_4 は式(8.10)により再び $FeSO_4$ になり，式(8.9)によって FeOOH と H_2SO_4 をさらに作り出す．式(8.9)と式(8.10)の繰返しは自己触媒機構(auto-catalytic mechanism)と称されている．

なお，錆層/鋼界面の朽ち込み部分の錆内に $FeSO_4$ が小さな固まり(ネスト(nest))

として存在していることがある．塗装の前に錆をよく除かないと残留ネストは式(8.9)によってH_2SO_4を生じるので，塗装後の腐食の原因になる．

8.7.6 炭素鋼の錆層の組成

錆層の組成は，錆の生成環境に依存する．多くの場合，錆層は結晶性成分と非結晶性成分とからなり，結晶性成分としては各種のオキシ水酸化鉄(γ-FeOOH(lepidocrocite)，α-FeOOH(goethite)，β-FeOOH(akaganeite)，Fe_3O_4(magnetite)など)が認められ，また，非結晶性成分としては無定型FeOOHが認められている．結晶性成分を構成する各化合物の割合は錆の生成環境によって変化し，例えばKeller[32]によれば次のようである．

(1) 工業地帯(大気中にSO_2が存在．雨水が酸性化．pH 4～5)
 γ-FeOOH：45～70%，α-FeOOH：残部，Fe_3O_4：＜5%
(2) 海浜地帯(大気中に海塩粒子が存在．海水pH付近．pH≒8.1)
 γ-FeOOH：≦10%，α-FeOOH：残部，Fe_3O_4：80～20%
 その他にβ-FeOOHが含まれることが知られている．
(3) 山林地帯(大気汚染物質が少ない．ほぼ中性．pH 6～7)
 γ-FeOOH：10～35%，α-FeOOH：60～80%，Fe_3O_4：＜20～35%

すなわち，SO_2汚染環境の錆にはγ-FeOOHが多くFe_3O_4が少ないこと，Cl^-含有環境の錆にはγ-FeOOHが少なくβ-FeOOHが存在すること，そして清浄大気環境の錆にはα-FeOOHが多いこと，などが分かる．

γ-FeOOHを主体とする錆層，あるいはβ-FeOOHを多く含む錆層は，多孔質でひび割れが多く，環境中の水分は容易に下地鋼にまで浸透するので，腐食に対する有効な保護層にならない．

8.7.7 オキシ水酸化鉄および酸化鉄の生成経路

Ⅱ価およびⅢ価鉄イオン水溶液からのオキシ水酸化鉄および酸化鉄の生成経路とこれらの構造変化については，鉄の腐食ばかりでなく磁性材料の合成においても重要であるので，多くの報告がある[33～36]．報告されている生成経路図には通常の鉄錆には含まれない化合物も描かれているので，Misawaら[36]の生成経路図を元にして，鉄錆の主要成分に絞った生成経路図を図8.14に示す(強酸，強アルカリ溶液からの生成経路は省略)．γ-FeOOHは中性環境中で$FeOH^+$から直接生成すること，無定型FeOOHは弱酸性環境中でFe(Ⅲ)錯体$(Fe(OH)_{3-n}^{\pm})_n$を経て生成すること，α-FeOOHはγ-FeOOHの熟成によってか，あるいはγ-FeOOHの溶解後無定型FeOOHを経て

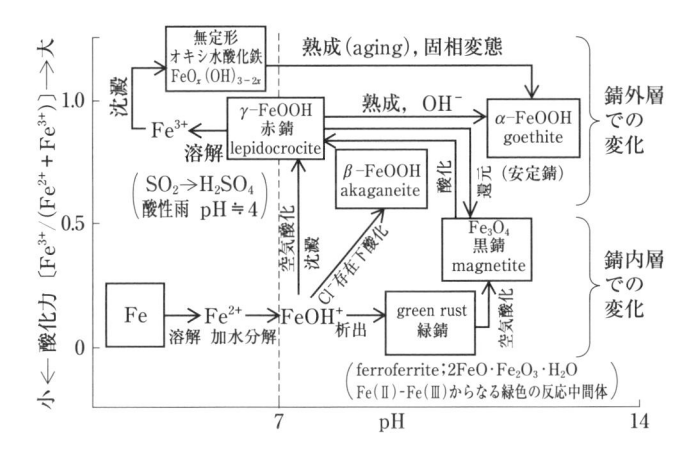

図 8.14 鉄錆の生成経路(Misawa ら[36]の生成経路を元に作成)

生成すること，Fe_3O_4 は弱アルカリ性環境中で緑錆 I または II (緑錆(green rust)は $2(FeO)_x(Fe_2O_3)_yH_2O$ と表され，I ($y = x$) は Cl^- 共存下，II ($y = 2x$) は SO_4^{2-} 共存下で生成)を経て生成すること，などが分かる．緑錆 I は，Cl^- が含まれていることが多いので，$Fe(II)_{3-x}Fe(III)_{1+x}(OH)_8Cl_{1+x}\cdot nH_2O$ と表されることもある．β-FeOOH は，Cl^- が存在する環境中で，緑錆 I が空気酸化されたときに生じる．なお，錆生成反応の自由エネルギー変化から見ると，熱力学的安定度は α-FeOOH $>$ γ-FeOOH である．

8.8 耐候性鋼

耐候性鋼(weathering steel)は少量の Cu，P，Cr，Ni を含む低合金高張力鋼で，大気中で裸使用したとき緻密な保護性の高い錆層を生じ，長期間にわたって高い耐大気腐食性を示すのが特徴である．JIS では P 含有量の高い高耐候性圧延鋼材(SPA 鋼，およそ Cu：0.55，P：0.11，Cr：0.78，Ni：< 0.65%)と P 含有量の低い溶接構造用耐候性熱間圧延鋼材(SMA 鋼，およそ Cu：0.40，P：< 0.035，Cr：0.60，Ni：0.18%)の 2 種類が定められている．これらの鋼は海塩粒子(直径 10 μm ほどの海水の飛沫)を含まない大気中で使用されると高い耐食性を発揮する．しかし，海塩粒子飛来環境中では緻密な保護錆が形成されにくい．そのため，このような環境での使用を目指した海浜耐候性鋼が開発されている．

8.8.1 耐候性鋼と普通鋼の腐食挙動の違い

工業地帯(尼崎市)に暴露した耐候性鋼と普通鋼の平均板厚減少と暴露期間の関係を図 8.15 に示す[37]．耐候性鋼と普通鋼の腐食速度の違いは暴露 2，3 年後から明瞭になり，暴露期間が長いほどその違いは大きくなる．その原因は，普通鋼には多孔質でひび割れが多く密着性に乏しい錆層ができるのに対して，耐候性鋼には緻密でひび割れがなく密着性に富んだ錆層ができることにある．耐候性鋼の暴露期間 10 年以上における侵食率は数 μm/年以下である[37]．

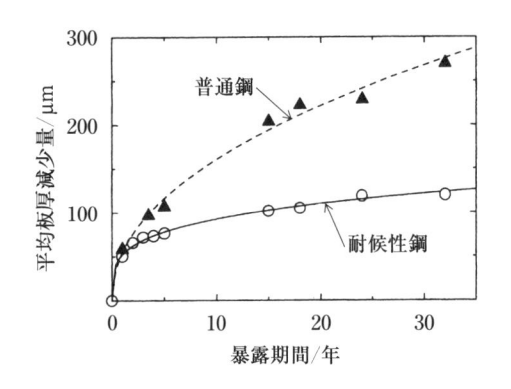

図 8.15 工業地帯(尼崎市)における普通鋼と耐候性鋼の平均板厚減少量の経時変化[37]

8.8.2 錆層の組成と耐食性の関係

耐候性鋼の錆層の組成は，大気暴露時間と共に変化する．工業地帯に 0.5〜29 年間大気暴露した試料の錆層の組成を分析した山下ら[38,39]の結果によると，組成はおおよそ三段階の変化をする．各時期の代表的組成は次の通りである．

(1) 暴露初期(0.5〜2.5 年)

γ-FeOOH：約 30%，α-FeOOH：約 25%，無定型 FeOOH：約 55%

(2) 準安定期(7〜8 年)

γ-FeOOH：約 10%，α-FeOOH：約 20%，無定型 FeOOH：約 70%

(3) 安定期(10〜29 年)

γ-FeOOH：約 15%，α-FeOOH：約 65%，無定型 FeOOH：約 20%

すなわち，暴露初期は γ-FeOOH が，準安定期は無定型 FeOOH が，そして安定期は

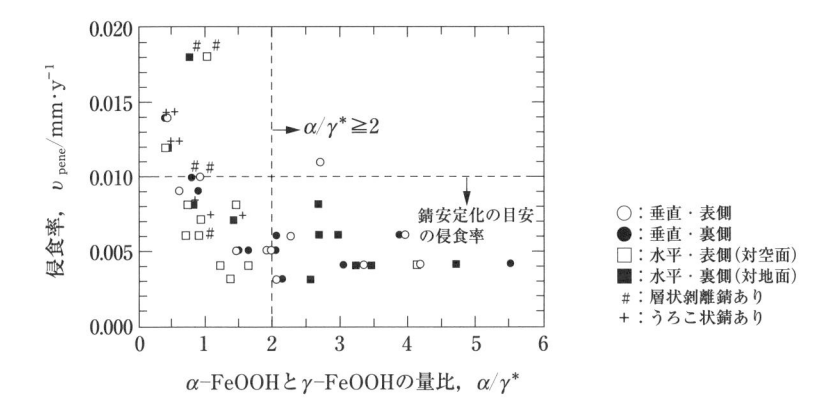

図 8.16 軒下暴露された耐候性鋼の侵食率と α/γ^* 比の関係[40]

α-FeOOH が，それぞれ他の期間の割合に比べて多いのが特徴である．暴露初期から準安定期にかけては γ-FeOOH が減り無定型 FeOOH は増え（α-FeOOH の割合はほぼ一定），準安定期から安定期にかけては無定型 FeOOH が減り α-FeOOH は増える（γ-FeOOH の割合はほぼ一定）．このような変化より，工業地帯での錆層は

  ［γ-FeOOH 生成］→（弱酸性雨水に溶解，Fe^{3+}）→［無定型 FeOOH 沈殿析出］→
  （熟成）→［安定型 α-FeOOH］

という変遷を経ることが推定されている[38,39]．

α-FeOOH と γ-FeOOH の量比 α/γ（塩化物環境では $\alpha/\gamma^* = \alpha/(\gamma+\beta+Fe_3O_4)$）と耐候性鋼の腐食速度の間には密接な関係があり，$\alpha/\gamma$ 比が大きくなるほど腐食速度は低下する．塩谷ら[40]の結果を図 8.16 に示す．$\alpha/\gamma \geqq 2$ になると，侵食率は 3.17×10^{-13} m·s^{-1}（0.01 mm·y^{-1}）以下になるので，$\alpha/\gamma = 2$ が錆安定化の目安に用いられている[40]．

8.8.3 耐候性鋼の合金元素の働き

炭素鋼の耐候性を高めるのに最も有効な合金元素は Cu である．耐候性鋼は含 Cu 鋼（0.32% Cu）から発展した．耐候性鋼には，Cu の他に P，Cr，Ni が添加されている．長期間大気暴露した耐候性鋼の錆層は，内外二層に分かれており，X 線回折によると，外層は結晶化した物質，内層は非晶質と見なされる物質よりなる．

耐候性鋼の合金元素および環境由来物質の元素が錆層の中でどのように分布しているかは，錆層断面を電子線マイクロプローブ分析（EPMA）することによって調べられ

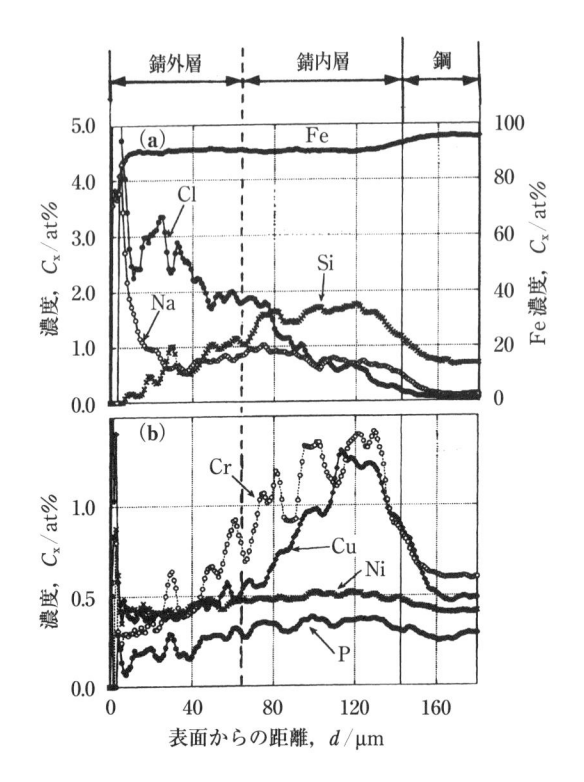

図 8.17 工業地帯(四日市市)で 17 年間大気暴露した耐候性鋼(対空面)の錆層組成の深さ方向変化[41]
(a) Fe, Na, Cl, Si, (b) Cr, Cu, Ni, P

ている.図 8.17 は,工業地帯(四日市市)で 17 年間暴露した耐候性鋼の錆層を分析した浅見[41]の結果を示す.合金元素の Cu, Cr は明らかに内層に濃縮している.P, Ni は内外層にわたって分布しているが,濃度は内層中の方がわずかに高い.環境由来の Na, Cl は明らかに外層に多く存在している.Si は内層に多く存在している.これより,内層によって Cl$^-$ の侵入が阻まれていることが分かる.

錆層の外層部分の主構成化合物については,この部分から採取した物質の電子線回折から γ-FeOOH とされている[38,39].一方,内層部分の主構成化合物については,採取物質が種々の方法で分析されており,電子線回折では α-FeOOH[38,39],メスバウアー分光分析では超微細結晶粒の α-FeOOH[42],X 線吸収端微細構造(XAFS)解析では α-FeOOH の Fe の一部を Cr が置換した超微細 (Fe$_{1-x}$, Cr$_x$)OOH[43] と報告されてい

る.些細な点を除くと,超微細結晶粒(粒径 15 nm くらい)の α-FeOOH が緻密で保護性の高い内層を構成し,高い耐食性を与えていると解釈できる.

主要合金元素の役割については,未だよく分かっていないところも多いが,次のように解釈されている[44].

Cu:銅イオンには Fe^{2+} から Fe^{3+} への空気酸化反応を加速する触媒作用がある.FeOOH 粒子を微細かつ緻密にする.粒子間の結合力も高める.

P:リン酸イオンにも Fe^{2+} から Fe^{3+} への空気酸化反応を加速する触媒作用がある.FeOOH 粒子を微細かつ緻密にする.錆層をカチオン選択透過性にする.

Cr:Cu と共存するとき効果がある.超微細な α-FeOOH あるいは α-(Fe_{1-x}, Cr_x)OOH の形成を促進する.

Ni:数%の添加で有効.Ni を含む塩基性硫酸塩を形成し,難溶性で緻密な腐食生成物を作る.錆結晶の粒子径を小さくする.

8.8.4 海浜耐候性鋼

通常の組成の耐候性鋼は,海塩粒子(air-born salinity)の付着量が多い環境中で無塗装使用されたとき,腐食量が時間と共に指数関数的に増加する異常腐食が起こる恐れがある.そのため,耐候性鋼の無塗装使用は塩分付着速度(NaCl として)が 5.79×10^{-8} g・m^{-2}・s^{-1}(0.05 mdd (mg・dm^{-2}・day^{-1}))以下の地域に限られている.このため,海塩粒子付着速度が大きいところでも使用できる海浜耐候性鋼(anti air-born salinity weathering steel)が開発されている.

海浜環境中での耐食性を上げる合金元素としては,Ni,Al,Mo,Ti などが知られている.海浜耐候性鋼としては,以下の 4 種類がある.

(1) Ni 含有量を高めたもの:0.4% Cu-3% Ni 系鋼
(2) Ni 含有量を高め Ca を添加したもの:0.4% Cu-5% Ni-0.08% P-0.0005% Ca 系鋼
(3) Mo を添加したもの:0.3% Cu-2% Ni-0.5% Cr-0.3% Mo 系鋼
(4) Cr を省き Ti を添加したもの:1% Cu-1% Ni-0.05% Ti 系鋼

これらの中で最も早く製品化された 0.4% Cu-3% Ni 系鋼の場合,塩分付着速度 1.5×10^{-6} g・m^{-2}・s^{-1}(1.3 mdd)の環境中での 9 年間の侵食量は通常耐候性鋼の 1/3 程度である[45].

海浜環境での耐食性を上げるための成分設計における中心的考え方は,錆内層をカチオン選択透過性にして Cl^- の錆層透過を妨げることである.図 8.18 に紀平ら[45] の概念図を示した.すなわち,オキシ水酸化鉄膜は通常アニオン選択透過性であるが,

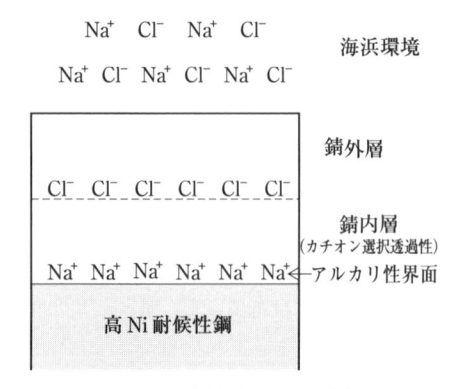

```
              Na⁺   Cl⁻   Na⁺   Cl⁻
                                              海浜環境
          Na⁺   Cl⁻  Na⁺   Cl⁻   Na⁺   Cl⁻
       ┌─────────────────────────────┐
       │                             │  錆外層
       │  Cl⁻  Cl⁻  Cl⁻  Cl⁻  Cl⁻  Cl⁻  │
       │ ─ ─ ─ ─ ─ ─ ─ ─ ─ ─ ─ ─ ─ ─ │  錆内層
       │                             │ (カチオン選択透過性)
       │  Na⁺ Na⁺ Na⁺ Na⁺ Na⁺ Na⁺ ←─アルカリ性界面
       │                             │
       │        高 Ni 耐候性鋼         │
       └─────────────────────────────┘
```

図 8.18 高 Ni 耐候性鋼の耐食機構(紀平ら[45]による図を元に作成)

これに鋼成分の溶解イオン(MoO_4^{2-} や PO_4^{3-} など)を吸着させてカチオン選択透過性にする．錆内層がカチオン選択透過性になると Cl^- は内層/外層界面に留められ，Na^+ は内層/鋼界面に濃縮する．Na^+ の濃縮部位には OH^- が濃縮し，内層/鋼界面はアルカリ性になる．内層/鋼界面のアルカリ化は，その部分の錆の不溶化を促進する．

Ni の効果については，錆層内に Fe_2NiO_4 を含むネットワーク構造を形成し錆層をカチオン選択透過性にする，という説明がある[46]．Ni は下地鋼の活性溶解も抑制する．Ca の添加は，錆/鋼界面の pH をオキシ水酸化鉄の等選択性点より高くして，錆のイオン交換能をカチオン選択透過性にすると考えられている[45]．

8.8.5 錆膜のイオン選択透過性

海浜耐候性鋼の錆の機能として，イオン選択透過性が重視されている．すなわち，錆層がカチオン選択透過性であれば，図 8.18 に示したように，Cl^- の透過は妨げられて下地鋼は Cl^- による侵食を受けることはない．錆層のイオン選択透過性は，人工合成したオキシ水酸化鉄や酸化鉄の膜電位を測定することによって推察されている．すなわち，膜の両側に濃度の異なる同種の溶液(例えば濃度 C_I と C_{II} の KCl 溶液，ただし濃度 ≒ 活量とできる低濃度)を置くと，膜内におけるカチオン(K^+)とアニオン(Cl^-)の輸率の差に応じて膜の両表面間に電位差 $\Delta\phi_f$ が現れる．この電位差を膜電位(membrane potential)と呼んでいる．

$$\Delta\phi_f = -(t^+ - t^-)\left(\frac{RT}{F}\right)\ln\left(\frac{C_I}{C_{II}}\right) \tag{8.11}$$

ここで，t^+ および t^- はそれぞれカチオンおよびアニオンの輸率 ($t^+ + t^- = 1$)，R は気体定数，T は絶対温度，F はファラデー定数である．式(8.11)から分かるように，$t^+ = 1$ ならば理想的カチオン選択透過膜であり，$\Delta\phi_f$ 対 $\log(C_I/C_{II})$ プロットの勾配は -59.2 mV/decade になる．$t^- = 1$ ならば理想的アニオン選択透過膜であり，勾配は 59.2 mV/decade になる．両イオン等透過性 ($t^+ = t^-$) であれば，$\Delta\phi_f = 0$ mV である．実際の勾配は $-59.2 \sim 59.2$ mV/decade の中間にあり，勾配の実測値から t^+ および t^- の値を定めることができる．

図8.19は，幸ら[47]が人工的に合成した $\alpha\text{-}(Fe_{1-x}, Cr_x)OOH$ 膜について膜の Cr 含有量によるイオン選択透過性の変化を調べた結果である．Cr 含有量 0～1.5% の膜はアニオン選択透過性を，Cr 含有量 3.8～10.2% の膜はカチオン選択透過性を示している．$\alpha\text{-}FeOOH$ 膜 (0% Cr) はアニオン選択透過性であるので，耐候性鋼の合金元素である Cr が錆の $\alpha\text{-}FeOOH$ に含まれると，錆層はカチオン選択透過性になる可能性がある．ただし，理想的カチオン選択透過膜ではないので，ある程度の Cl^- は透過する．

$\beta\text{-}FeOOH$ 膜および $\gamma\text{-}FeOOH$ 膜もアニオン選択透過性で，その選択透過性の強さ（括弧内に輸率を示す）は $\beta\text{-}FeOOH$ (t^+:0.16, t^-:0.84) > $\gamma\text{-}FeOOH$ (t^+:0.23, t^-:0.77) > $\alpha\text{-}FeOOH$ (t^+:0.34, t^-:0.66) の順であった[47]．このことは，錆/鋼界面，

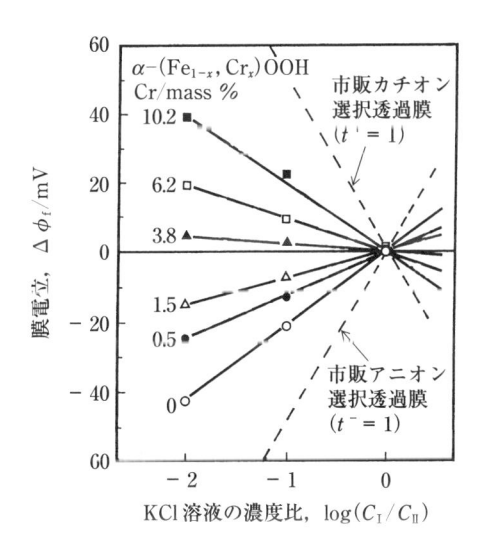

図8.19　Cr 含有量 x の異なる $\alpha\text{-}(Fe_{1-x}, Cr_x)OOH$ の膜電位と KCl 溶液 (298 K (25℃)) の濃度比 $\log(C_I/C_{II})$ の関係（幸ら[47]による図を元に作成）

特に β-FeOOH 錆や γ-FeOOH 錆との界面,に Cl^- が濃縮する可能性を示唆している.なお,Fe_3O_4 はほぼアニオン・カチオン等透過性 (t^+:0.48, t^-:0.52)であった[47].

8.8.6 錆安定化処理

耐候性鋼が緻密な美しい錆を形成し高い耐食性を示すようになるには,長い年月を要する.その間,錆層の成長程度の場所的違いによる錆むらや錆層の欠陥部の鋼素地から溶出した Fe^{2+} が他の場所で錆として沈積することによる流れ錆が生じ,構造物の美観を損ねたり周辺を汚染したりすることがある.そのような不都合を避ける対策として,建設中の構造物の耐候性鋼部分に錆安定化処理が施される[48].

錆安定化処理には

(1) リン酸塩系皮膜形成処理をしたのち透水性樹脂を塗布する方法
(2) $Cr_2(SO_4)_3$ を添加した透水性ビニルブチラール樹脂を塗布する方法
(3) 微細人工錆物質,モリブデン酸塩などを含む透水性樹脂を塗布する方法
(4) カチオン型プライマーを塗布したのちアニオン型プライマーを塗布する方法

などがある.これらの方法に共通する点は,初期流れ錆を抑え均一な安定錆形成を促進する透水性多孔質樹脂塗膜を施すことである.この塗膜は錆層が十分成長した頃自然崩落する.このような錆安定化処理塗膜の機能を**図 8.20** に模式的に示した.

錆安定化処理は耐候性鋼の利用領域を広げるが,通常の処理では塩害に対して十分強くならないので,塩分付着速度に関する適用制限に留意する必要がある[48].

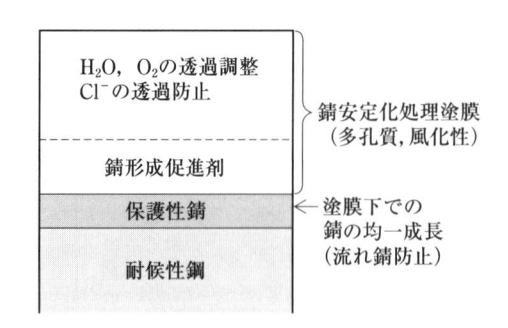

図 8.20 錆安定化処理塗膜の機能

8.9 屋外暴露環境のモデル化

日本のように周囲を海に囲まれた国においては，屋外で使用される金属材料の腐食に対する飛来海塩粒子の影響は大きい．海塩粒子は金属表面に付着し，大気中の水分が結露すると塩分を含む水溶液層が表面に形成される．この水溶液は，$NaCl+MgCl_2$ 水溶液でもって模擬できる．混合塩化物水溶液は，水の活量と雰囲気の相対湿度が平衡するように乾燥や吸湿を繰り返す．

図 8.21 は，相対湿度の低下に伴う $0.425\ mol\cdot kg^{-1}\ NaCl+0.055\ mol\cdot kg^{-1}\ MgCl_2$ 水溶液の組成変化について，武藤ら[49]が求めた結果を示す．乾燥に伴い相対湿度が低下すると，まず NaCl が析出し，溶液は次第に高濃度の $MgCl_2$ 溶液となる．乾湿繰返し環境中では，このような溶液の組成変化の影響を受けることになる．

屋外暴露環境のモデル化においては，結露と乾燥過程の影響を考慮することが重要であり，露点，海塩粒子付着量，材料温度の日変化をパラメータに採ることが望ましい[49]．相対湿度は露点と温度の関数であるため，表面水溶液層の Cl^- 濃度は露点と温度で決まる．表面水溶液層の量は海塩粒子付着量で決まる．材料温度の日変化でもって環境の動的変化を表すことができる．モデル化パラメータと材料表面の腐食要

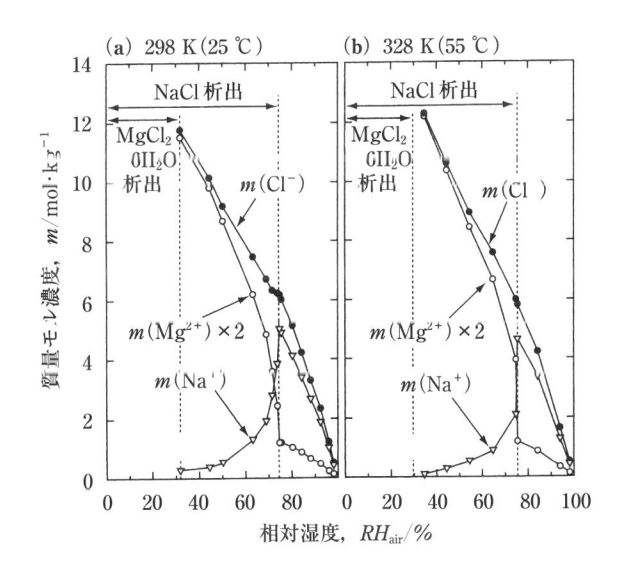

図 8.21 大気と平衡した $0.425\ mol\cdot kg^{-1}\ NaCl+0.055\ mol\cdot kg^{-1}\ MgCl_2$ 溶液の Na^+, Mg^{2+}, および Cl^- 濃度と相対湿度の関係[49]

因との関係を**図 8.22** に示した[49]．これらのパラメータを使った定露点型サイクル腐食試験法[49] が開発されている．

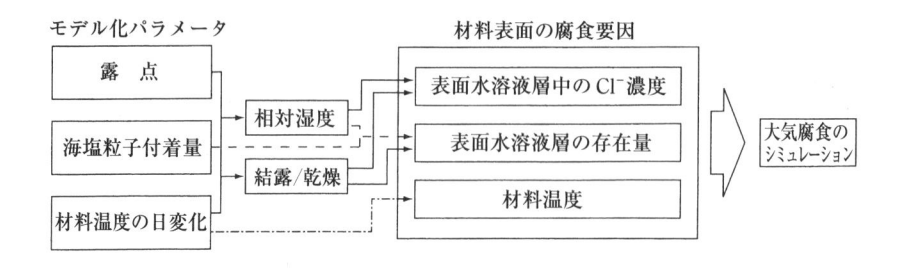

図 8.22 大気腐食のモデル化パラメータと材料表面の腐食要因の関係[49]

参考文献

(1) 例えば，腐食・防食ハンドブック，腐食防食協会編，丸善(2000), p. 279.
(2) 森岡　進：鉄鋼腐食科学，荒木　透，金子秀夫，三本木貢治，橋口隆吉，盛　利貞編集，朝倉書店(1972), p. 123.
(3) 杉本克久：金属表面物性工学，日本金属学会編，日本金属学会(1990), p. 150.
(4) ステンレス鋼便覧 第3版，ステンレス協会，日刊工業新聞社(1995), p. 1519.
(5) 鈴木隆志：ステンレス鋼発明史，アグネ技術センター(2000), p. 162.
(6) 文献[4], p. 479.
(7) 深瀬幸重：熱処理技術セミナー ステンレス鋼の熱処理技術，日本熱処理技術協会(1977).
(8) 文献[4], p. 497.
(9) 文献[4], p. 519.
(10) 杉本克久，原　信義，一色　実，江島辰彦，井垣謙三：日本金属学会誌，**46**(1982), 703.
(11) 文献[4], p. 554.
(12) 杉本克久，米沢正治：金属データブック 改訂2版，日本金属学会編，丸善(1984), p. 339.
(13) 文献[4], p. 325.
(14) 文献[4], p. 620.
(15) 文献[4], p. 632.
(16) K. Sugimoto and S. Matsuda：J. Electrochem. Soc., **130**(1983), 2323.
(17) M. Stern：J. Electrochem. Soc., **102**(1955), 603.

(18) A. Akiyama, R. E. Patterson and K. Nobe：Corrosion, **25**(1970), 51.
(19) 杉本克久, 松田史朗, 一色　実, 江島辰彦, 井垣謙三：日本金属学会誌, **46**(1982), 155.
(20) 野田哲二, 工藤清勝, 佐藤教男：日本金属学会誌, **37**(1973), 951, 1088.
(21) N. Sato, K. Kudo and R. Nishimura：J. Electrochem. Soc., **123**(1976), 1419.
(22) G. W. Whitman, R. P. Russel and V. J. Altieri：Ind. Eng. Chem., **16**(1924), 665.
(23) H. J. Cleary and N. D. Greene：Corros. Sci., **7**(1967), 821.
(24) Z. A. Foroulis and H. H. Uhlig：J. Electrochem. Soc., **111**(1964), 522.
(25) 土屋　彰, 原　信義, 杉本克久, 本田　明, 石川博久：Zairyo-to-Kankyo, **45**(1996), 217.
(26) 加藤忠一, 乙黒康男, 門　智：防食技術(現 Zairyo-to-Kankyo), **23**(1976), 385.
(27) N. D. Tomashov：Corrosion, **20**(1964), 7.
(28) 細矢雄司, 篠原　正, 押川　渡, 元田慎一：Zairyo-to-Kankyo, **54**(2005), 391.
(29) T. Tsuru, A. Nishikata and J. Wang：Mater. Sci. Eng., **A198**(1995), 161.
(30) U. R. Evans：Corros. Sci., **9**(1969), 813.
(31) G. Schikorr：Werks. Korr., **14**(1963), 69；**15**(1964), 457.
(32) P. Keller：Werks. Korr., **18**(1967), 865；**20**(1969), 102.
(33) A. L. Mackay：*Reactivity of Solids*, Ed. J. H. DeBoer, Elsevier(1961), p. 571.
(34) 青山芳夫：防食技術(現 Zairyo-to-Kankyo), **14**(1965), 337.
(35) 永山政一：防食技術(現 Zairyo-to-Kankyo), **17**(1968), 548.
(36) T. Misawa, K. Hashimoto and S. Shimodaira：Corros. Sci., **14**(1974), 131.
(37) 鹿島和幸, 原　修一, 岸川浩史, 幸　英昭：Zairyo-to-Kankyo, **49**(2000), 15.
(38) 山下正人, 幸　英昭, 長野博大, 二澤俊平：材料と環境(現 Zairyo-to-Kankyo), **43**(1994), 26.
(39) M. Yamashita, H. Miyuki, Y. Matsuda, H. Nagano and T. Misawa：Corros. Sci., **36**(1994), 283.
(40) 塩谷和彦, 中山武典, 紀平　寛, 幸　英昭, 竹村誠洋, 川端文丸, 阿部研吾, 楠　隆, 渡辺祐一, 松井和幸：第132回腐食防食シンポジウム資料, 腐食防食協会(2001), p. 73.
(41) 浅見勝彦：原子レベルから見た腐食と鉄さびの科学, 金属2003/8臨時増刊号, 早稲田嘉夫監修, アグネ技術センター(2003), p. 105.
(42) 上村隆之, 那須三郎：文献[41], p. 95.
(43) 小西啓之, 山下正人, 水木純一郎, 内田　仁：文献[41], p. 71.
(44) 幸　英昭, 菅　俊明：耐候性鋼とさび層の現状と課題, 耐候性鋼技術委員会報告書, 腐食防食協会(1994), p. 143.
(45) 紀平　寛, 伊藤　叡, 溝口　茂, 村田朋美, 宇佐見　明, 田辺康児：材料と環境

(現 Zairyo-to-Kankyo), **49**(2000), 30.
(46) 木村正雄, 池松陽一, 紀平　寛, 石井康行, 溝口　正：第51回材料と環境討論会講演集, 腐食防食協会(2004), p. 171.
(47) 幸　英昭, 山下正人, 藤原幹男, 三澤俊平：材料と環境(現 Zairyo-to-Kankyo), **47**(1998), 186.
(48) 桑邊行正：文献[44], p. 183.
(49) 武藤　泉, 杉本克久：材料と環境(現 Zairyo-to-Kankyo), **47**(1998), 519.

9 応力を負荷しない状態での局部腐食

9.1 不働態破壊と局部腐食

　耐食合金の多くは表面に不働態皮膜を形成し，その不働態皮膜が環境を遮断することによって環境の侵食作用を免れている．したがって，不働態皮膜の一部でも破壊されると，その部分は環境の侵食作用に直接曝され，激しい腐食が起こる．これが局部腐食である．すでに1.5.2で述べたように，局部腐食には応力が作用していない状態で生じるものと，応力が作用している状態で生じるものとがある．本章では，前者の代表として孔食，隙間腐食，粒界腐食について述べる．後者の代表である応力腐食割れ，水素脆性，腐食疲労については次章で述べる．

9.2 孔　　　食

9.2.1 孔食が起こる条件

　孔食(pitting corrosion)は，金属材料の表面の大部分が健全なのにごく一部のみが深く侵食されるタイプの腐食である．不働態化性の金属・合金がハロゲンイオンを含む水溶液中で使用されたときに生じやすく，ステンレス鋼，アルミニウムとその合金，ニッケルおよびその合金などによく見られる．銅，チタン，ジルコニウムなどにも，環境側の条件によっては見られる．ハロゲンイオンとして最も一般的なのはCl^-である．Br^-，I^-も孔食を起こすことがある．不働態皮膜の欠陥部分が化学的に破壊され，その部分のみがハロゲンイオンによって深く侵食されることが原因である．孔食の一般的定義は，生じたピット(pit，食孔)の深さがその口径よりも大きいことであるが，針で突いたように口径が小さく深さが大きいピットが生じることが多い．なお，ここでは，孔の生じる腐食のことを孔食，個々の孔のことをピットと称する．

　孔食が起こるか起こらないかは，金属材料側の条件(組成，組織，介在物，偏析，表面仕上)と環境側の条件(溶液組成，濃度，pH，温度，酸化剤)の組み合わせによって決まる．孔食は，この組み合わせによって定まる孔食電位(pitting potential)以上の電位で生じる．

173

9.2.2 孔食発生とアノード分極曲線の変化

(1) 孔食が生じる場合のアノード分極曲線

孔食が発生するか否かは，使用したい水溶液中で使用したい合金のアノード分極曲線を測定すれば，知ることができる．すなわち，孔食が発生する場合には，アノード分極曲線の不働態域内のある電位において電流が突然大きく増加する．孔食が発生しない場合にはこのような電流の急増は起こらず，不働態維持電流が継続し，電位が過不働態域または酸素発生域に入って初めて電流が上昇する．

孔食が発生する場合の例として，中性の塩化物溶液中における 18 Cr-8 Ni ステンレス鋼(組成は mass%，以下同じ)の往復アノード分極曲線を模式的に**図 9.1** に示す．中性の塩化物溶液中では 18 Cr-8 Ni ステンレス鋼は自発的に不働態化しており，腐食電位 E_{corr} は初めから不働態域内にある．E_{corr} から電位を上げると，電位 E_r 以上で電流の微小振動が見られ，さらに高い電位 E_{pit} 以上では電流の持続的な上昇が起こる．電流の微小振動は微小ピットの発生と消滅(再不働態化)によるものであり，微小振動の始まる電位 E_r を再不働態化性ピット発生電位(repassivating pitting potential)と呼んでいる．微小ピットの内部が高 Cl^- 濃度・低 pH となりピットの持続的成長が可能になると，電流の急激な増加が起こる．この電流急増が始まる電位 E_{pit} を孔食電位(pitting potential)と称している．ピットが十分成長したことを示す大きな電流値 A に達した電位より電位掃引方向を逆転して電位を下げていくと，電流はやがて減衰し，元の不働態維持電流以下になる．すなわち，いったん成長したピットが再不働態

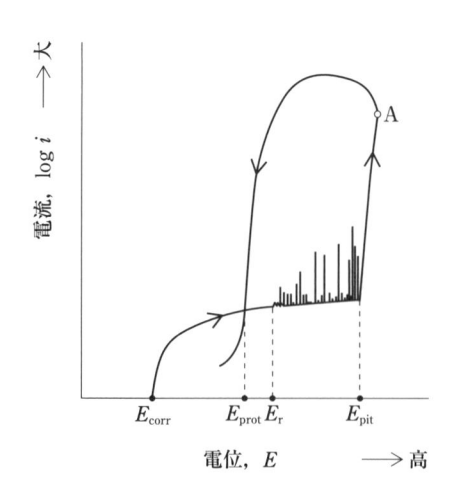

図 9.1 孔食が起こる場合のアノード分極曲線(中性塩化物溶液中)

化したことを示す．この成長したピットが再不働態化する電位 E_prot を保護電位（protection potential）といっている．

E_pit および E_prot の値は，動電位的測定の場合には，電位掃引速度に依存して変化する．電位掃引速度が遅い場合には，一定値（定常値）を示す．孔食発生の誘導時間を除いた孔食電位 E_pit を得るためには，一連の設定電位で電流-時間曲線を測定して，ピット発生・成長による電流の持続的増加が認められない上限電位を決定する必要がある．また，保護電位 E_prot の値は，電位掃引速度ばかりでなく，E_pit 以上の電位で成長したピットの形状とピット内部の液性にも依存する．再現性のよい E_prot の値を得るためには，電位掃引方向逆転点 A までにピットを十分成長させる必要がある．

(2) 試料電位と孔食挙動の関係

孔食の発生，成長および再不働態化は，試料の電位 E と密接な関係がある．E と E_r, E_pit, E_prot の高低の関係と試料表面のピットの観察結果は，次の通りである．

$E < E_\text{r}$：ピットは発生しない．

$E_\text{r} < E < E_\text{pit}$：自然に再不働態化する直径 8～30 μm の小さいピットが発生する．E_r はステンレス鋼中の MnS 介在物の溶解に関係する電位．

$E_\text{pit} < E$：成長性のピットが発生する．E_pit 以上ではピット内で Cl^- の濃縮と pH の低下が起こり，再不働態化が不可能になる．

$E_\text{prot} < E$：ピット内に高 Cl^- 濃度・低 pH の溶液を保持した成長性ピットは成長が可能．

$E < E_\text{prot}$：成長性のピットも成長を停止する．E_prot は高 Cl^- 濃度・低 pH の下でピットの内壁を再不働態化させ得る電位．

以上のことから分かるように，孔食電位 E_pit は成長性ピットの成長開始電位であり，不働態皮膜の破壊電位ではない．孔食は必ず試料の電位 E が E_pit を超えることによって起こる．発生した成長性ピット内では Cl^- の濃縮と pH の低下が起こるので，電位を E_pit 以下にしてもピットの成長は継続する．しかし，電位を保護電位 E_prot 以下にすれば，成長したピットであっても再不働態化する．したがって，十分成長させたピットに対して求めた E_prot は，孔食に対する安全性の指標として用いることができる．

(3) 孔食電位の値と耐孔食性の関係

孔食電位 E_pit は孔食発生の臨界電位ではないが，規定された測定条件の下で得られた E_pit の値は耐孔食性の目安として使用することができる．すなわち，E_pit が高くなるほど耐孔食性は大となる．E_pit は材料側の条件（合金元素の種類と量，析出物，偏析，表面仕上）と溶液側の条件（ハロゲンイオンの種類と濃度，pH，温度，インヒビ

9.2.3 水溶液中のハロゲンイオンの影響

孔食はハロゲンイオンを含む水溶液中で金属の電位が孔食電位を超えた場合に生じる．したがって，ハロゲンイオン濃度 $[X^-]$ と孔食電位 E_{pit} の間には相関関係がある．ステンレス鋼，鉄，アルミニウム，ニッケルなどには，次のような関係式が認められている[1]．

$$E_{pit} = a - b \log[X^-] \tag{9.1}$$

ここで，a および b は定数である．例えば，Cl^- を含む水溶液中の 18 Cr-8 Ni ステンレス鋼およびアルミニウムでは次のようになる．

$$18\text{ Cr-8 Ni ステンレス鋼}[2]: E_{pit}^{18\text{-}8} = 0.168 - 0.088 \log[Cl^-] \tag{9.2}$$

$$Al[3]: E_{pit}^{Al} = -0.504 - 0.125 \log[Cl^-] \tag{9.3}$$

このような関係式は孔食電位と金属塩化物生成反応の平衡電位との関連性をうかがわせる[4]．純金属であるアルミニウムの場合は，次の塩化物生成反応が考えられる．

$$Al + 3\,Cl^- = AlCl_3 + 3\,e^- \tag{9.4}$$

$$E_{eq}^{AlCl_3} = -0.840 - 0.0591 \log[Cl^-] \tag{9.5}$$

しかし，式(9.3)と式(9.5)の右辺第一項の値は一致せず，また，右辺第二項の log $[Cl^-]$ の係数も異なっているので，孔食電位を直ちに特定の反応に関係付けることは無理である．しかし，ピットの成長に伴って Cl^- 濃縮と pH 低下が起こることは，金属塩化物の生成とその加水分解による溶解が関与していることを暗示している[4]．

ハロゲンイオンの種類の影響については，アルミニウムの場合，Br^-，I^- についても式(9.1)の関係が認められており，同じ X^- 濃度における孔食電位は $Cl^- < Br^- < I^-$ の順に高くなる[3]．なお，ハロゲンイオン種の影響は金属によって異なり，チタンは常温では Cl^- による孔食を起こさないが，Br^- による孔食は起こす．ClO_4^- はアルミニウムに対しては孔食発生イオンであるが，18 Cr-8 Ni ステンレス鋼に対しては孔食抑制イオンとなる．

水溶液中に孔食を起こす濃度のハロゲンイオンが存在しても，同じ水溶液中に孔食発生を抑制するアニオン（OH^-，NO_3^-，SO_4^{2-}，ClO_4^- など）が存在すれば孔食は発生しない．例えば，$FeCl_3$ 水溶液の Cl^- 濃度とこの中での 18 Cr-8 Ni ステンレス鋼の孔食を抑制するのに必要な NO_3^- 濃度との間には，次の関係がある[2]．

$$\log[Cl^-] = 1.88 \log[NO_3^-] + 1.18 \tag{9.6}$$

孔食抑制アニオンの効果は，同じ添加濃度で比較すると，$ClO_4^- < SO_4^{2-} < NO_3^- < OH^-$ の順に大きい[2]．

9.2.4 ステンレス鋼の組成と耐孔食性

ステンレス鋼の孔食電位を高める合金元素としては，Cr，Mo，N，Si，W，Reなどが知られている[1]．一例として，Cr含有量10〜30%（%はmass%）の高純度Fe-Cr合金の1 kmol·m^{-3} HCl(298 K(25℃))中におけるアノード分極曲線を**図9.2**に示す[5]．Cr含有量10〜25%の合金は不働態域の低い電位で孔食を起こすが，30%の合金は孔食を起こさない．しかしながら，30% Cr合金の不働態域の電流密度を見ると，上下変動があり少し不安定である．このことは，この合金の不働態皮膜の組成がこの溶液中で不働態化しうる限界的な組成であることを示唆している．

MoはFe-Cr合金の耐孔食性を著しく向上させる合金元素として知られている．その例として，1 kmol·m^{-3} HCl(298 K(25℃))中における高純度Fe-18Cr-xMo合金($x=0〜10$)のアノード分極曲線を**図9.3**に示す[6]．Mo含有量0〜2%の合金は$-0.15〜0.00$ V(Ag/AgCl(3.33 kmol·m^{-3} KCl)電極基準，以下同じ)で孔食を起こすが，5〜10% Moの合金は$-0.20〜0.90$ Vで孔食を起こさず不働態を保つ．なお，孔

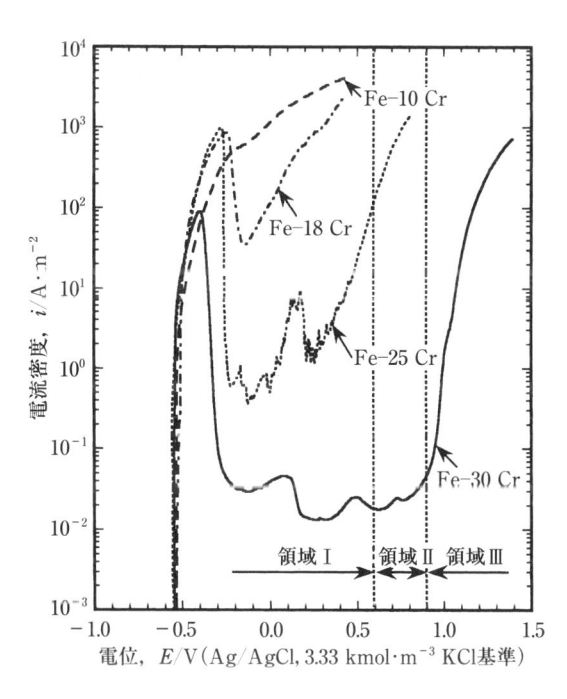

図9.2 高純度Fe-xCr合金($x=10〜30$)の1 kmol·m^{-3} HCl(298 K(25℃))中におけるアノード分極曲線[5]．図中の領域Ⅰ〜Ⅲは図9.5参照

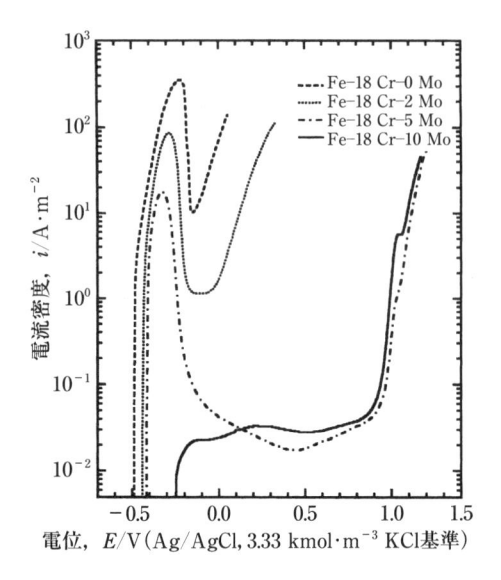

図 9.3 高純度 Fe-18 Cr-x Mo 合金 (x = 0〜10) の 1 kmol・m^{-3} HCl (298 K (25 ℃)) 中におけるアノード分極曲線[6]

食抑制に関して Cr と Mo には協同効果があり，合金の Cr 含有量が多ければ Mo 添加量は少なくてすみ，逆に，Cr 含有量が少なければ Mo 添加量を多くする必要がある[7]．

9.2.5 鋼中の非金属介在物の影響

ステンレス鋼においては，表面に露出した非金属介在物が往々にしてピットの核形成場所になることが知られている．非金属介在物の中では MnS が特に有害とされている[8,9]．酸化物介在物はそれほど有害ではない．MnS が有害であるのは，次式に従って溶解し，溶出した跡に H$^+$ の濃縮したマイクロキャビティ (microcavity：微小空洞) を形成するからである．

$$MnS + 4\,H_2O = Mn^{2+} + SO_4^{2-} + 8\,H^+ + 8\,e^- \tag{9.7}$$

マイクロキャビティは，内部の pH 低下が小さいうちは再不働態化するが，pH 低下が大きくなると成長性ピットに発展する．図 9.1 に示した E_r と E_{pit} の間の電流の小振動は，MnS の溶解とマイクロキャビティの再不働態化に関係している．表面から深い所まで続いている細くて長い MnS が特に有害である．酸化物介在物の周囲に MnS が析出していることがあり，このようなときには狭くて深いマイクロキャビ

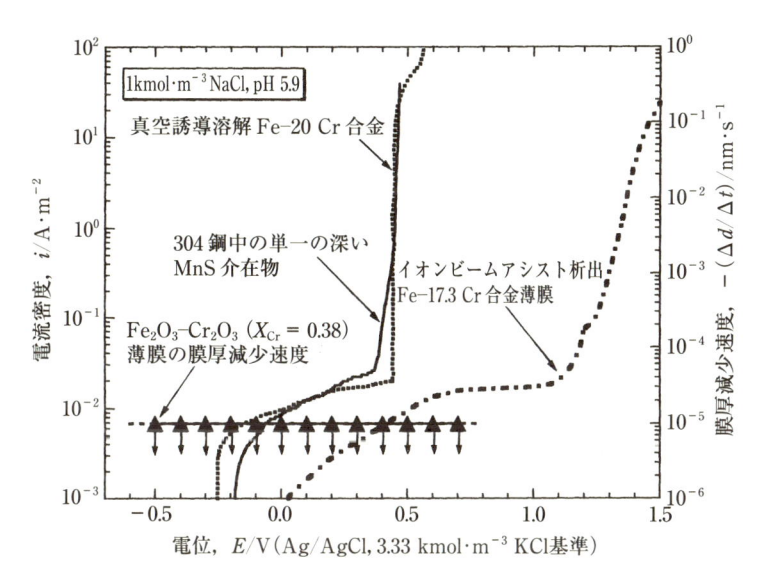

図 9.4 1 kmol·m^{-3} NaCl(pH 5.9)中における Fe-20 Cr 合金[10]，MnS 介在物[11]，Fe-17.3 Cr 合金薄膜[12]のアノード分極曲線と Fe$_2$O$_3$-Cr$_2$O$_3$(X_{Cr} = 0.38)薄膜[10]の膜厚減少速度対電位曲線

ティを形成するので危険である．

図 9.4 は，pH 5.9 の 1 kmol·m^{-3} NaCl(298 K(25 ℃))中における真空誘導溶解 Fe-20 Cr 合金のアノード分極曲線[10]，304 ステンレス鋼中の深い単一の MnS 介在物のアノード分極曲線[11]，イオンビームアシスト析出法による Fe-17.3 Cr 合金薄膜のアノード分極曲線[12]，イオンビームスパッタ析出法による Fe$_2$O$_3$-Cr$_2$O$_3$(X_{Cr} = 0.38，X_{Cr}：Cr カチオン分率)薄膜の膜厚減少速度対電位曲線[10]を示す．Fe$_2$O$_3$-Cr$_2$O$_3$ 薄膜は，実際には非晶質の(Fe, Cr)$_2$O$_3$ 複酸化物薄膜であるが，成分を分かりやすくするためにこのように表示した．この図から以下のことが分かる．

真空誘導溶解 Fe-20 Cr 合金は，わずかに MnS を含むので MnS の溶解電位 0.40 V よりも少し高い 0.45 V より溶解している．X_{Cr} = 0.38 の Fe$_2$O$_3$-Cr$_2$O$_3$ 薄膜は Fe-20 Cr 合金上にこの溶液中で生成する不働態皮膜を模擬しているが，この薄膜はこの溶液中で溶解を起こさない(中性溶液中では Fe$_2$O$_3$-Cr$_2$O$_3$ 薄膜は X_{Cr} が低くても還元溶解を起こさない)．したがって，Fe-20 Cr 合金も MnS を含まなければ，この溶液中で孔食を起こさないと予想される．この予想通り，MnS を全く含まないイオンビームアシスト析出 Fe-17.3 Cr 合金薄膜はこの溶液中で孔食を起こさない．以上のように，

中性塩化物水溶液中では，合金中の MnS 介在物が孔食の起点になる[10]．

9.2.6 不働態皮膜の組成と耐孔食性

　酸性塩化物水溶液中では，MnS を含まない高純度 Fe-Cr 合金も，Cr 含有量が低いときには，孔食を起こす．このようなときには，不働態皮膜そのものの性状が孔食発生に関わっていると考えられる．したがって，耐孔食性を考えるときには，不働態皮膜がどのような組成になると酸性塩化物環境中で電気化学溶解を起こさなくなるかを知ることが大切になる．

　Fe-30 Cr 合金の 1 kmol·m^{-3} HCl 中での不働態皮膜の組成については，橋本ら[13]が X 線光電子分光法により $X_{Cr} \fallingdotseq 0.7$ を報告している．Fe-Cr 合金が 1 kmol·m^{-3} HCl 中で孔食に免疫になるのは，不働態皮膜の組成が $X_{Cr} \geq 0.7$ になったときと考えられる．

　塩化物溶液中でアノード分極した場合，不働態皮膜がどのような変化を受けるかということを知ることは，孔食の発生メカニズムを解明するうえで重要である．しかし，合金上の不働態皮膜は下地の不均一性(非金属介在物，粒界，偏析など)に由来する欠陥を不可避的に含んでいるので，合金上の不働態皮膜をアノード分極した場合，起こった変化が皮膜の本質的なものか欠陥によるものかを判別することは難しい．このような難点を避けるために，実不働態皮膜の組成と厚さを模擬した人工不働態皮膜を用いる実験がなされている[5,14]．一例として，エリプソメトリーで測定した 1 kmol·m^{-3} HCl 中における Fe$_2$O$_3$-Cr$_2$O$_3$ 薄膜の膜厚減少速度と電位の関係を図 9.5 に示す[5]．0.6 V 以下では，X_{Cr} 値 0.00～0.50 の薄膜に Fe$_2$O$_3$ 成分の還元溶解(Fe$_2$O$_3$+6H$^+$+2e$^-$ → 2 Fe^{2+}+3 H$_2$O)による膜厚の減少が，また 0.9 V 以上では，X_{Cr} 値 0.30～1.00 の薄膜に Cr$_2$O$_3$ 成分の過不働態溶解(Cr$_2$O$_3$+4 H$_2$O → Cr$_2$O$_7^{2-}$+8 H$^+$+6 e$^-$)による膜厚の減少が生じている．この二つの溶解域に挟まれた 0.6～0.9 V の領域では，電気化学的溶解は全く生じない．このような膜厚減少速度と電位の関係に基づき，0.6 V 以下を領域 I，0.6～0.9 V を領域 II，0.9 V 以上を領域 III とした．領域 II は，Fe$_2$O$_3$-Cr$_2$O$_3$ 薄膜に全く腐食が生じない本質的な不働態域である[15]．ここで注目されるのは，$X_{Cr} \geq$ 0.72 の薄膜は還元溶解を起こさず，−0.3～0.9 V の電位域で全く安定なことである．また，HCl 中の領域 II の電位ですべての組成の Fe$_2$O$_3$-Cr$_2$O$_3$ 薄膜が電気化学的溶解を起こさないことは，Fe-Cr 合金の不働態皮膜を Cl$^-$ が直接侵食して孔を開けるのではないことを示唆している．

　Fe$_2$O$_3$-Cr$_2$O$_3$ 薄膜の溶解挙動と Fe-Cr 合金の孔食挙動を比較するために，上述の領域 I～III を図 9.2 に記入してある．領域 I，II は Fe-Cr 合金の不働態域にある．Cr

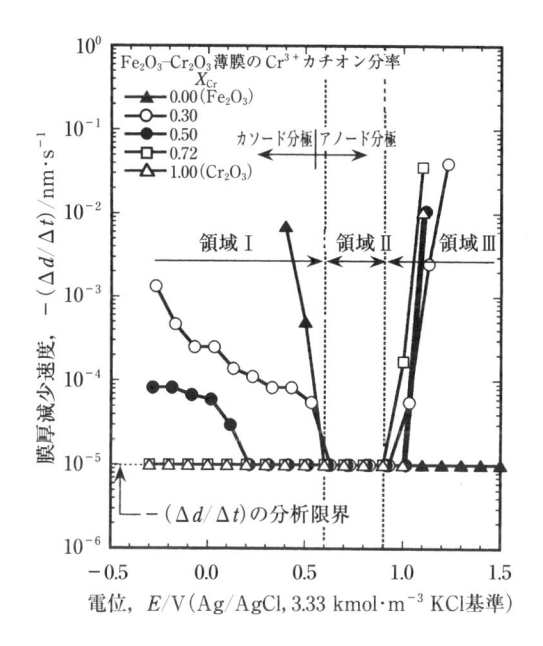

図 9.5　$1\,\text{kmol}\cdot\text{m}^{-3}$ HCl 中における Fe_2O_3-Cr_2O_3 薄膜の膜厚減少速度と電位の関係[5]

含有量 10～25% の合金の孔食は, すべて領域 I において生じている. 領域 I において還元溶解を起こさない X_{Cr} 値の不働態皮膜を持つ 30% Cr 合金は孔食を起こさない. このことから推定されることは, 低 Cr 合金では不働態皮膜中の局部的に Cr 含有量が低い部分 ($X_{Cr} < 0.72$) が領域 I の電位で還元溶解によって消失すると, その部分の下地合金が HCl による激しい溶解を受けて孔食になることである. Cl^- イオンの役割は, ピット内の再不働態化の妨害と活性溶解の促進にあると推察される.

なお, 孔食の発生については, 不働態皮膜がアノード分極下で機械的応力により破壊するという考えもあり, その原因としてエレクトロストリクションモデル[16], エレクトロキャピラリーモデル[17], ポイントディフェクトモデル[18] などが提案されている.

9.2.7　Mo 添加によるステンレス鋼の耐孔食性改善

すでに 9.2.4 において述べたように, Mo はステンレス鋼の耐孔食性を改善するのに極めて有効な合金元素である[6]. そして, この Mo の孔食抑制作用には Cr との協同効果がある[7]. このような Mo の孔食抑制作用は含 Mo ステンレス鋼の不働態皮膜

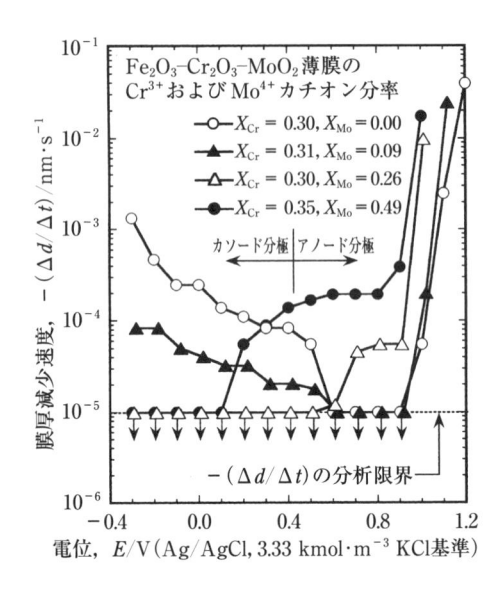

図 9.6 1 kmol·m^{-3} HCl 中における Fe$_2$O$_3$-Cr$_2$O$_3$-MoO$_2$薄膜の膜厚減少速度と電位の関係[14]

の性質に由来すると考えられるため，Mo を含む不働態皮膜を人工合成してその電気化学的性質が調べられている．

図 9.6 は，Cr カチオン分率 X_{Cr} を約 0.30 に固定し Mo カチオン分率 X_{Mo} を 0.00〜0.49 の範囲で変化させた Fe$_2$O$_3$-Cr$_2$O$_3$-MoO$_2$ 薄膜の 1 kmol·m^{-3} HCl 中における膜厚減少速度と電位の関係を示す[14]．Fe$_2$O$_3$-Cr$_2$O$_3$-MoO$_2$ 薄膜は，実際には非晶質の(Fe, Cr, Mo$_{0.75}$)O$_{1.5}$ 複酸化物薄膜である．図 9.6 から以下のことが分かる．

$X_{Cr} \fallingdotseq 0.30$，$X_{Mo} = 0.00$ の Fe$_2$O$_3$-Cr$_2$O$_3$-MoO$_2$ 薄膜は 0.6 V 以下で還元溶解を示すが，0.6〜0.9 V では全く溶解せず，そして 0.9 V 以上で過不働態溶解を起こす．X_{Mo} を増やしていくと，0.6 V 以下の還元溶解が抑制される．しかし，0.6〜0.9 V の領域での MoO$_4^{2-}$ としての溶解速度が大きくなり，$X_{Mo} = 0.49$ ではこの種の溶解が 0.1 V 以上で起こるようになる．$X_{Mo} = 0.26$ の薄膜に見るように，0.6 V 以下では全く溶解が起こらない．このように，Fe$_2$O$_3$-Cr$_2$O$_3$ 系薄膜に対する MoO$_2$ の添加は，この薄膜の還元溶解を抑制するのに有効である．-0.2〜0.9 V は Fe-Cr 合金の不働態域に相当している．したがって，もしも Fe-Cr 合金の不働態皮膜の一部に X_{Cr} 値の低い部分があれば，その部分は不働態域の低い電位で還元されて失われ，その部分の下地合金は

HCl 溶液に曝されて大きな速度で溶解し，孔食に発展する可能性がある．しかし，皮膜の X_{Mo} が高い場合には，X_{Cr} が低くても皮膜の還元溶解が起こらず，孔食には至らないと考えられる．このように，ステンレス鋼への Mo 添加は，不働態皮膜の還元的破壊を防ぐことによって孔食を抑制すると推察される．なお，皮膜の X_{Cr} 値と X_{Mo} 値との間には，皮膜の還元溶解抑制に関して相関関係があることが知られている[14]．

Mo の孔食抑制機構に関しては，この他にも，溶解生成物の MoO_4^{2-} がインヒビター作用をする[19,20]，不働態皮膜中に留められた MoO_4^{2-} が皮膜をカチオン選択透過性にして Cl^- の侵入を妨げる[21,22]，活性態電位域で Mo オキシ水酸化物の濃縮を起こす[13,23]，などの説明がある．

9.2.8 ピット内での Cl^- 濃縮・pH 低下とピットの成長

ピットの成長は，不働態皮膜の一部が電気化学的にかあるいは機械的に破壊されると，その部分から始まる．すなわち，皮膜破壊部の下地金属の活性溶解(式(9.8))と溶出金属イオンの加水分解反応による pH 低下(式(9.9))がその部分で起こる．

$$M \rightarrow M^{z+} + z\,e^- \tag{9.8}$$

$$M^{z+} + z\,H_2O \rightarrow M(OH)_z + z\,H^+ \tag{9.9}$$

中性水溶液の場合には，健全な不働態皮膜の上で溶存酸素の還元反応(式(9.10))が行われ，式(9.8)と式(9.9)は継続する．

$$O_2 + 2\,H_2O + 4\,e^- \rightarrow 4\,OH^- \tag{9.10}$$

マイクロキャビティ内の pH が脱不働態化 pH に相当する値まで低下すると，マイクロキャビティの壁面には不働態皮膜は形成されず，壁面の活性溶解が進み，マイクロキャビティはピットといえる形態になる．ピット内の溶出金属イオン濃度が高くなると，水溶液の電気的中性の条件を保つためにピット外の水溶液から Cl^- がピット内に入ってくる．ピット内水溶液の Cl^- 濃度が高くなると，ピット壁面の金属と Cl^- が反応して金属塩化物を形成し(式(9.11))，これが加水分解して HCl を生成し(式(9.12))，pH は大きく低下する．

$$M + z\,Cl^- \rightarrow MCl_z + z\,e^- \tag{9.11}$$

$$MCl_z + z\,H_2O \rightarrow M(OH)_z + z\,H^+ + z\,Cl^- \tag{9.12}$$

ピット内部がこのような高 Cl^- 濃度・低 pH 状態になると，ピット内壁の溶解は持続的に進行する．このようなピットの持続的成長段階の模型を，Fe 基合金を例にとって，図 9.7 に示す．ピットの口から流出した金属イオンは外部の中性水溶液と反応し(式(9.9)と同様)，金属水酸化物の蓋をピットの上に形成する．このため，ピット内部はいつまでも高 Cl^- 濃度・低 pH 状態に保たれる．

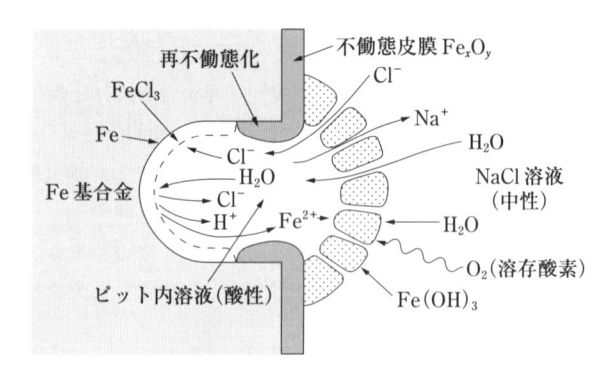

図 9.7 成長したピット内部の状態

9.2.9　ピットの成長および再不働態化に伴う Cl⁻ 濃度と pH の変化

　ピットは電位を上げると成長し，それに伴いピット内部では Cl⁻ 濃縮と pH 低下が起こる．また，電位を下げると成長が抑制され，内部の Cl⁻ 濃度低下と pH 上昇が起こり，やがて再不働態化する．このようなピットの成長および再不働態化過程における Cl⁻ 濃度と pH の変化を知るために，人工ピットを使った模擬実験が行われている．

　図 9.8 は，18 Cr-9 Ni 鋼の人工ピット (直径 1.8 mm，深さ 15 mm) を $0.5\,\mathrm{kmol\cdot m^{-3}}$ NaCl 中で種々の電位掃引速度で往復アノード分極 (電位掃引方向反転点の電流値 $20\,\mathrm{A\cdot m^{-2}}$) を行い，人工ピット内部を活性化および再不働態化させたときの pCl-pH 軌跡を示す[24]．pCl と pH は，直径 0.5 mm のマイクロ複合 pCl-pH 電極[24] で測定された．人工ピットでは腐食電位から高電位方向へアノード分極するとすぐ電流が急増する．この間の pCl-pH 変化は，図中の曲線 5 を例に採ると，A から B で示される．pCl は急激に，そして pH はゆるやかに低下する．電位掃引方向を反転させた後再不働態化するまでの間の pCl-pH 変化は，B から C で示される．pCl はほとんど変化しないが pH は急激に低下する．そして，その後，pCl，pH 共ゆるやかに上昇する．電位掃引速度の影響を見ると，掃引速度が遅いほど pH 低下が大きい．このようなときには復路の分極曲線は低い保護電位を示すので，保護電位の低下には pH 低下の効果が大きいことが分かる．

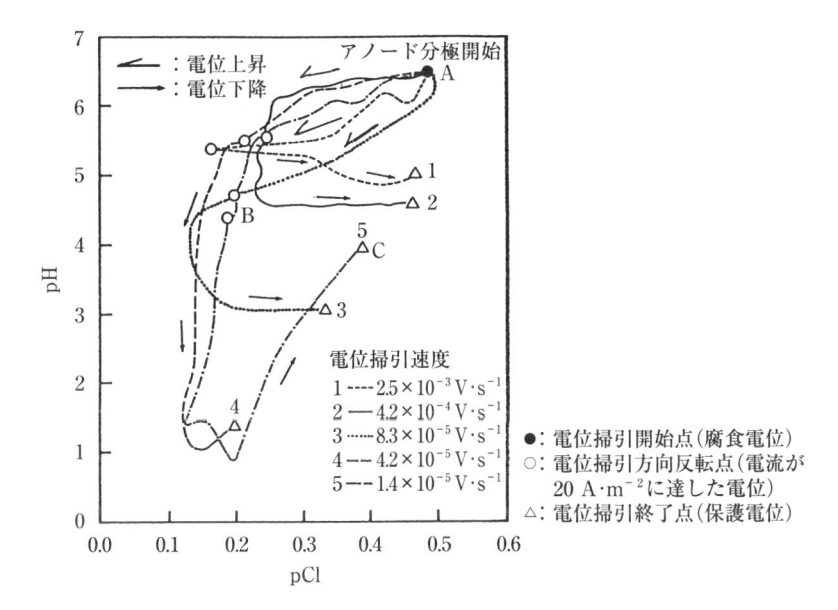

図 9.8　0.5 kmol·m⁻³ NaCl(pCl 0.49, pH 6.5)中で往復アノード分極曲線測定中の SUS304 鋼人工ピット内部の溶液の pCl と pH の変化[24]

9.2.10　孔食の防止策

孔食の防止策には，環境側からと金属側からの対策がある．
(**1**)　環境側からの対策
　①ハロゲンイオン，特に Cl⁻ を除去する．
　②カソード防食法の適用．ただし，水素脆性に注意する．
　③インヒビター(inhibitor)の添加．例えば，NO_2^-，NO_3^-，CrO_4^{2-}，MoO_4^{2-}，SO_4^{2-}，OH^- などを添加する．ただし，環境汚染に注意する．
　④溶液のアルカリ化．すなわち，溶液の pH を 11 以上にする．
(**2**)　金属側からの対策
　①耐孔食性を高める合金元素の添加．ステンレス鋼の場合には Cr および Mo 含有量を増やす．Cr と Mo には協同効果がある．N, Ni, Si, W, Re の添加も有効．
　②有害不純物元素の除去．ステンレス鋼の場合には C, N, P, S を除く．

③非金属介在物の除去．ステンレス鋼ではMnS介在物を除く．
④不働態皮膜の強化．ステンレス鋼の場合，クロム酸塩処理，硝酸処理，過酸化水素処理などが有効．

9.3　隙間腐食

9.3.1　隙間腐食の起きる条件

　隙間腐食(crevice corrosion)は，水溶液環境で使用される機器・設備の隙間構造部に起こる腐食で，隙間外側は健全なのに隙間内部はひどく腐食していることが多い．金属-金属隙間，金属-非金属隙間のいずれにも生じる．間隔の狭い隙間内部の水は流動が困難で停滞しやすい．そのため，隙間内部は外部に比べて溶存酸素濃度の低下，pHの低下，Cl^-の濃縮などが起こりやすい．このような隙間内では，最初不働態化していた金属も不働態を維持するのが困難になり，やがて活性溶解を起こす．

　閉塞環境での腐食という点では，孔食と隙間腐食はよく似ている．しかし，孔食においては自らの成長過程で自由表面に閉塞環境を形成しなければならないが，隙間腐食では隙間部という閉塞環境がすでに存在するので，隙間腐食は孔食と比べて発生および成長が共に容易である．

　隙間腐食では，当然，隙間構造と隙間構成物質が問題になる．金属-金属隙間では，一方が異種金属であるときには異種金属接触腐食の恐れがある．ただし，ここでは同種金属で構成されている隙間を念頭に説明する．金属-非金属隙間では，非金属物質の性質(イオン選択透過性など)を考慮する必要がある．

9.3.2　隙間腐食発生と再不働態化の特性電位

　隙間腐食の発生と成長は，隙間付き金属電極の往復アノード分極曲線を中性塩化物水溶液中で測定することによって知ることができる．そのような往復アノード分極曲線を模式的に図9.9に示した．挿入図は，隙間付き金属電極(断面)の一例である．この電極の電位を腐食電位E_{corr}より上げると，しばらくは不働態維持電流を示すが，電位E_{crev}を超えると電極の隙間部に腐食が生じ，電流が急増する．E_{crev}は隙間腐食発生電位(crevice corrosion initiation potential)と呼ばれる．隙間腐食による電流が大きくなった点Bより電位を下げると，電流は次第に減少し，電位$E_{r,crev}$において不働態維持電流に等しくなる．すなわち，隙間腐食が完全に不活性化する．$E_{r,crev}$は隙間腐食再不働態化電位(crevice corrosion repassivation potential)と称される．再現性のよい$E_{r,crev}$の値を得るためには，電位掃引方向反転点Bで十分隙間腐食を成長させた

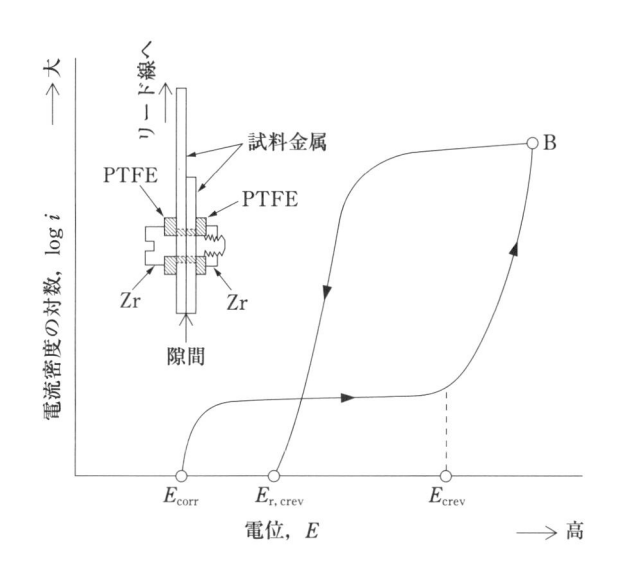

図 9.9 隙間付き金属電極の中性塩化物溶液中における往復アノード分極曲線

のち，電位を段階的に低下させ，各電位で電流-時間曲線を測定して隙間腐食による電流の時間的増加が起こらない電位を求め，その上限電位を $E_{r,crev}$ とする[25]．

隙間腐食の起こりやすさは，E_{crev} と $E_{r,crev}$ の値から知ることができる．すなわち，これらの値が高いほど発生しにくく，また発生してもすぐに再不働態化する．E_{crev} と $E_{r,crev}$ の値の差（$E_{crev} - E_{r,crev}$）の大小は，実環境中での隙間腐食量の目安となるといわれている．しかし，隙間腐食が発生も成長もしない安全性を重視する場合には，対象部材の腐食電位を $E_{r,crev}$ 以下に保つ必要がある．

9.3.3 隙間の間隔と隙間腐食の程度

隙間腐食の発生と成長は，隙間内での H^+ および Cl^- の濃縮とこれらのイオンの隙間外への散逸のバランスに基づいているので，隙間の形態と寸法は隙間腐食の程度に大きな影響を与える．過去の経験によると，隙間腐食の面積は隙間の間隔が狭くなるほど大きくなるが，侵食深さはある間隔の所で最大になる．したがって，隙間腐食試験においては，隙間の形態と寸法を規定しておく必要がある．2枚の平板をボルト・ナットで締め付けて隙間を構成するときには，隙間の間隔を一定にするために，締め付けトルクを規定する．

9.3.4 隙間腐食の機構

隙間腐食が起こる前は，隙間構成金属は不働態化している．隙間内での初期の腐食は，不働態皮膜を通しての金属の溶解と溶存酸素の還元である．溶出した金属イオンの加水分解反応によって隙間内のpHは低下し，また，隙間内の溶存酸素濃度も低くなる．pH値が脱不働態化pHまで低下すると，不働態皮膜は還元溶解を起こし，隙間内金属は活性化する．隙間内金属が活性溶解し，隙間内溶液の金属イオン濃度が高くなると，溶液の電気的中性の条件を維持するために，隙間外部からCl^-が電気泳動によって隙間内に入ってくる．Cl^-は隙間内金属と反応し，生成した金属塩化物は直ちに加水分解して低pHの金属塩化物溶液を隙間内に作る．このようにして隙間内に高Cl^-濃度・低pHの環境が作られると，隙間内金属の活性溶解がアノード反応，隙間外金属表面での溶存酸素還元がカソード反応となって，隙間腐食は持続的に進行する．Fe基合金の場合を例にとって，このような隙間腐食機構をモデル的に**図9.10**に示した．

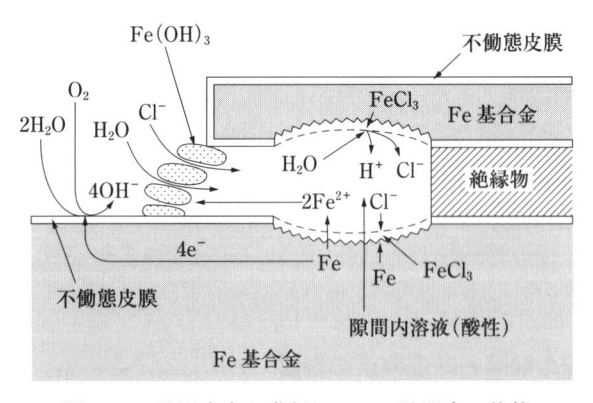

図9.10 隙間腐食が進行している隙間内の状態

9.3.5 隙間腐食の防止対策

隙間腐食の防止を図るには，装置の構造上の対策，環境側からの対策，金属側からの対策，の三つがある．
(**1**) 構造上の対策
①隙間のない構造にする．このために，設計，溶接法，表面仕上げなどを改善す

る．
　②ガスケットの材質を変える．例えば，アニオン選択透過性物質は Cl^- を導入するので止める．
（2）　環境側からの対策
　①インヒビターを添加する．例えば，孔食に対して有効なインヒビターを開放面に対する添加量の約 10 倍量添加する．不十分な添加は隙間腐食を促進する．
　②カソード防食法を適用する．例えば，亜鉛メッキ被覆，亜鉛流電陽極の設置などがある．
（3）　金属側からの対策
　①合金元素を添加する．Fe 基および Ni 基耐食合金では高 Cr-低 Mo 添加，Ti 基合金では低 Pd 添加を行う．
　②付着異物を除く．例えば，腐食生成物の除去，貝類の除去を行う．
　③塗装し直す．剥離しかけた塗膜は隙間を構成するので除去する．

9.4　粒界腐食

9.4.1　粒界腐食の起こる条件

　粒界腐食（intergranular corrosion）は，多結晶金属の粒内は健全なのに粒界のみが深く侵食される腐食である．熱処理などにより粒内と粒界の組成に差が生じ，粒内が不働態化しやすい組成，粒界が不働態化しにくい組成になったときに起こりやすい．すなわち，腐食環境中で粒内は不働態化してほとんど溶解せず，一方，粒界は活性態のままで大きな速度で溶解するようなときに粒界腐食になる．また，Cl^- を含む環境中で粒界に選択的に孔食が起こる場合も粒界腐食になる．

9.4.2　クロム欠乏帯と粒界腐食

　ステンレス鋼の粒界腐食の原因は，粒界に沿って形成されたクロム欠乏帯（chromium depleted zone）が選択溶解することによる，いわゆるクロム欠乏帯説で説明されている．例えば，固溶体の 18 Cr-8 Ni ステンレス鋼を熱処理すると，熱処理条件によっては粒界に Cr 炭化物が析出し，図 9.11 に示すような組織ができることがある．Cr 炭化物の Cr 濃度（70〜90% Cr）は高いのでその付近の Cr 濃度が低下し，粒界に沿って Cr 濃度の低い狭い領域（幅約 20 nm）が形成される．これがクロム欠乏帯である．クロム欠乏帯の Cr 濃度（7〜8%）は粒内の Cr 濃度（18%）よりも低いのでクロム欠乏帯の耐食性は低く，腐食環境中ではクロム欠乏帯が選択的に腐食される．なお，

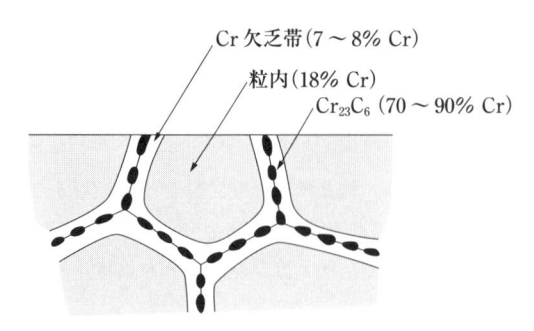

190   9 応力を負荷しない状態での局部腐食

図9.11 クロム欠乏帯が生じた 18 Cr-8 Ni 鋼の粒界付近の組織

クロム欠乏帯中の Ni 濃度は粒内のそれとほとんど違わない.

　クロム欠乏帯ができる熱処理条件は，オーステナイト系ステンレス鋼とフェライト系ステンレス鋼では異なっている．オーステナイト系ステンレス鋼では，温度域 673～1073 K (400～800 ℃) における短時間加熱 (またはこの域の徐冷) により粒界に炭化物 $Cr_{23}C_6$ が析出し，そのために隣接部にクロム欠乏帯を生じて腐食しやすくなる．一方，フェライト系ステンレス鋼では，温度約 1173 K (900 ℃) 以上からの急冷で粒界にクロム欠乏帯を生じて腐食しやすくなる．これは，フェライト相中では C の固溶量が小さくかつ拡散速度が大きいので炭化物の析出が速いこと，およびフェライト相中の Cr の拡散係数がオーステナイト相中のそれよりも 2 桁以上大きいため粒内からの Cr の拡散によるクロム欠乏帯の回復が速いこと，による.

　このように，熱処理によって粒界腐食感受性の高い組織になったことを鋭敏化 (sensitization) という.

9.4.3 粒界腐食機構のアノード分極曲線に基づく説明

　クロム乏帯が生成したときの粒界腐食の発生電位領域と粒界侵食の程度は，粒内組成および粒界組成をそれぞれ模擬した合金のアノード分極曲線を比較することにより，推定することができる．**図9.12** は，遅沢[26] による鋭敏化した 18 Cr-10 Ni 鋼，粒内を模擬した固溶体 18 Cr-10 Ni 鋼，粒界 Cr 欠乏帯を模擬した固溶体 7 Cr-10 Ni 鋼，粒界析出物を模擬した $Cr_{23}C_6$ の 1 kmol·m^{-3} H_2SO_4 中におけるアノード分極曲線を示す．活性態域と不働態域では Cr 欠乏帯模擬 7 Cr-10 Ni 鋼の溶解速度が粒内模擬 18 Cr-10 Ni 鋼のそれよりも大きく，また，過不働態域では粒界析出物模擬 $Cr_{23}C_6$ の溶解速度が粒内模擬 18 Cr-10 Ni 鋼のそれよりも大きい．すなわち，活性態域と不働態域ではクロム欠乏帯による粒界腐食が，また，過不働態域では $Cr_{23}C_6$ による粒界

図9.12 鋭敏化した 18 Cr-10 Ni 鋼と固溶体 x Cr-10 Ni 鋼 (x = 7, 18) の 1 kmol·m^{-3} H$_2$SO$_4$ (363 K (90 ℃)) 中におけるアノード分極曲線[26]

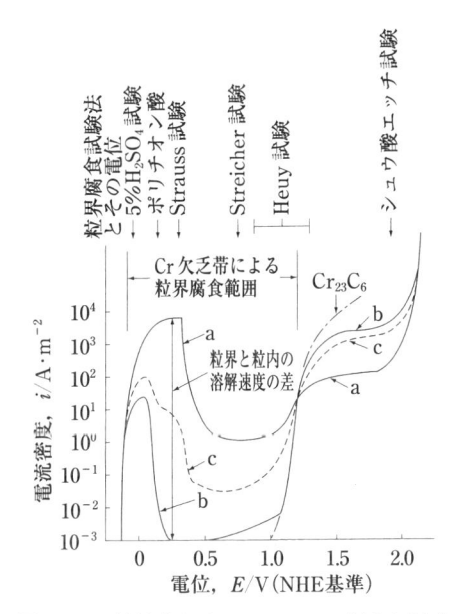

腐食が生じると推定される．クロム欠乏帯による粒界腐食は，活性態-不働態遷移域の 0.25 V (NHE 基準) 付近で最も激しくなると思われる．図 9.12 の上部に通常用いられている粒界腐食試験法とその電位を示した．

なお，中性塩化物水溶液中では粒界 Cr 欠乏帯と粒内の不働態維持電流密度の違いはそれほど大きくない．しかし，孔食電位に違いがあり，孔食電位の低い Cr 欠乏帯に孔食が集中する．そのため，粒界孔食溶解による粒界腐食が生じる．

9.4.4 溶接に起因する粒界腐食

ステンレス鋼の溶接部の近傍は鋭敏化されやすく，粒界腐食が生じやすい．溶接部の粒界腐食のことを溶接部腐食 (weld decay) という．溶接部の構造と加熱状態を図 9.13 に示した．溶接時の加熱によって鋭敏化の起こる位置は，鋼種によって異なる．オーステナイト系，フェライト系および Nb 安定化オーステナイト系の各ステンレス鋼の溶接部において鋭敏化が起こりやすい位置を図 9.14(a)～(c) にそれぞれ示した．Nb 安定化オーステナイト系ステンレス鋼は，粒界腐食を防止するために 18 Cr-10 Ni-0.07 C 鋼に Nb を約 0.7% 添加した鋼種である．

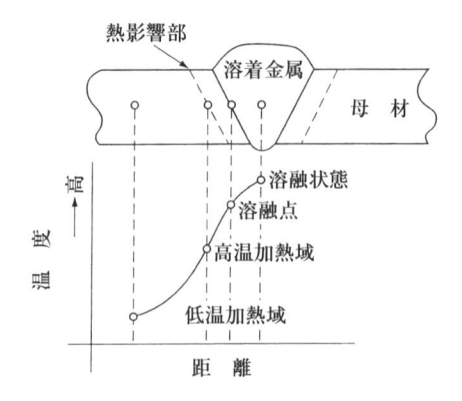

192   9 応力を負荷しない状態での局部腐食

図 9.13 溶接部の加熱の状態

(a) オーステナイト系ステンレス鋼

(b) フェライト系ステンレス鋼

(c) 安定化オーステナイトステンレス鋼

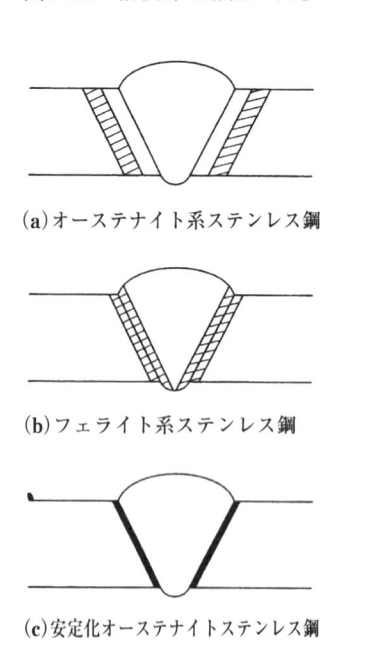

図 9.14 溶接部において鋭敏化が起こりやすい部分(斜線)の鋼種による違い

(1) オーステナイト系ステンレス鋼

この鋼では,溶接熱影響部(heat affected zone；HAZ)が鋭敏化される(図 9.14(a))。鋭敏化は,1083～756 K(810～483 ℃)の間の冷却時間が 60 s を超えるような徐冷の場

合に起こる．溶着金属から少し離れたHAZ部がそれに相当する．

　（**2**）　フェライト系ステンレス鋼

　この鋼では，溶着金属またはすぐ隣の母材が鋭敏化される（図9.14(b)）．この部分が1173 K(900 ℃)以上からの急冷を受けるからである．

　（**3**）　Nb安定化オーステナイト系ステンレス鋼

　この鋼では，溶着金属と母材の境界が鋭敏化される（図9.14(c)）．この部分は1373 K(1100 ℃)以上に加熱後急冷されるため，安定化炭化物NbCが母材中に固溶してしまう．溶接後の後熱処理などでこの部分にCr炭化物$Cr_{23}C_6$が析出して，Cr欠乏帯が形成される．鋭敏化される領域は狭く，この部分での粒界腐食はナイフラインアタック（knife line attack；KLA）と呼ばれる鋭い帯状の侵食を生じる．合金元素としてのMoは，この腐食を著しく加速するので注意を要する．

9.4.5　平衡偏析，金属間化合物，リン化物などによる粒界腐食

　ステンレス鋼の粒界に平衡偏析したP，S，Si，N，粒界に析出したσ相FeCr，χ相$Fe_{18}Cr_6Mo_5$，Laves相Fe_2Moなどの金属間化合物，Ni_3P_2などのニッケルリン化物も粒界腐食を起こす．クロム炭化物によるクロム欠乏帯が粒界腐食の原因ではないときには，これらによる粒界腐食を疑う必要がある．これらによる粒界腐食が起こる電位域を以下に示す[27]．

　　平衡偏析P：腐食電位〜活性態ピーク電位の電位域

　　粒界析出σ相，χ相，Laves相：活性態ピーク電位〜過不働態開始電位の電位域

　　平衡偏析Si，S，N，粒界析出Ni_3P_2：過不働態開始電位以上の電位域

9.4.6　粒界腐食の防止対策

　金属側に鋭敏化組織を作らないことが肝要である．このために，ステンレス鋼ではC含有量の低減，安定化炭化物形成元素の添加，再固溶化熱処理の実施，の三つの対策が採られている．

　（**1**）　C含有量の低減

　クロム炭化物の生成を抑えるため，オーステナイト系ステンレス鋼では，0.02% C以下(SUS 304 L)にする．また，高純度フェライト系ステンレス鋼では，0.001% C以下にする．

　（**2**）　安定化炭化物形成元素の添加

　NbまたはTiを添加して粒内のCをNbCまたはTiCとして固定し，粒界に析出しないようにする．このようにしてCを固定化したステンレス鋼を安定化鋼（stabilized steel)という．Nb 添加量は C 量の 8～10 倍(SUS 347)，また，Ti 添加量は C 量の 4～6 倍(SUS 321)である．NbC の方が TiC よりも安定でかつマトリックス中に固溶することが少ないので，普通は Nb を添加している．

安定化鋼を用いるときには，固溶状態の Nb，Ti は粒界腐食を防止する効果がないため，Nb，Ti を炭化物に変える熱処理を行う．これを安定化熱処理といい，鋼を 1273～1373 K(1000～1100℃)に加熱後水冷して溶体化した後 1143 K(870℃)付近に適当時間加熱して粒内に NbC，TiC を析出させる．

(3) 再固溶化熱処理の実施

鋭敏化組織がすでに存在するときは，この組織を消滅させる再固溶化熱処理を行う．すなわち，鋼を 1273～1373 K(1000～1100℃)加熱してクロム炭化物をマトリックス中に溶した後水冷して，鋼を固溶体にする．溶接部には鋭敏化組織ができやすいので，必ず再固溶化処理を施す．

参 考 文 献

(1) 森岡　進, 沢田可信, 杉本克久：日本金属学会会報, **7**(1968), 731.
(2) H. P. Leckie and H. H. Uhlig：J. Electrochem. Soc., **113**(1966), 1262.
(3) 杉本克久, 沢田可信, 森岡　進：日本金属学会誌, **32**(1968), 842.
(4) 杉本克久：防食技術(現 Zairyo-to-Kankyo), **20**(1971), 443.
(5) K. Sugimoto, M. Son, Y. Ohya, N. Akao and N. Hara：*Corrosion Science-A Retrospective and Current Status in Honor of Robert P. Frankenthal*, Electrochemical Society Proceedings Volume 2002-13, G. S. Frankel, H. S. Isaacs, J. R. Scully and J. D. Sinclair, Editors, The Electrochemical Society(2002), p. 289.
(6) K. Sugimoto, M. Saito, N. Akao and N. Hara：*Passivity of Metals and Semiconductors, and Properties of Thin Oxide Layers*, P. Marcus and V. Maurice, Editors, Elsevier B. V. (2006), p. 3.
(7) K. Sugimoto and Y. Sawada：Corros. Sci., **17**(1977), 425.
(8) G. S. Eklund：J. Electrochem. Soc., **121**(1974), 457.
(9) M. A. Baker and J. E. Castle：Corros. Sci., **34**(1993), 667.
(10) K. Sugimoto, Y. Ohya, N. Akao and N. Hara：*Pits and Pores Ⅲ：Formation, Properties, and Significance for Advanced Materials*, Electrochemical Society Proceedings Volume 2004-19, P. Schmuki, D. J. Lockwood, Y. H. Ogata, M. Seo and H. S. Isaacs, Editors, The Electrochemical Society(2006), p. 194.
(11) E. G. Webb, T. Suter and R. C. Alkire：J. Electrochem. Soc., **148**(2001), B186.

(12) H. Chujo : Bachelor thesis, Tohoku University (1998).
(13) K. Hashimoto, K. Asami and K. Teramoto : Corros. Sci., **19** (1979), 3.
(14) M. Son, N. Akao, N. Hara and K. Sugimoto : J. Electrochem. Soc., **148** (2001), B43.
(15) S. Tanaka, N. Hara and K. Sugimoto : Mater. Sci. Eng. A, **198** (1995), 63.
(16) N. Sato : Electrochim. Acta, **16** (1971), 1683.
(17) N. Sato : J. Electrochem. Soc., **129** (1982), 255.
(18) D. D. Macdonald : J. Electrochem. Soc., **139** (1992), 3434.
(19) K. Sugimoto and Y. Sawada : Corrosion, **32** (1976), 347.
(20) H. Ogawa, H. Omata, I. Itoh and H. Okada : Corrosion, **34** (1978), 52.
(21) A. R. Brooks, C. R. Clayton, K. Doss and Y. C. Lu : J. Electrochem. Soc., **133** (1986), 2459.
(22) Y. C. Lu and C. R. Clayton : J. Electrochem. Soc., **133** (1986), 2465.
(23) K. Hashimoto, M. Naka and K. Asami : Corros. Sci., **19** (1979), 165.
(24) K. Sugimoto and K. Asano : *Advances in Localized Corrosion*, Proceedings of the Second International Conference on Localized Corrosion, Ed. by H. S. Isaacs, U. Bertocci, J. Kruger and S. Smialowska, NACE (1990), p. 375.
(25) 腐食防食協会編：材料環境学入門, 丸善 (1993), p. 29.
(26) 遅沢浩一郎：金属便覧 改訂4版, 日本金属学会編, 丸善 (1982), p. 1251.
(27) 阿部征三郎：ステンレス鋼便覧 第3版, ステンレス協会編, 日刊工業新聞社 (1995), p. 276.

10 応力を負荷した状態での局部腐食

10.1 応力を負荷した状態での不働態破壊と局部腐食

　機器・設備を構成する金属材料は，通常，応力が負荷された状態で使用されることが多い．応力のレベルが低く，材料が変形を受けることがなければ，材料表面の不働態皮膜が破壊されることはない．しかし，応力のレベルが高くなり，材料に変形が起これば，不働態皮膜に破壊が起こる．不働態皮膜の破壊箇所は直接環境に曝され，その部分の下地金属は激しく腐食される．応力下で変形が続く部分は腐食が継続し，変形しなくなった部分は再不働態化する．このような応力負荷状態での腐食は，応力集中部分に起こりやすく，割れの形態を示す局部腐食となることが多い．この場合，割れは単なる機械的な割れではなく，必ず腐食反応が原因となっている割れである．静的応力下で生じるものに応力腐食割れがあり，動的応力下で生じるものに腐食疲労がある．応力腐食割れの中で水素が原因になっているものは，水素脆性と呼ばれる．

　機械的の外力よって金属が化学活性化されて起こる反応は，メカノケミカル反応(mechanochemical reaction)と称されている．したがって，応力下で顕著に現れる腐食はメカノケミカル腐食と呼ばれることもある[1]．応力腐食割れや腐食疲労もこの中に入れられる．このような腐食による破壊現象は，環境脆化(environmental degradation)と呼ばれている[2]．本章ではこれらについて述べる．

10.2 応力腐食割れ

10.2.1 応力腐食割れと腐食環境

　応力腐食割れ(stress-corrosion cracking；SCC)は，降伏点以下のレベルの引張応力と全面溶解が生じないような比較的弱い腐食環境が同時に作用するとき，ある時間を経て脆性的な破壊が生じるという腐食現象である．引張応力としては，外部負荷応力でも残留応力でも同じである．また，腐食環境は金属材料の種類に依存する特定の環境であることが多い．

　したがって，応力と腐食の相互作用の下で生じる時間依存形の破壊現象が応力腐食

割れであるが,割れの進展の原因が腐食のアノード反応による溶解である場合には,活性経路腐食型応力腐食割れ(active-path-corrosion type stress-corrosion cracking ; APC-SCC),また,割れの進展の原因が腐食のカノード反応による水素である場合には水素脆性型応力腐食割れ(hydrogen-embrittlement type stress-corrosion cracking ; HE-SCC)と区別している[3,4]. APC-SCC と HE-SCC の概念を図10.1(a)および(b)にそれぞれ示した[5]. HE-SCC は水素脆性(hydrogen embrittlement)とも呼ばれている. そのほか,APC-SCC の一種であるが,割れの進展が皮膜の機械的破壊とその補修の繰り返しによるものは,変色皮膜破壊型応力腐食割れ(tarnish-rupture type stress-corrosion cracking ; TR-SCC)と称されている[6]. ここでは,APC-SCC,HE-SCC,TR-SCC を含めた広義の応力腐食割れを「応力腐食割れ」と称し,HE-SCC のみを指すときには「水素脆性」と記す.

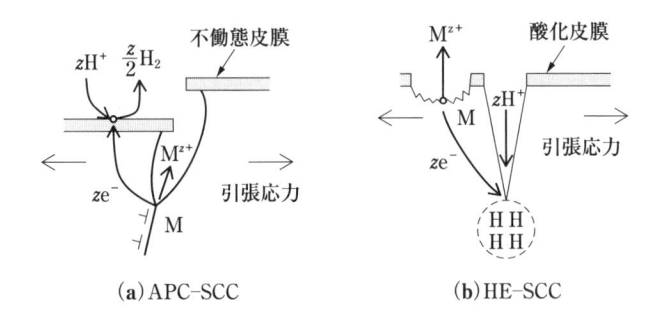

図10.1 活性経路腐食型応力腐食割れ(APC-SCC)と水素脆性型応力腐食割れ(HE-SCC)の概念図

金属材料に応力腐食割れが生じる腐食環境を,表10.1(Shephard[7]による表を補足)に示した.この表に示されている材料と環境の組み合わせの中で,以下の組み合わせは特に応力腐食割れが起こりやすいことが知られているので,注意しなければならない.

①オーステナイト系ステンレス鋼と塩化物:塩化物割れ(chloride cracking)
②高張力鋼と硫化物(H_2S):硫化物割れ(sulfide cracking)
③普通鋼と苛性アルカリ(NaOH):アルカリ脆性(caustic embrittlement)
④軟鋼と硝酸塩(NH_4NO_3):硝酸塩割れ(nitrate cracking)
⑤黄銅とアンモニア(NH_3):置き割れ,時季割れ(season cracking)
⑥高力アルミニウム合金と塩化物:塩化物割れ(chloride cracking)

機器・設備が安全と思っていた低荷重下において短時間で破損することは,予想外

表10.1 各種材料に応力腐食割れが生じる環境(Shephard[7]による表を補足)

材料	環境	材料	環境
炭素鋼 低合金鋼	NaOH 水溶液 硝酸塩水溶液 液体アンモニア H_2S 水溶液 炭酸塩水溶液 リン酸塩水溶液 $NH_3+CO_2+H_2S+HCN$ $CO+CO_2+H_2O$ 海水 混酸($H_2SO_4+HNO_3$)	アルミニウム合金 (Al-Cu-Mg 系 Al-Zn-Mg 系)	海水 NaCl 水溶液 湿潤空気
		マグネシウム合金 (Mg-Al 系, Mg-Al-Zn-Mn 系)	$NaCl+K_2CrO_4$ 水溶液 田園および海岸雰囲気 蒸留水 HF 水溶液 NaOH 水溶液
フェライト系ステンレス鋼	高温濃厚 NaOH 水溶液 高温塩化物水溶液 (含Ni, Cu鋼, 鋭敏化材)	銅合金 (Cu-Zn 系, Cu-Al 系, Cu-Zn-Sn 系)	NH_3水溶液 アミン 淡水 水蒸気 湿潤 SO_2 ガス
マルテンサイト系 ステンレス鋼	海水 塩化物水溶液 H_2S 水溶液 高温高圧水 高温アルカリ水溶液	チタンおよびチタン合金 (Ti-5Al-2.5Sn 系, Ti-6Al-4V 系)	赤色発煙硝酸 海水 NaCl 水溶液 HCl 溶融塩化物 高温塩化物 液体 N_2O_4 メタノール+HCl メタノール+ハロゲン
オーステナイト系 ステンレス鋼	海水 塩化物水溶液 高温高圧水 苛性アルカリ水溶液 ポリチオン酸水溶液 H_2SO_4+NaCl 水溶液	ジルコニウムおよびジルコニウム合金(Zircaloy)	$FeCl_3$, $CuCl_2$ 水溶液 溶融硝酸塩＋ハロゲン化物 高温塩化物 ヨウ素ガス メタノール＋HCl メタノール＋ヨウ素 液体 Hg, Cs 90% HNO_3
二相ステンレス鋼	沸騰 45% $MgCl_2$, $H_2S+NaCl$ 水溶液		
ニッケルおよび Ni-30Cu 合金 (Monel)	溶融 NaOH HF, H_2SiF_6 水溶液 水蒸気(>700 K(427℃))		
		鉛	酢酸鉛＋硝酸水溶液 地中 空気
ニッケル基 ステンレス合金 (Ni-Cr-Fe 系合金)	高温 NaOH 水溶液 高温高圧水 ポリチオン酸水溶液 HF 水溶液 濃縮ボイラー水 (533～700 K(260～427℃))	Au-Cu-Ag 合金 Ag-Pt 合金	$FeCl_3$ 水溶液

の事故に結び付く恐れがある．このような事故を未然に防止するために，機器・設備の設計段階において，材料と環境の組み合わせに関する過去の知識と経験を十分検討する必要がある．

10.2.2 応力腐食割れ発生の条件

応力腐食割れの発生には，環境因子，応力因子，材料因子の三者が関わっている．以下に，応力腐食割れの発生の可能性が高くなる各因子の条件を示す．三因子のこれらの条件が重なり合ったとき，応力腐食割れ発生の可能性がある．

(**1**) 環境因子
　①不働態化性の環境．ただし，安定な不働態皮膜ではなく，不安定な不働態皮膜，または脆い不働態皮膜が生じる環境．
　②ハロゲンイオンの存在．すなわち，孔食の発生する環境．
　③特定の電位域．例えば，**図 10.2**（Staehle[8]による図を補足）に示す水素発生域，腐食電位近傍，活性態-不働態遷移域，孔食域（Cl^- を含むとき），不働態-過不働態遷移域の各領域であり，図の説明文中に示した材料と環境の組み合わせで APC-SCC，HE-SCC が起こる．

1：高張力鋼/H_2S
2：オーステナイトステンレス鋼/H_2SO_4 + NaCl
3：炭素鋼/NaOH
4：オーステナイトステンレス鋼/NaCl
5：オーステナイトステンレス鋼/高温高圧水

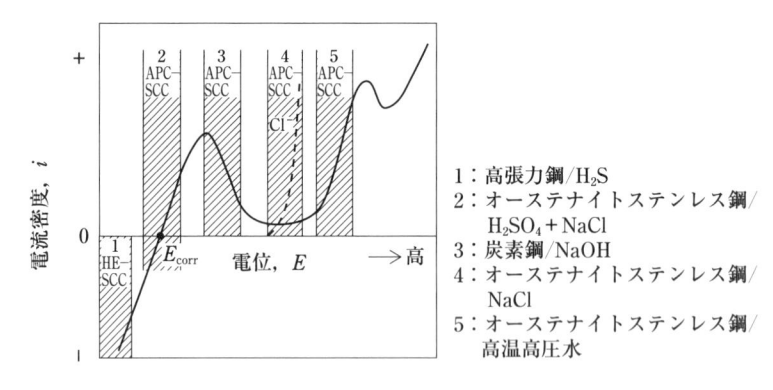

図 10.2 鉄基合金に応力腐食割れが起こる電位域（Staehle[8]による図を補足）

(**2**) 応力因子
　①引張応力．圧縮応力下では応力腐食割れは起こらない．
　②極めて遅い変形速度．すなわち，腐食速度以下の変形速度．
　③応力の集中．切り欠き，ピットなどは応力集中箇所になる．

(**3**) 材料因子
　①特定合金組成．例えば，不働態化しやすい組成，粗大すべりしやすい組成，水素吸収容易な組成，高硬度となる組成，高強度となる組成．
　②不純物の偏析の存在．

③粒界析出物および溶質欠乏帯の存在.
④加工誘起マルテンサイトの存在.

応力腐食割れ発生を抑制するには，三因子の中のどれかを応力腐食割れ発生に不都合な条件にすればよい．

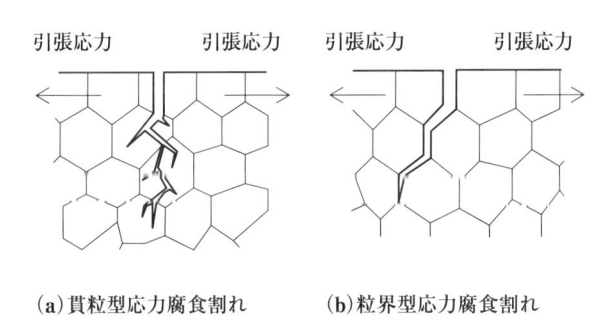

10.2.3 応力腐食割れの形態

応力腐食割れの形態には，割れが結晶粒内を貫通して進行する貫粒型応力腐食割れ (transgranular stress-corrosion cracking) と割れが粒界に沿って進む粒界型応力腐食割れ (intergranular stress-corrosion cracking) の2種類がある．これらを模式的に図 10.3 に示す．このような割れの形態は，環境の腐食性と材料の耐食性と応力レベルの組み合わせに応じて変化する．一般に，固溶体状態の材料の場合，腐食性の強い環境中で低応力レベルのときには粒内割れに，また，腐食性の弱い環境中で高応力レベルのときには粒界割れになりやすい．環境の腐食性に関連して温度や電位，応力状態に関連して歪み速度，なども割れの形態に影響する．一方，粒界溶質欠乏帯を持つ材料では，粒界が選択的に腐食されそこに応力が集中するため，粒界割れになることが多い．

(a) 貫粒型応力腐食割れ　　(b) 粒界型応力腐食割れ

図 10.3　応力腐食割れの形態

10.2.4　応力腐食割れの起点

中性に近い低濃度塩化物溶液（例えば 2.5% $MgCl_2$）中での固溶体オーステナイト系ステンレス鋼の応力腐食割れは，孔食を経由して割れが発生する．通常現場で経験する応力腐食割れも孔食や隙間腐食を経由して発生していることが多い．これは，割れの発生にピットや隙間内での pH 低下と塩化物イオンの濃縮が必要なことを示している．そのような様子を図 10.4 に模式的に示した．中性塩化物溶液による応力腐食割

NaCl溶液(中性，3%程度)

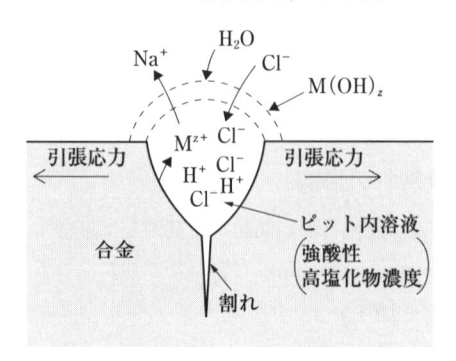

図10.4 孔食ピットからの応力腐食割れ発生

れを避けるためには，孔食を起こさないことが大切である．例えば，Moを3.5%以上含み耐孔食性を改善した17～25 Cr-9～26 Ni鋼(組成はmass%，以下同じ)は40% $CaCl_2$(pH 5, 373 K(100℃))中で応力腐食割れを起こさない．

酸性の高濃度塩化物溶液(例えば沸騰42% $MgCl_2$)中の固溶体オーステナイト系ステンレス鋼の応力腐食割れは，低倍率光学顕微鏡による観察では自由表面から発生しているように見える．しかし，この場合も高倍率走査電子顕微鏡による観察では，割れは微小エッチピットの稜部から発生している．一方，鋭敏化状態のオーステナイト系ステンレス鋼の応力腐食割れでは，粒界が選択腐食を受けやすい環境中にあるときには，粒界が割れの起点になる．

10.2.5 腐食環境中における応力-歪み曲線

材料の強さは環境に依存する．腐食性の環境，特に応力腐食割れが発生するような環境中では，引張強さおよび伸びのいずれもが大きく低下する．図10.5は，TakanoとShimodaira[9]による種々の環境中での7-3黄銅の応力-歪み曲線を示す．空気中に比べて，腐食性のある環境中では引張強さ，伸び共に減少することが分かる．特に，アンモニア蒸気中や1 $kmol·m^{-3}$ NH_4OH＋0.25 $kmol·m^{-3}$ $CuCl_2$中におけるそれらの減少が著しい．これは応力腐食割れの発生によるためである．このように，材料の応力腐食割れ感受性を腐食環境中の応力-歪み曲線から知ることができる．構造物を設計するときには，このような使用環境における材料の強度を考慮する必要がある．環境中の強度を考慮した設計を，環境強度設計という．

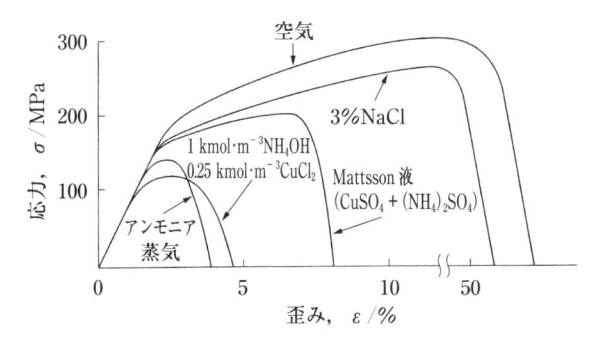

図 10.5　7-3 黄銅の各種腐食環境中における応力-歪み曲線[9]
歪み速度：$4.1 \times 10^{-5}\,\mathrm{s}^{-1}$

10.2.6　歪み速度と応力腐食割れ感受性の関係

腐食環境が一定である場合，材料の応力腐食割れ感受性は歪み速度に大きく依存する．図 10.6 は，腐食環境中で材料を破壊するのに要するエネルギー（応力-歪み曲線の面積に相当）$E^\mathrm{f}_\mathrm{SCC}$ と，空気中でのそれ $E^\mathrm{f}_\mathrm{air}$ との比 $E^\mathrm{f}_\mathrm{SCC}/E^\mathrm{f}_\mathrm{air}$ の歪み速度による変化を模式的に示したものである[10]．腐食性のない環境中ではこの比は曲線 1 のように歪み速度に依存しないが，腐食性環境中では曲線 2 または 3 のように歪み速度依存性が歪み速度の小さい側で現れる．APC-SCC あるいは一般の腐食により試料の有効断面積が減少しそのため低い応力値で試料が破断する場合や HE-SCC のように水素を材料が吸収して脆化する場合には，曲線 2 のように歪み速度が小さいほど割れ感受

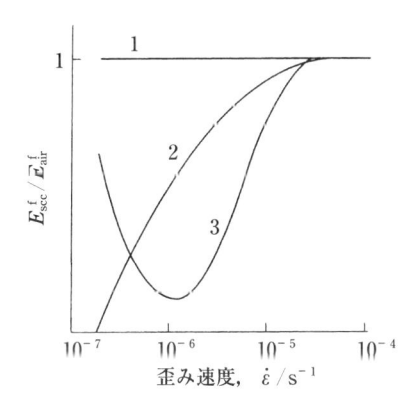

1. 腐食なし（空気中測定）
2. 腐食（全面腐食，粒界腐食，孔食）あるいは SCC：有効断面積の減少のある場合
3. SCC

$E^\mathrm{f}_\mathrm{air}$：空気中で破壊に要するエネルギー
$E^\mathrm{f}_\mathrm{SCC}$：環境中で破壊に要するエネルギー

図 10.6　歪み速度による環境脆化感受性の変化[10]

性が大になる．しかしながら，APC-SCC では，曲線 3 のようにある歪み速度で割れ感受性が最も高くなることがある．これは，割れ先端における溶解とその近傍の再不働態化の兼ね合いによって割れが進行する APC-SCC では，歪み速度が小さくなりすぎると溶解速度を再不働態化速度が上回り，割れ感受性が低下することによる．

10.2.7 低歪み速度引張応力腐食割れ試験

極めて小さい歪み速度($10^{-5}\mathrm{s}^{-1}$ 以下)で腐食環境中の応力-歪み曲線を求めることにより，環境中での材料の脆化傾向を知ることができる．前出の図 10.5 は，4.1×10^{-5} s^{-1} で求められた各種腐食環境中における 7-3 黄銅の応力-歪み曲線であり，環境の違いによる応力腐食割れ感受性の違いが明確に示されている．このような応力腐食割れ迅速試験法を低歪み速度引張応力腐食割れ試験(slow strain rate technique；SSRT，または slow extension rate technique；SERT)という．SSRT による応力-歪み曲線から応力腐食割れ感受性を評価する方法を図 10.7 に模式的に示す[11]．腐食性環境中での応力-歪み曲線と非腐食性環境中でのそれから求めた破断歪み量比($\varepsilon^{f}_{\mathrm{SCC}}/\varepsilon^{f}_{\mathrm{oil}}$)，最大応力比($\sigma^{\max}_{\mathrm{SCC}}/\sigma^{\max}_{\mathrm{oil}}$)，曲線面積比($S_{\mathrm{SCC}}/S_{\mathrm{oil}}$)，あるいは腐食性環境中で破断した試料の破面における応力腐食割れ破面率などが応力腐食割れ感受性の大小の判定の指標に用いられている．SSRT は，短時間で応力腐食割れ感受性の大小を評価できるよい方法であるが，この方法は応力腐食割れの伝播過程の評価方法であり，発生過程は評価できないことには留意しなければならない．

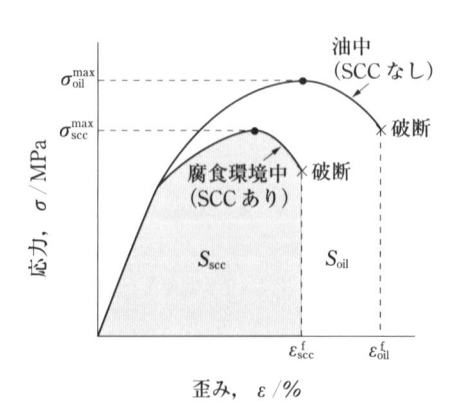

図 10.7　SSRT 法による応力腐食割れ感受性の評価パラメータ[11]

10.2.8　活性経路腐食型応力腐食割れ（APC-SCC）

（1）　概要

APC-SCC は，塩化物水溶液中のオーステナイト系ステンレス鋼などに見られる．引張応力による塑性変形によって合金の組織中に溶解されやすい経路（活性経路）が形成される．そこに応力下の腐食による深いトンネル孔食が進行する．この部分に引張応力が集中してトンネル間が延性破壊し，割れが形成される．割れ先端でアノード溶解が生じ，割れ壁面あるいは外部表面でカソード反応が行われる（図 10.1(a) 参照）．APC-SCC はアノード分極下で促進される．

（2）　活性経路腐食による割れの機構

不働態皮膜を有する合金に引張応力を負荷しすべりを起こさせると，すべりステップの所に皮膜のない新生面が生じる．この新生面は環境による腐食を受けやすく，Smith と Staehle[12] はすべりステップに沿った腐食を観察している．また，Pickering と Swann[13] はすべりステップにトンネル状の腐食孔が生じ，応力下で腐食孔間の壁が延性破壊されると割れが生じると考えた．すなわち，すべりステップが腐食の活性経路となる．

すべりステップに割れが発生しても，不働態化性の環境中では割れ内部がすぐ再不働態化し，割れは成長を停止する．割れ先端では再不働態化皮膜の成長と共に応力が高くなり，皮膜はある厚さに達すると剪断破壊を起こす．皮膜が破壊されると割れ先端部の歪み硬化部分が溶解し，すべり面上ですべりが進展する．そして，新生すべり面での溶解と再不働態化が行われる．Vermilyea[14] と Scully[15] は，このような割れ先端での不働態破壊-すべり-溶解-再不働態化の繰り返しによる割れ伝播を考えた．**図 10.8** に Scully[15] による割れ伝播過程を示した．また，**図 10.9** に図 10.8 の(b) から(d) までの過程中に生じる電流の経時変化を示した[15]．曲線の灰色部分の電気量が割れ成長 1 サイクルの金属の溶解量（溶解 ＋ 皮膜形成）Q に相当する．Scully は Q がある値を超えると，言い換えると皮膜がある厚さを超えると，皮膜が破壊し亀裂が進展すると考えている．

以上を総合すると，APC-SCC の発生と成長の過程は次のようになると考えられる．

①すべり速度の大きい場所における新生面の生成，②新生面における腐食孔の発生，③腐食孔同士の結合による割れの形成，④割れ内の不働態化と割れの成長停止，⑤割れ先端での歪みによる不働態皮膜の破壊，⑥すべりとその部分の溶解による割れの成長，⑦割れ内の再不働態化と割れの成長停止，⑧⑤～⑦の繰り返し．

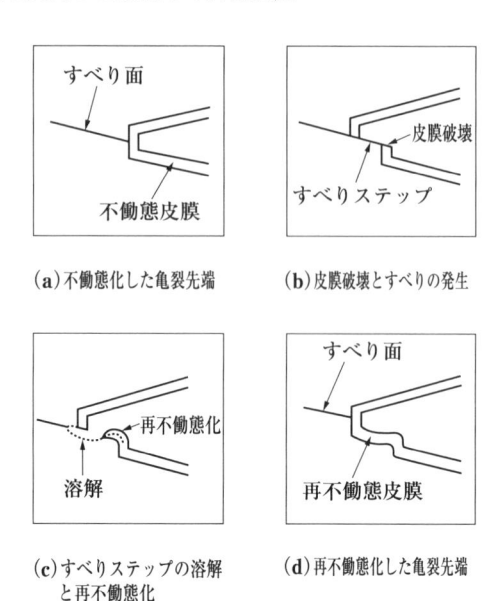

(a) 不働態化した亀裂先端　(b) 皮膜破壊とすべりの発生

(c) すべりステップの溶解と再不働態化　(d) 再不働態化した亀裂先端

図 10.8 皮膜破壊-溶解-再不働態化の繰り返しによる亀裂進展(Scully[15]による図を元に作成)

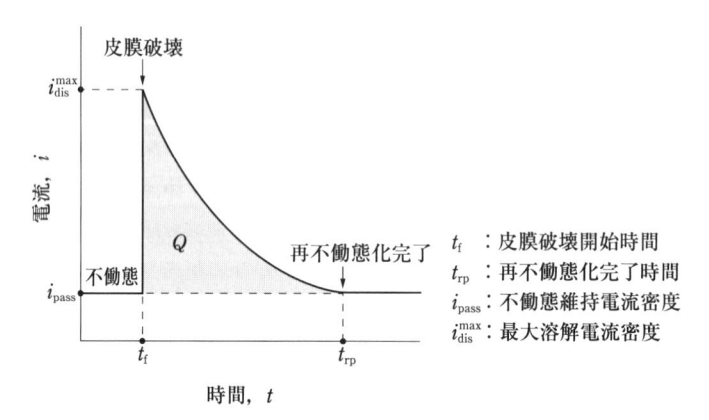

t_f：皮膜破壊開始時間
t_rp：再不働態化完了時間
i_pass：不働態維持電流密度
$i_\mathrm{dis}^\mathrm{max}$：最大溶解電流密度

図 10.9 亀裂先端での皮膜破壊-溶解-再不働態化に伴う電流の時間的変化[15]

(**3**) 転位構造と粒内割れ感受性の関係

APC-SCC の発生には，すべりの様式が関わっている．すなわち，微細すべりではすべりステップが多いため全面腐食になりやすいが，粗大すべりでは少ないすべりス

テップに腐食孔が形成され，そこに応力が集中し割れに発展しやすい．すべりの様式は合金の転位構造と関係があるので，Swann と Nutting[16] は合金の応力腐食割れ感受性を転位構造に基づいて次のように説明している．すべり系が少なく転位分布がプラナ構造(planar array)となる合金(例えば Fe–Cr–Ni 系ステンレス鋼)は，方向性を持つ粗大すべりが起こりやすいので粒内割れ感受性が高い．一方，すべり系が多く転位分布がセル構造(tangled array)となる合金(例えば Fe–Cr 系ステンレス鋼)は，粗大すべりが起こりにくいので粒内割れ感受性は低い．

10.2.9 変色皮膜破壊型応力腐食割れ(TR-SCC)

(1) 概要

合金上に密着性は良いが厚くて脆い表面皮膜が生成するときには，応力集中箇所におけるこの皮膜の破壊と修復の繰返しによって割れが進行する．この場合，割れ先端の金属は腐食により皮膜を形成するが溶解はしない．形成された皮膜の破壊が割れ伝播の原因となる．すなわち，TR-SCC は APC-SCC の範疇に入るが，APC-SCC では割れ先端の溶解(と再不働態化)を考慮するのに対して TR-SCC では皮膜形成のみを考えている．

このような皮膜破壊で割れが進む機構は，アンモニア環境中の純銅の応力腐食割れによく当てはまることが知られている[17]．この環境中では純銅の表面に酸化銅 CuO の黒色の脆い皮膜が形成されるので，変色皮膜破壊機構(tarnish-rupture mechanism)と呼ばれる．

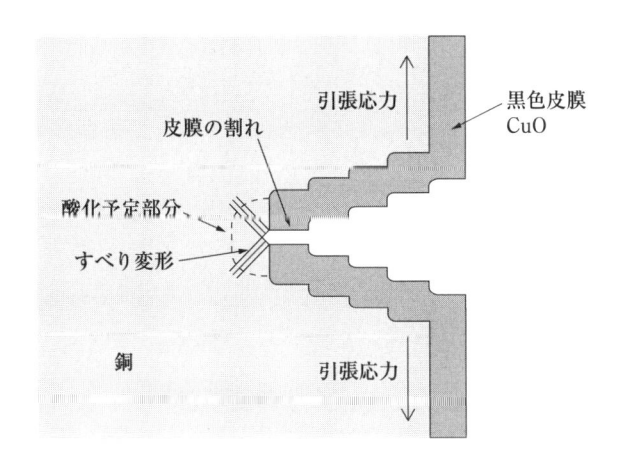

図 10.10 変色皮膜破壊機構による応力腐食割れ

(**2**) 変色皮膜破壊による割れの機構

TR-SCCによる割れの進展を模式的に図10.10に示した．TR-SCCは，①応力による皮膜の機械的破壊，②破壊された箇所の下地金属の塑性変形，③塑性変形部における皮膜の補修，④補修された皮膜の破壊，⑤これらの繰り返しによる割れの成長，という過程を経ると考えられている．

10.2.10　水素脆性型応力腐食割れ(HE-SCC)

(**1**)　概要

HE-SCCは，湿潤硫化水素環境中の低合金高張力鋼などに見られる．引張応力下で表面皮膜が破壊された部分に局部腐食が起こり，カソード反応で生じた原子状水素Hが合金中に吸収され，特定の場所に集積し，微視的ボイド(void)を形成して強度を弱めるかあるいは脆い水素化物を形成し，そこに引張応力が集中することによって破壊が生じる．この場合には，割れ先端でカソード反応により発生したHが吸収される．アノード反応による溶解は，割れの外側の表面(または壁面)で行われる(図10.1(b)参照)．HE-SCCはカソード分極下で促進される．

(**2**)　水素脆性による割れの機構

応力集中箇所先端の塑性変形域に入った水素原子によるボイド形成の促進と，それによる鋼強度の局部的低下を考える説によれば，水素脆性による割れは，次のような①～⑦の過程を経て生じると考えられる[18,19]．

すなわち，①腐食による原子状水素の発生，②鋼表面への水素の吸着，③鋼内への水素の吸収，④塑性変形箇所における微視的ボイド形成の促進，⑤ボイドの集合による鋼の機械的強度の低下，⑥局部的・機械的破壊の進行，⑦局部的延性破壊，の順序に進むと推定される．割れ発生過程における水素の役割としては，塑性変形箇所に原子的損傷である微視的ボイドとその集合体であるミクロ亀裂の形成を助けることである．

上記の説の他に，固溶水素が金属結合力を弱めるとする説，脆い水素化物の生成とその破壊を考える説，クラック先端に吸着した水素による表面エネルギーの低下が割れ進展を促進するとする説，金属内の欠陥に析出したH_2の高圧力によりクラックが発生するとする説，などがある[20]．

10.2.11　APC-SCCとHE-SCCの区別法

定電位分極下の応力腐食割れ試験における試料の破断時間と電位の関係を図10.11に示す[21]．アノード分極側で破断時間が低下すればAPC-SCC(同図(a))，カソード

10.2 応力腐食割れ　209

(a) APC-SCC の場合
(b) HE-SCC の場合
(c) APC-SCC と HE-SCC が共に起こる場合

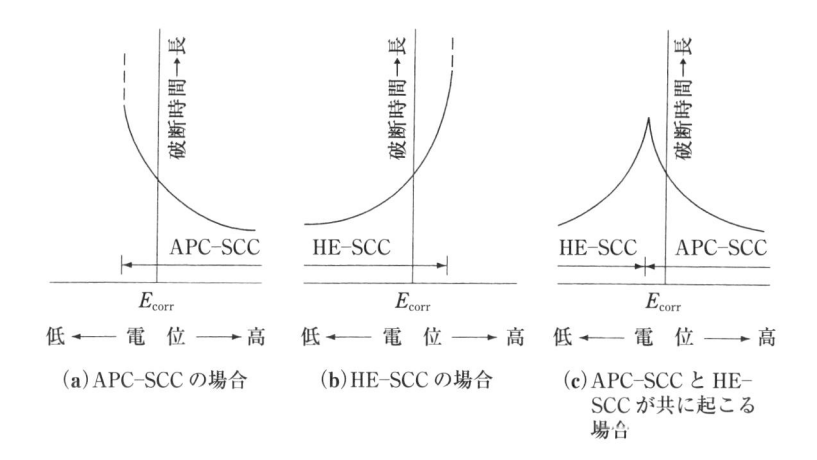

図 10.11 破断時間に及ぼすアノードおよびカソード分極の影響[21]

分極側で破断時間が短くなれば HE-SCC(同図(b))と判断される．電位に応じて応力腐食割れ機構が変わる場合もある(同図(c))．しかし，APC-SCC と見られる場合でも，割れ内部の溶液は低 pH，高 Cl^- 濃度となっているので，割れ内部の金属面では水素発生反応が起こり，割れの進展に H が関与することがある．したがって，応力腐食割れ機構の確定には注意を要する．

10.2.12 割れ発生臨界電位と割れ停止電位

前項で述べたように，APC-SCC および HE-SCC には，割れ発生臨界電位がある．**図 10.12** は，46.4% $MgCl_2$(422 K(149 ℃))中の 18 Cr-9 Ni 鋼について定電位分極下の定荷重引張試験法(負荷応力 294 MPa)で求めた応力腐食割れの誘導期間 t_i，伝播期間 t_p，破断時間 t_f の電位依存性を示す[22]．この場合の応力腐食割れ発生臨界電位は，腐食電位に相当する -360 mV(SCE 基準)と考えられる．しかし，伝播しだした割れを止めるには，もっと低い電位にする必要がある．**図 10.13** は，図 10.12 と同じ条件の下で，割れの伝播期間に入ってから割れの伝播を止める電位を求めた実験の結果を示している[22]．割れの伝播を完全に止めるには，-390 mV にしなければならないことが分かる．すなわち，割れ発生電位と割れ停止電位は異なる．なお，隙間環境下で発生する応力腐食割れの場合には，その発生臨界電位は隙間腐食再不働態化電位 $E_{r,crev}$ に一致していることが報告されている[23]．

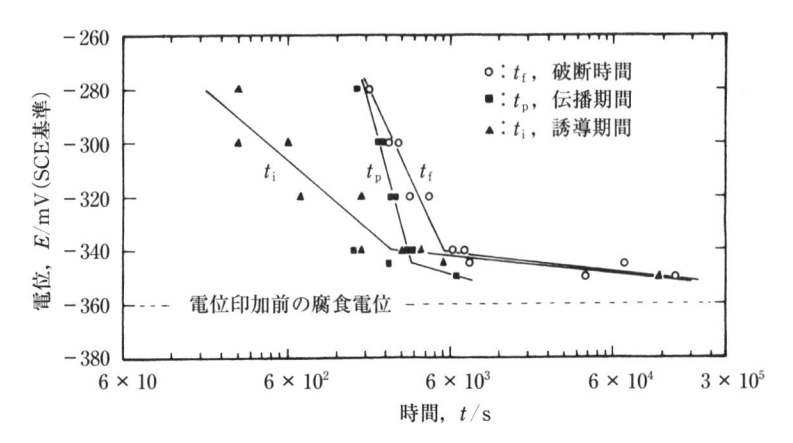

図10.12 18 Cr-9 Ni 鋼の応力腐食割れの誘導時間, 伝播時間, 破断時間と電位の関係[22]. 溶液：46.4% $MgCl_2$(422 K(149℃)), 負荷応力：294 MPa

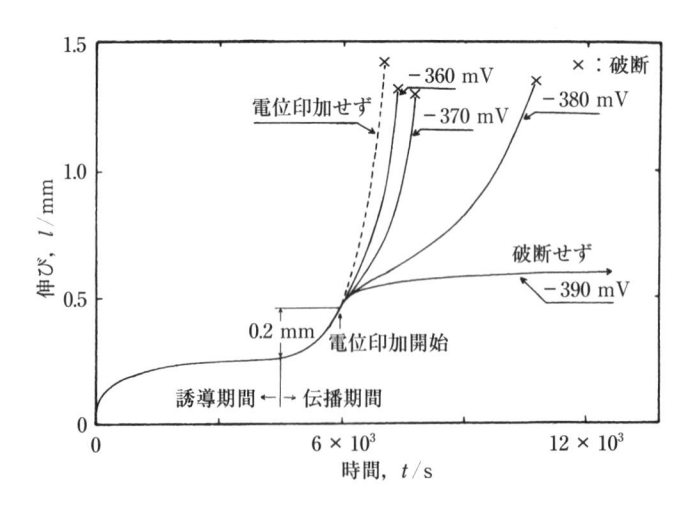

図10.13 18 Cr-9 Ni 鋼の応力腐食割れによる伸び-時間曲線の印加電位による変化[22]
溶液：46.4% $MgCl_2$(420 K(147℃)), 負荷応力：294 MPa

10.2.13 応力腐食割れ成長速度とアノード電流密度の関係

APC-SCC に分類される応力腐食割れでは，すべりステップにおけるアノード溶解が割れ成長に大きく関与していると推察される．Lacombe と Parkins[24] は，材料と環境の組み合わせが異なる種々の応力腐食割れについて求めた平均割れ成長速度と別に歪み電極法で求めた応力腐食割れ発生電位におけるアノード電流密度の関係を検討した．結果を図 10.14 に示す．条件の異なる応力腐食割れの成長速度と歪み電極の新生面のアノード溶解速度との間にはよい対応関係があり，図中の各種応力腐食割れは，条件が異なっていても，APC-SCC 機構に基づいて論ずることができることを示唆している．なお，図中の直線は，$v_c = i_a M/zF\rho$ (v_c：割れ成長速度，i_a：アノード電流密度，M：原子量，z：価電子，F：ファラデー定数，ρ：密度)を使って求めた計算値を示す．

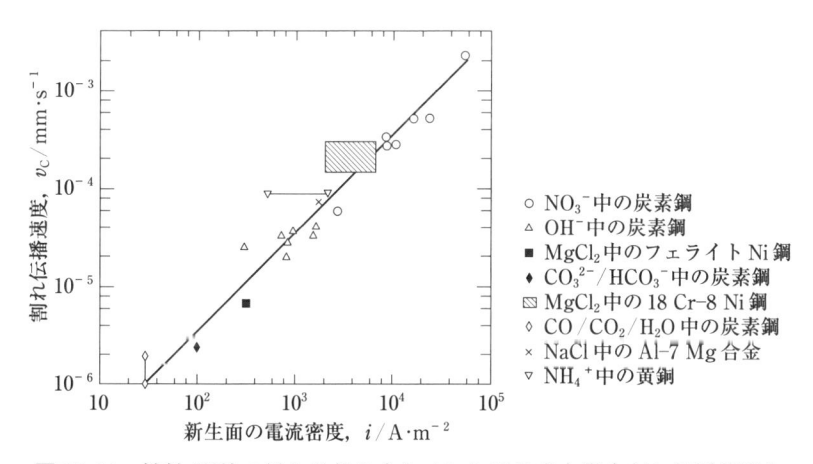

図 10.14 材料/環境の異なる組み合わせにおける応力腐食割れ伝播速度と歪み電極アノード電流密度の関係[24] (原図の一部訂正)

10.2.14 応力腐食割れ成長速度と応力拡大係数の関係

材料の機械的破壊における割れ先端の力学的条件は，破壊力学を適用することによって厳密に規定することができる．したがって，応力腐食割れにおいても，割れ先端の応力状態を破壊力学的パラメータで表し，これと割れの成長開始および成長速度との関係を検討することが行われている[25]．

（1） 応力拡大係数

割れ開始や成長の条件を力学的パラメータで規定できたときには，小さな試験片を用いて得た実験室的な結果であっても，その結果は直ちに大型構造物における応力腐食割れの開始と成長の予測に使用できる．

破壊力学によれば，均一な引張応力下にある金属板中に小さな亀裂が存在するとき，亀裂先端の応力場の大きさは式(10.1)で示される応力拡大係数(stress intensity factor) K で表すことができる．

$$K = \sigma(\alpha\pi C)^{1/2} \quad （単位：MPa\cdot m^{1/2}） \tag{10.1}$$

ここで，σ は公称応力，α は形状係数，C は亀裂長さの 1/2 である．

（2） 破壊力学試験に用いる試験片

応力拡大係数を規定した破壊試験に用いる試験片の形状にはいろいろのものがあり，ASTM 規格 E 399 が参考になる．単軸引張応力腐食割れ試験には，図 10.15 に示す疲労予亀裂を導入したコンパクトテンション試験片(compact tension specimen；CTS)がよく使用される．疲労予亀裂を入れるのは，切り欠き先端をできるだけ鋭くし，塑性拘束を大きくするためである．試験片に付けられた予亀裂先端の応力拡大係数 K_I は次式で求められる(下付添字 I はクラック開口モードの K であることを表す)．

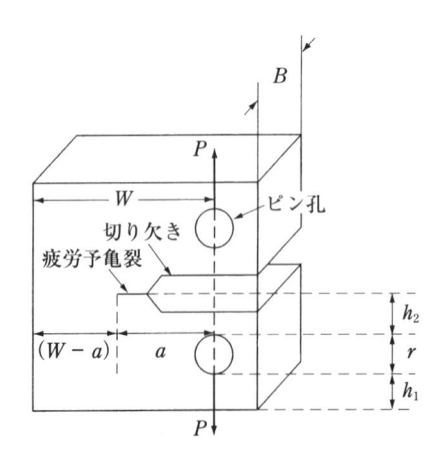

図 10.15 コンパクトテンション試験片

$$\begin{aligned}K_\mathrm{I} = \left(\frac{P}{BW^{1/2}}\right)\Bigl[&29.6\left(\frac{a}{W}\right)^{1/2} - 185.5\left(\frac{a}{W}\right)^{3/2} + 655.7\left(\frac{a}{W}\right)^{5/2}\\&- 1017\left(\frac{a}{W}\right)^{7/2} + 638.9\left(\frac{a}{W}\right)^{9/2}\Bigr]\end{aligned} \tag{10.2}$$

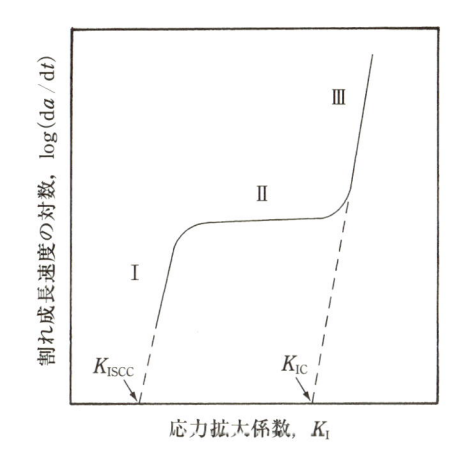

図10.16 応力拡大係数と割れ成長速度の関係

ここで，Pは荷重，Bは板厚，Wはピン孔の中心から試験片の端までの距離，aは亀裂長さである．B, W, aの間には次の関係がある（$W = 2B$, $a = 0.5W$, $W-a = B$）．疲労予亀裂の長さは$0.025W$である．また，図10.15中の寸法h_1, r, h_2とBの間には次の関係がある（$h_1 = 0.65B$, $r = 0.25B$, $h_2 = 0.30B$）．試験片の寸法は，平面歪み状態を満足することが重要である．

（3）応力拡大係数と応力腐食割れ成長速度

ある環境中で応力腐食割れが発生および成長する場合には，応力拡大係数と割れ成長速度との関係に，図10.16に示すように，三つの領域が現れることが知られている．

領域Ⅰ：応力腐食割れによりクラックが小さい速度で成長する領域．成長速度はK_I値に依存して大きくなる．この領域では単一クラックが成長する．

領域Ⅱ：応力腐食割れによるクラック成長速度がK_I値に依存せずほぼ一定になる領域．この領域の高K_I値側ではクラックの枝分かれが生じる．

領域Ⅲ：機械的割れの領域．クラックは音速並の極めて大きい速度で成長する．

領域Ⅰを割れ成長速度ほぼゼロに外挿した点K_{ISCC}を応力腐食割れの下限界応力拡大係数(threshold stress intensity factor for stress-corrosion cracking)という．また，領域Ⅲを割れ成長速度ほぼゼロに外挿した点K_{IC}を破壊靭性(fracture toughness)という．K_{ISCC}以上で応力腐食割れの成長が起こる．また，K_{IC}以上で不安定破壊（脆性

破壊(brittle fracture))が生じる.

　上の説明のように，領域ⅠとⅡは環境に依存して現れる．しかし，領域Ⅲは環境に依存しない．領域Ⅰでは腐食速度＞変形速度で，変形過程が律速になっている．領域Ⅱでは腐食速度＜変形速度で，腐食反応関与物質の拡散過程が律速になっている．また，この領域ではクラックの枝分かれにより個々のクラック先端でのK_1値は低下しており，これも見掛け上クラック成長速度がK_1値に依存しない理由の一つである．領域Ⅲは機械的破壊であるので，この領域の割れには腐食は関与しない．したがって，応力腐食割れの成長が起こるのはK_1の値が領域ⅠとⅡにあるときである．領域Ⅱは2段階になることもある．

10.2.15　応力腐食割れの防止策

　応力腐食割れは環境因子，応力因子，材料因子の三つの組み合わせで生じるので，応力腐食割れの防止策としては，これらのうちの一つを応力腐食割れが起こらない条件にすればよい．

（**1**）　環境因子の制御
　　①カソード防食法の適用．APC-SCC，TR-SCC の防止には有効である．
　　②有害イオンの除去．例えば，Cl^- などを除く．
　　③酸化剤の除去．例えば，溶存酸素などを除く．
　　④インヒビターの添加．例えば，$NaNO_3$ などを添加する．
　　⑤全面腐食性の環境にする．
　　⑥隙間環境を作らない．すなわち，局所的な侵食性イオンの濃縮を避ける．
　　⑦操業条件の変更．例えば，装置運転温度を下げる．

（**2**）　応力因子の制御
　　①熱処理による残留引張応力の除去．
　　②設計・工作法の改善，構造の改善による応力集中の防止．
　　③表面仕上法の改善による表面への残留圧縮応力付与．例えば，ショットピーニング，レーザーピーニングなどをする．
　　④溶接法の改善による溶接部への残留圧縮応力の付与．例えば，内面水冷多層溶接など．

（**3**）　材料因子の制御
　　①組織の改善．例えば，$\alpha \cdot \gamma$ 二相ステンレス鋼のように二相組織にする．
　　②合金元素の添加または高純度化．
　　　オーステナイト系ステンレス鋼の塩化物割れには，次のいずれかが有効．

(a) 割れにくくする元素(Ni, Mo, Si, C など)の添加.
(b) 割れやすくする元素(P, N, As, Sb, Bi, Pt など)の除去.
ただし,オーステナイト系ステンレス鋼の高温高圧水中の割れに対しては,鋭敏化を起こす C を極力低減する.
③ 応力腐食割れを起こさない合金を表面にクラッド(貼り合わせ)する.
④ 加工度を極度に大きくする.すなわち,全面腐食性を持たせる.
⑤ 表面塗装を施す.すなわち,環境との接触を遮断する.

10.3 水 素 脆 性

10.3.1 水素起因の材料損傷

水素は原子半径が小さいため,金属の結晶格子中へ容易に侵入する.そのため,腐食環境中あるいは高圧水素ガス中で使用されたときには,金属材料は以下のような損傷を受けることがある.

(**1**) 水素脆性(hydrogen embrittlement)
腐食による水素が金属中に微量吸収されたことによって起こる金属の延性や強度の低下とそれによる割れ.

(**2**) 水素化物脆化(hydride embrittlement)
腐食による水素原子が金属と反応して脆い水素化物を形成することによる割れ.

(**3**) 水素誘起割れ(水素ふくれ)(hydrogen-induced cracking)
腐食による水素原子が金属中の非金属介在物の所で水素ガスとして析出することによる割れ.

(**4**) 水素侵食(hydrogen attack)
高圧水素ガスからの水素原子が金属中の炭化物と反応しメタンとなることによる割れ.

上記の(1)〜(3)は腐食のカソード反応による水素が原因の割れであり,水素脆性型応力腐食割れ(HE-SCC)に含められることもある.しかし,(3)は負荷応力がなくても生じるので HE-SCC とは区別し,一般に HE-SCC というときには(1)と(2)を指すことが多い.(1)と(2)は腐食環境中で引張応力を負荷された金属に生じるので,割れの原因を解析しないと区別しにくい.そのため,(1)と(2)をまとめて「水素脆性」といっている場合もある.このようなときには,(1)を拡散支配型水素脆性(割れ進展が水素の拡散速度に支配される),そして(2)を析出支配型水素脆性(割れ進展が水素化物の析出速度に支配される)としている.しかし,一般的に「水素脆性」というとき

には，高張力鋼を代表とする鉄鋼材料に生じる(1)のタイプを指すことが多いので，ここでは(1)のみを水素脆性と呼び，(2)は水素化物脆化として区別することにする．

10.3.2 金属表面における水素の発生と吸着

金属材料の水素脆性の第一段階は，金属表面における水素原子の発生と吸着である．水溶液中における腐食においては，水素原子は腐食のカソード反応で H^+ が還元されることによって発生する．金属表面上における水素発生反応は，次のような素反応を経て進行することが知られている．

$$H^+ + e^- + M \rightarrow MH_{ads} \quad (\text{Volmer 反応}) \quad (10.3)$$

$$MH_{ads} + H^+ + e^- \rightarrow H_2 + M \quad (\text{Heyrousky 反応}) \quad (10.4)$$

$$MH_{ads} + MH_{ads} \rightarrow H_2 + 2M \quad (\text{Tafel 反応}) \quad (10.5)$$

ここで，M は金属，MH_{ads} は電極上に化学吸着した水素原子を表している．H^+ は式(10.3)から式(10.4)または式(10.3)から式(10.5)を経て H_2 になるが，MH_{ads} の一部は金属中に吸収され，これが水素脆性の原因となる．いずれの経路をたどるかは金属の種類に依存するが，いずれにしても式(10.4)あるいは式(10.5)の右向きの反応が阻害され H_2 発生が困難になると MH_{ads} は金属中に吸収されやすくなる．鉄やニッケル上では式(10.3)から式(10.4)の経路をたどると考えられており，H_2S などの硫化物は式(10.4)の反応を阻害する触媒毒(catalyst poison)であることが知られている．そのため，鉄鋼材料は硫化物環境中で水素脆性を起こしやすく，このような環境中の割れは硫化物割れあるいは硫化物応力腐食割れ(sulfide stress corrosion cracking；SSCC)と呼ばれている．

MH_{ads} の状態には，共鳴型(resonance type)と溶解型(solution type)の 2 種類がある．前者は表面の金属原子と吸着した水素原子が共鳴型の化学結合をしている場合であり，後者は水素原子が金属格子中にほとんど入り込んで固溶体に近い状態になっており，水素原子の 1s 電子が伝導帯に入って金属結合に寄与している場合である．金属表面にカソード析出した水素原子は共鳴型吸着から溶解型吸着になり，さらに金属内部に拡散していくものと考えられる．

10.3.3 金属中の水素の存在状態

水素の原子半径は，1s 電子の広がりを示す Bohr 半径で 0.052 nm であり，極めて小さいので，金属中にある水素はたいてい格子間に存在する．bcc, fcc, hcp のいずれの格子においても，比較的大きな空間を持つ格子間位置は**図 10.17** に示すように 6 個の金属原子に囲まれた八面体位置(octahedral interstice)と 4 個の金属原子に囲まれ

10.3 水素脆性

fcc	hcp	bcc

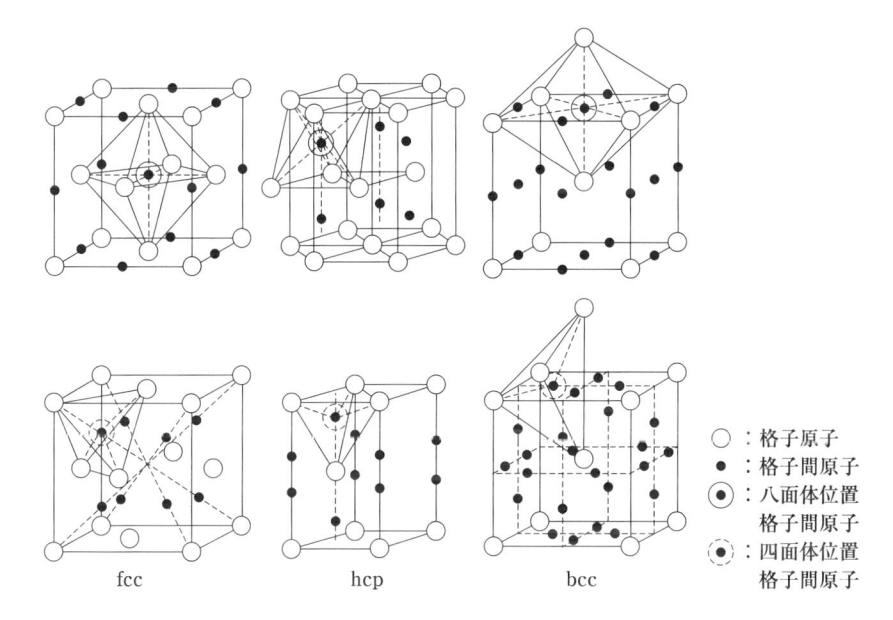

○：格子原子
●：格子間原子
⊙：八面体位置格子間原子
⦿：四面体位置格子間原子

図 10.17 結晶構造と格子間位置[26]

た四面体位置(tetrahedral interstice)である[26]．bcc では八面体位置の方が，また，fcc では四面体位置の方が広いが，水素が安定位置としてどちらの位置を占めるかは，未だはっきりしていない．水素と同じように格子間侵入元素である C や N は，いずれの格子中でも八面体位置に入るといわれている．

　金属の結晶格子中に入った水素原子は，その 1s 電子の一部が伝導帯に移り，イオン化した状態(遷移金属では H^+)になっていると考えられている．金属中の水素原子は格子間を自由に移動することができ，移動のための活性化エネルギーも極めて小さい．例えば，α-Fe 中の水素の拡散の活性化エネルギーは約 $7.11\,\mathrm{kJ\cdot mol^{-1}}$($1.7\,\mathrm{kcal\cdot mol^{-1}}$)である．しかし，実用の金属材料中での水素の拡散の活性化エネルギーはこれよりも 3〜5 倍大きい．したがって，水素は材料中の種々の欠陥にトラップされながら移動していると考えられる．欠陥にトラップされた水素の存在状態は欠陥のサイズに依存し，空孔や転位のような極めて小さい欠陥では H^+，集積転位や粒界などの中程度の欠陥では H，空洞や割れ目のような大きな欠陥では H_2 の形であろうと考えられている．

10.3.4 水素脆性が生じるときの負荷応力-破断時間曲線

強度の高い高張力鋼やマルエージング鋼に水素脆性が生じることはよく知られている．水素脆性は，腐食環境中でこれらの材料に引張強さ以下の応力を負荷したとき，ある時間を経て発生する．このため，遅れ破壊(delayed fracture)と呼ばれることもある．高張力鋼に水素脆性が生じるときの負荷応力-破断時間曲線を**図 10.18**に模式的に示した[27]．上限界応力は通常の歪み速度で求めた引張強さで，これ以上の応力では機械的破壊になる．これ以下の応力を負荷したとき，水素脆性はある誘導期間 t_i を経たのち始まり，ある伝播期間 t_p を示したのち破断を起こす．多くの場合，割れが生じなくなる下限界応力値が存在する．

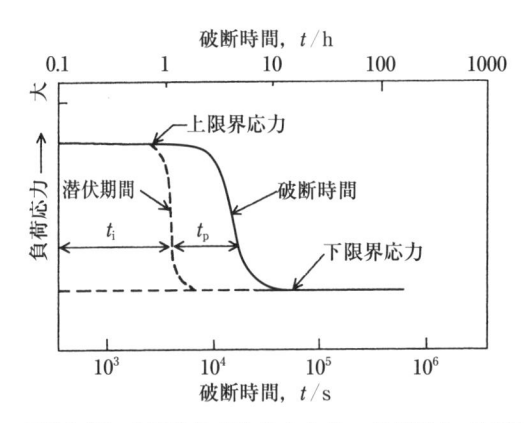

図 10.18 高張力鋼に水素脆性が生じるときの負荷応力-破断時間曲線[27]

10.3.5 水素脆性割れ成長速度と応力拡大係数の関係

水素脆性が起こる場合にも，割れ成長速度と応力拡大係数 K_I の関係には，10.2.14 の図 10.16 に示した曲線と同じように，三つの領域が現れる．すなわち，割れ成長速度が K_I にゆるやかに依存する領域(領域Ⅰ)，割れ成長速度が K_I に依存しない領域(領域Ⅱ)，割れ成長速度が K_I に大きく依存する領域(領域Ⅲ)，である．領域Ⅰでは応力による材料の変形速度が割れの律速段階であり，領域Ⅱでは腐食による水素の供給速度が割れの律速段階であり，領域Ⅲでは腐食が全く関与しない脆性破壊が生じる．領域Ⅰの下限界の K_I 値は K_{ISCC} に相当し，水素脆性においても K_{ISCC} を高めることが材料を安定に使用するうえで重要である．

10.3.6 合金の強度と水素脆性感受性

水素脆性感受性に影響を及ぼす金属学的因子のうち最も影響の大きいのは，合金の強度である．高張力鋼の場合，**図 10.19** に示すように，引張強さが 1.18 GPa (120 kgf·mm^{-2}) を超えると，急に水素脆性感受性が高くなる[28]．同一鋼種について熱処理によって組織を変え，強度レベルを変えた場合にも強度の高い組織ほど水素脆性感受性が高い．例えば，4340 鋼 (0.4% C, 0.3% Si, 0.75% Mn, 1.83% Ni, 0.80% Cr, 0.25% Mo) の焼戻しマルテンサイト組織と焼戻しベイナイト組織とでは，前者の方が強度が高くそして水素脆性感受性も高い．要するに，内部応力が高く，格子が歪んでいる組織ほど水素脆性感受性が高くなる．これは，このような組織になるほど水素のトラップサイトとなる合金内の欠陥が増えるためであると考えられている．SCM3 鋼 (0.2% C, 0.7% Mn, 1.0% Cr, 0.3% Mo) の焼戻し温度を変えて強度を変えた場合の水素溶解量の変化を**表 10.2** に示した[29]．鋼の強度が高くなるほど水素溶解量が増えており，水素脆性感受性の増加と良い対応がある．

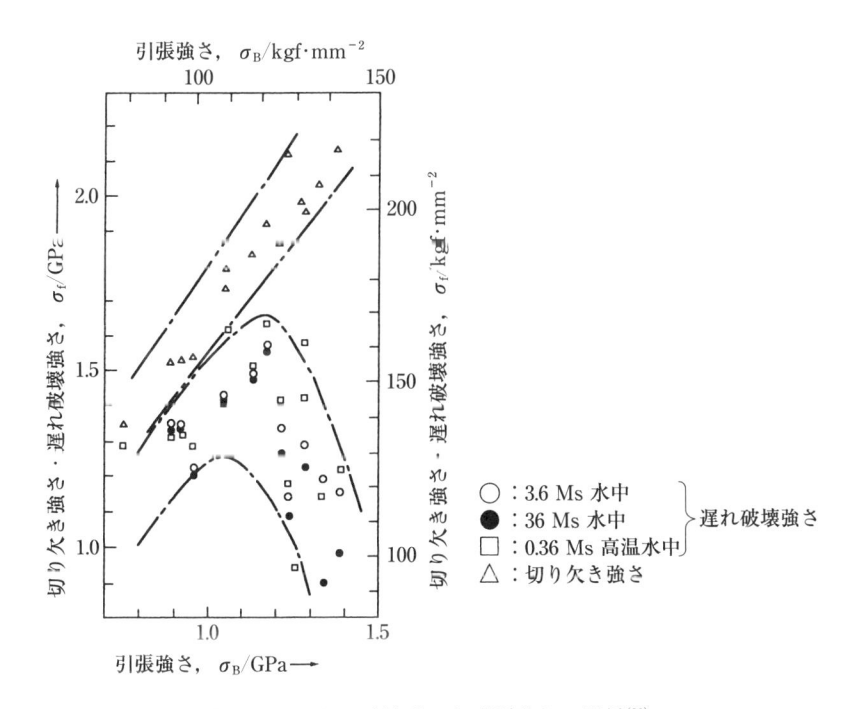

図 10.19 遅れ破壊強さと引張強さの関係[28]

表10.2 SCM 3 鋼の引張強さと水素溶解量の関係[29]

引張強さ (GPa)	焼戻し温度 (K)	水素の拡散定数 (10^{-11} m^2·s^{-1})	水素溶解量(10^{-2} mol·m^{-3}) 水素平衡電位	水素溶解量(10^{-2} mol·m^{-3}) 腐食電位
2.03	焼入れのまま	3.96	515	517
1.96	373	4.47	330	600
1.82	473	4.70	182	192
1.62	573	6.71	140	160
1.55	673	7.26	83	109
1.32	773	9.75	50	64
1.12	873	16.0	29	61.5
0.74	973	72.5	5.9	7.35

溶液：重フタル酸カリウム緩衝液(pH 3.8)
温度：293 K(20 ℃)

10.3.7 水素脆性割れの形態

　低合金鋼の水素脆性では，亀裂先端の K_I 値，水素供給速度，組織，温度などに応じて，ディンプル型，擬劈開型，粒界型などの様々な破面が現れる．Beachem[30]はNiCrMo 低合金鋼(0.15%および 0.28% C)の HE-SCC 試験を 3.5% NaCl 水溶液中で行い，鋼の破壊様式と亀裂先端の K_I 値の関係を，**図 10.20**(a)〜(d)のように模式的に示している．K_I が大きい(K_C に近い)場合には，亀裂先端付近では固溶水素によって塑性変形が促進され，この領域内でのボイドの発生と凝集によりディンプル破壊が起こる(図 10.20(a))．K_I が中程度の場合は，亀裂先端付近の塑性変形が少なくなり，擬劈開破壊になる(図 10.20(b))．これよりも K_I が小さいときには，塑性変形を伴わない粒界破壊になる(図 10.20(c))．K_I が極めて小さい場合は，粒界に集積した水素ガスの応力による粒界破壊になる(図 10.20(d))．

10.3.8 水素脆性の機構

　合金の水素脆性には，合金内の特定応力場や欠陥に集積した水素原子が原因となるものと合金内に析出した水素化物が原因となるものの 2 種類がある．高張力鋼や高力アルミニウム合金の水素脆性は前者の例であり，チタン合金やジルコニウム合金の水素脆性は後者の例である．後者のように脆い水素化物の破壊が原因である場合には割れの機構はそれほど問題にならないが，前者のように拡散性の水素の集積だけが原因と考えられる場合には割れの機構は不明確であり，いくつかの説が提出されている．それらの中の代表的なものは，次のようなものである．

(a) K_1 大，ディンプル型　　(b) K_1 中，擬劈開型

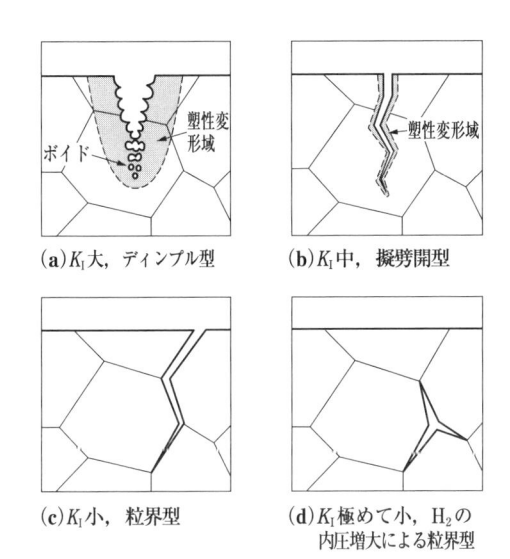

(c) K_1 小，粒界型　　(d) K_1 極めて小，H_2 の内圧増大による粒界型

図 10.20　K_1 の大きさによる水素脆性割れの形態の変化(Beachem[30]の図を元にして作成)

(**1**)　析出水素ガスを原因とする機構

合金内のボイド，非金属介在物と素地の界面，転位の集積によって発生した微視的クラック，などの中に入った水素原子が，水素分子 H_2 となり，内圧を高めるためにこれらの部分から割れが発生するという考え方(例えば Tetelman と Robertson[31])．

(**2**)　吸着水素原子を原因とする機構

ボイドの中に拡散してきた水素原子が，ボイドの内壁に吸着して表面エネルギーを低下させるため，低い応力下でもボイドから割れが発生するという考え方(例えば Petch[32])．

(**3**)　転位に集積した水素原子を原因とする機構

応力場の下にある転位に水素原子が集まり，Cottrell 雰囲気が形成されるために転位の易動度が低下し，脆性が起こるという考え方(Vaughan と de Morton[33])．転位の易動度の低下が直接割れの原因でなくとも，このような転位に沿って水素雰囲気がボイド内などに運ばれることも割れの原因となる．

(**4**)　格子間水素原子を原因とする機構

ボイドの応力集中部の先端に形成された，塑性変形域内の三軸応力場に水素原子が集積し，この部分の金属格子の原子間結合力を低下させるという考え方(例えばTroiano ら[34]，Oriani と Josephic[35])．格子間に集まった水素原子が応力方向に垂直

な薄い板状集合体を形成し，これが脆化の原因になるという考えもある．
　（**5**）　吸収水素による塑性変形域での原子空孔形成促進を原因とする機構
　応力集中部の先端に形成された塑性変形域に入った水素原子が原子空孔の形成を促進し，原子空孔は時間の経過と共に集合して微視的ボイドとなり，微視的ボイドが凝集してある大きさになるとボイド間に延性破壊が起こり，マクロ亀裂へと発展するという考え方(Beachem[30]，Nagumo ら[18,19])．水素の役割は，塑性変形域において原子的損傷である原子空孔の形成を助けることにあり，水素脆性が極めて少量の拡散性水素で起こることを示唆している．

　上記のうち(1)～(4)は古典的な説であり，水素脆性割れを脆性破壊として捉えている．それに対して(5)は比較的新しい考え方であり，水素脆性割れを局在化した延性破壊として捉えている．水素脆性破面には延性破壊の特徴もあるので，この機構はこのような特徴が生じる理由の説明になる．

10.3.9　水素脆性の防止法

　水素脆性の防止法の基本的考え方は，10.2.15で述べた応力腐食割れの防止法と同じである．すなわち，環境因子，応力因子，材料因子の中の一つを水素脆性が起こらない条件にすればよい．

（**1**）　環境因子の制御
　①アノード防食法の適用．すなわち，対象物の電位を不働態域の電位に保つ．
　②インヒビターの添加．例えば，NO_3^-を添加する．
　③水素過電圧を高める物質の除去．例えば，H_2Sなどを除く．
　④隙間構造を作らない．すなわち，隙間内でのpH低下による水素発生型腐食を避ける．

（**2**）　応力因子の制御
　①内部応力の除去．例えば，焼なましにより残留引張応力を除く．
　②設計の変更．すなわち，応力集中箇所を作らないようにする．

（**3**）　材料因子の制御
　①強度を下げる．例えば，引張強さ980 MPa($100 kgf\cdot mm^{-2}$)以下の鋼を使用する．
　②組織の改善．例えば，マルテンサイト組織を避ける．鋼中の非金属介在物を減らす．
　③表面の軟化．例えば，鋼表面の脱炭，あるいは焼戻しを行う．
　④表面被覆の形成．例えば，亜鉛や軟鋼の溶射被覆あるいは合成樹脂塗装の施

エ.
⑤層状複合体の形成．例えば，18 Ni マルエージング鋼とアームコ鉄の複合体の作製．

10.4 腐食疲労

10.4.1 腐食疲労の S-N 曲線

　腐食疲労(corrosion fatigue)とは，腐食環境中で金属材料に繰返し応力を加えたとき，金属材料の疲労強度と疲労寿命が低下する現象をいう．非腐食性環境中で金属材料の疲労試験をすると，負荷応力 S の大きさと破断までの負荷繰返し数 N の関係を示す S-N 曲線に疲労限度(fatigue limit：負荷を繰返しても疲労破壊が起こらない上限界応力)が認められる．しかし，腐食性環境中での試験では，S-N 曲線に疲労限度が認められなくなる．この様子を図 10.21 に模式的に示した[36]．腐食性環境中では，大気中に比べて，同じ負荷応力振幅における破断繰返し数 N も減少する．腐食疲労は普通の構造用材料が普通の環境中で使用されるとき，例えば炭素鋼が淡水中で使用されるとき，にも起こる．それゆえ，腐食疲労は，応力腐食割れと違って，金属材料と腐食環境のあらゆる組み合わせで起こりうると考えてよい．

　腐食疲労では疲労限度が認められないので，腐食疲労に対する材料の抵抗性を表すのに腐食疲労強度(corrosion fatigue strength)という言葉が使われている．これは繰返し数 10^7 回で破断しなかった負荷応力であり，この応力以下ならば安心というもの

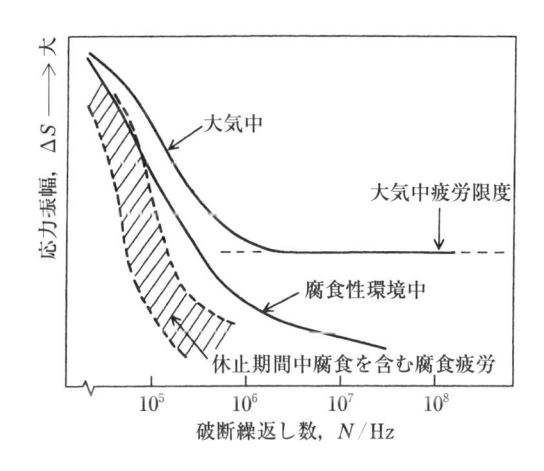

図 10.21　大気中および腐食性環境中における応力振幅-破断繰返し数曲線[36]

10.4.2 腐食疲労に影響を与える因子

機械・構造物によく使われる鉄鋼材料の腐食疲労強度には，材料の強度，環境の腐食性，および応力の負荷状態が影響を及ぼす．以下にこれらの影響の例を述べる．

（1）材料の強度

炭素鋼および低合金鋼の引張強さと大気中および河川水中での疲労強度の関係を図10.22 に示す[37]．大気中の疲労強度は材料の引張強さが大きいものほど大きくなる（Cr-Mo, Cr-V 鋼 > Cr-Ni 鋼 > Ni 鋼 > 炭素鋼（各鋼調質状態））が，河川水（$CaCO_3$ および塩化物を含む）中での腐食疲労強度は材料の引張強さの大きさに関わらずほとんど一定である（Cr-Mo, Cr-V 鋼 ≒ Cr-Ni 鋼 ≒ Ni 鋼 ≒ 炭素鋼（各鋼調質状態））．このように，腐食性が高い環境中の腐食疲労強度は，乾燥大気中の引張強さとは無関係である．

（2）環境の腐食性

SUS 316 ステンレス鋼の腐食疲労強度は，大気 > 5% HNO_3（空気飽和） > 5% H_2SO_4（空気飽和） > 5% HCl（N_2 吹込み）の順に小さくなる．すなわち，腐食性が高い環境中ほど腐食疲労強度は低下する．孔食が生じる環境中では，生じたピットが切り欠きとなり，そこから疲労クラックが発生することもある[38]．

（3）応力の負荷状態

食塩水中の炭素鋼では，腐食疲労強度の低下の程度は，引張圧縮 > 回転曲げ ≒ 平

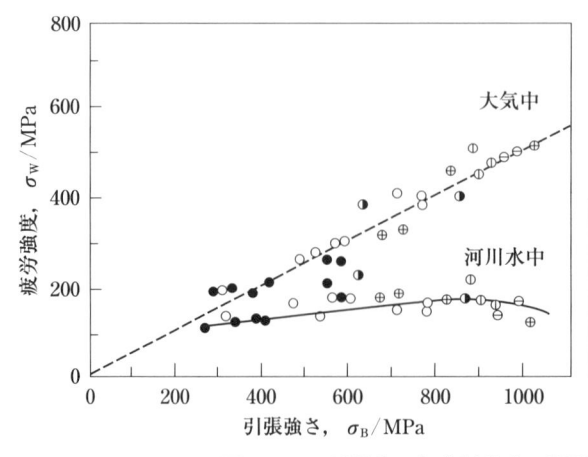

図 10.22 引張強さと疲労強度の関係[37]

面曲げの順になる．荷重繰返し速度が小さいほど腐食疲労強度の低下が大きいことが多い．応力波形による腐食疲労強度の低下の程度は，負パルス波 + 正弦波(重畳波) ≒ 正弦波 ≒ 三角波 ≒ 正のこぎり歯状波 > 負パルス波 > 正パルス波 > 負のこぎり歯状波の順といわれている[39]．

10.4.3 疲労亀裂成長速度と応力拡大係数変動幅の関係

腐食疲労における疲労亀裂成長速度 da/dN は，応力拡大係数 K の変動幅 ΔK (= $K_{max} - K_{min}$)に依存する．図 10.23 に，腐食性環境中での da/dN-ΔK 曲線と非腐食性環境中でのそれとを比較して示した[40]．ΔK_{CF} は腐食性環境中で疲労亀裂が成長を開始する下限界応力拡大係数幅であり，これは非腐食性環境中での下限界値 ΔK_{th} よりも低くなる．ΔK_{IC} は急速な不安定破壊を開始する ΔK 値で，環境による違いはない．いずれの環境中でも $\log(da/dN)$ と $\log \Delta K$ との間には直線関係が成り立ち，亀裂伝播速度は次の Paris[41] の経験式で表すことができる．

$$\frac{da}{dN} = C(\Delta K)^m \tag{10.6}$$

ここで，m と C は材料および環境条件で定まる係数である．m は 0.5～8 の範囲にあるが，多くの実験において $m = 4$ くらいである．da/dN に対しては，負荷繰返し速度(周波数)，応力比 ($R = K_{min}/K_{max}$)，繰返し応力波形などが影響を与える．負荷繰返し速度の影響が大きいことが腐食疲労の特徴であり，これが遅くなるほど腐食の影響

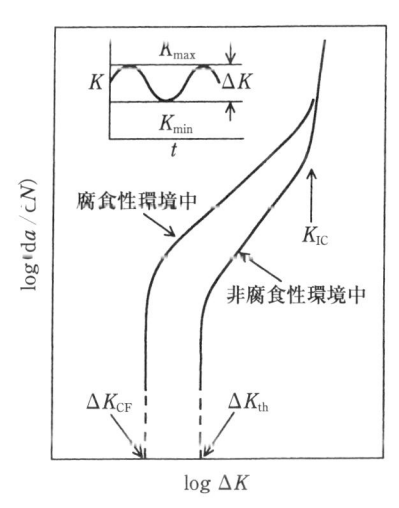

図 10.23 疲労亀裂成長速度 da/dN と応力拡大係数振幅 ΔK の関係[40]

が顕著になり，疲労強度が低下する．

10.4.4 腐食疲労と応力腐食割れの関係

腐食疲労においては，負荷繰返し速度(周波数)の影響が大きい．負荷繰返し速度が大きいときには環境の影響が小さくなり，疲労亀裂成長速度は非腐食性環境中での値に近づく．しかし，負荷繰返し速度が小さいときには環境の影響が大きくなり，応力腐食割れ(APC-SCC，HE-SCC)が起こる条件下では低サイクル応力腐食割れが関与し，疲労亀裂成長速度は著しく大きくなる．図 10.24 にこのような負荷繰返し速度が da/dN-ΔK 曲線におよぼす影響を示した[42]．低サイクル応力腐食割れ進展の下限界値 K_FSCC は静応力腐食割れ進展のそれ K_ISCC よりも低くなることには留意する必要がある．

腐食環境中での疲労亀裂成長速度 $(da/dN)_\mathrm{env}$ には，非腐食性環境中での疲労亀裂成長速度 $(da/dN)_\mathrm{inert}$，腐食環境中での疲労亀裂成長速度 $(da/dN)_\mathrm{CF}$，応力腐食割れによる亀裂成長速度 $(da/dN)_\mathrm{SCC}$ の 3 種類の関与が考えられている[43]．

$$\left(\frac{da}{dN}\right)_\mathrm{env} = \alpha\left(\frac{da}{dN}\right)_\mathrm{inert} + \beta\left(\frac{da}{dN}\right)_\mathrm{CF} + \gamma\left(\frac{da}{dN}\right)_\mathrm{SCC} \tag{10.7}$$

ここで，α, β, γ は実験条件に依存する係数である．負荷繰返し速度の大きさに応じて α, β, γ の大きさが変わり，$(da/dN)_\mathrm{inert}$，$(da/dN)_\mathrm{CF}$，$(da/dN)_\mathrm{SCC}$ のいずれかが

図 10.24 亀裂進展速度と応力拡大係数の関係(応力比 $R=K_\mathrm{min}/K_\mathrm{max} \cong 0$)(駒井[42]の図の一部を省略)

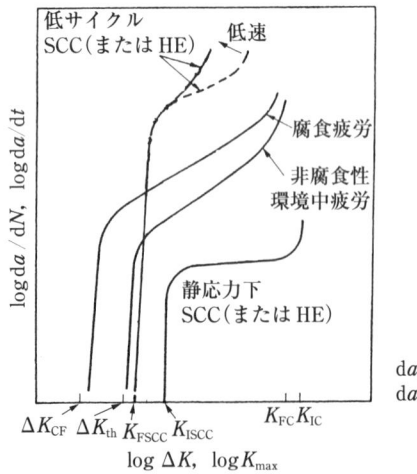

支配的になる．

10.4.5　腐食疲労破面の形態

　腐食疲労破面は脆性破壊的な様相を呈し，その様相は負荷応力によって変化する．すなわち，応力が大きいときには，破面に延性ストライエーション(ductile striation：亀裂伝播方向に並行な帯の中に亀裂伝播方向に垂直な縞模様)が観察されることが多い．また，応力が低いときには，リバー状模様(river pattern：亀裂の合流を示す川の流れ状の模様)のある脆性的粒内破面やこの模様の少ない脆性的粒界破面がよく見られる[44]．ストライエーションは繰返し応力のサイクルに対応している．破断までに長時間かかると，腐食によりストライエーションは不鮮明になる．

10.4.6　腐食疲労の機構

　腐食疲労の機構としては，以下のものがある．
　（**1**）　孔食による応力集中点形成説
　塩化物イオンなどの孔食発生型イオンが環境中に存在すると，発生したピットが切り欠きとなり，ここに応力が集中して疲労クラックが発生するとする説(McAdamとGeil[45])．しかし，半球状ピットの切り欠きとしての効果は大きくないので，ピットと疲労クラックが対応しないケースも多い．
　（**2**）　すべり帯の活性溶解による亀裂形成説
　疲労によってできたすべり帯がアノード，それ以外の変形を受けていない部分がカソードとなって局部電池を構成し，アノード溶解した部分が切り欠きとなり，応力集中により疲労クラックができるという説(SimnadとEvans[46,47])．アノード溶解は亀裂形成の促進であり，亀裂伝播を促進するとは考えていない．
　（**3**）　皮膜破壊部の溶解による亀裂形成説
　繰返し歪みによって表面皮膜の一部が破壊され，そこに腐食が集中して切り欠きが形成され，応力が集中して疲労クラックになるという説(SimnadとEvans[47])．
　（**4**）　加工硬化をもたらす転位群の溶出によるすべりの促進説
　転位がパイルアップした局部的加工硬化部分が腐食により除去され，その付近に拘束されていた転位が解放されるためすべりが起こりやすくなり，亀裂の発生と進展が促進されると考える説(LeeとUhlig[48])．加工硬化部分を連続的に除去するのに必要な最低の腐食速度を臨界腐食速度(critical corrosion rate)といっている．臨界腐食速度以上になる電流密度が与えられたとき腐食疲労が進行すると考えている．
　以上の説に見るように，腐食疲労においては腐食因子が亀裂発生の支配的役割を

担っており，強度因子は二次的な役割と考えられている．このことは，乾燥空気中の疲労強度が材料の強度に支配されるのに対して，水溶液中の疲労強度は材料の耐食性に支配されることによく対応している[49]．

10.4.7 腐食疲労の防止法

腐食疲労の防止法は，応力腐食割れおよび水素脆性の防止法と共通する．
（**1**）環境因子の制御
　①アノード防食法の適用．ただし，腐食による水素が亀裂の発生・進展に関わっているときに有効．
　②カソード防食法の適用．ただし，腐食による溶解が亀裂の発生・進展に関わっているときに有効．
　③インヒビターの添加．例えば，炭酸塩，リン酸塩，有機インヒビターを添加する．
　④隙間環境を作らない．すなわち，局所的な Cl^- 濃縮・pH 低下を避ける．
（**2**）応力因子の制御
　①表面のショットピーニング．すなわち，表面に残留圧縮応力を付与する．
　②設計の変更．例えば，繰返し応力の集中を避ける構造にする．
　③運転条件の変更．例えば，応力の周期的変動を避ける．
（**3**）材料因子の制御
　①耐食性の高い材料を選ぶ．
　②表面硬化処理の実施．例えば，窒化処理，高周波表面焼入れなどを行う．
　③表面被覆の形成．例えば，亜鉛めっき，アルミニウムめっき，エラストマー被覆などを施す．

参 考 文 献

(1) 下平三郎：腐食・防食の材料科学, アグネ技術センター(1995), p. 45.
(2) 防食技術便覧：腐食防食協会編, 日刊工業新聞社(1986), p. 87.
(3) H. P. Leckie：Fundamental Aspects of SCC, NACE(1969), p. 411.
(4) 村田朋美：第 78・79 回西山記念技術講座 "鉄鋼材料の環境強度とその評価", 日本鉄鋼協会(1981), p. 227.
(5) B. F. Brown：*Fundamental Aspects of Stress Corrosion Cracking*, Ed. by R. W. Staehle, A. J. Forty and D. Van Rooyen, NACE(1969), p. 398.

(6)　E. N. Pugh and A. R. C. Westwood：Phil. Mag., **13**(1966), 167.
(7)　S. W. Shephard：Corrosion, **17**(1961), 19.
(8)　R. W. Staehle：*The Theory of Stress Corrosion Cracking*, NATO(1971), p. 223.
(9)　M. Takano and S. Shimodaira：Trans. JIM, **8**(1967), 239.
(10)　H. Buhl：*Stress Corrosion Cracking — The Slow Strain Rate Technique*, Ed. by G. M. Ugiansky and J. H. Payer, ASTM(1979), p. 333.
(11)　小若正倫：金属の腐食損傷と防食技術, アグネ(1983), p. 35.
(12)　T. J. Smith and R. W. Staehle：Corrosion, **23**(1967), 117.
(13)　H. W. Pickering and P. R. Swann：Corrosion, **19**(1963), 373 t.
(14)　D. A. Vermilyea：J. Electrochem. Soc., **119**(1975), 405.
(15)　J. C. Scully：Corros. Sci., **15**(1975), 207.
(16)　P. R. Swann and J. Nutting：J. Inst. Metals, **90**(1961/62), 133.
(17)　A. J. McEvily, Jr. and A. P. Bond：J. Electrochem. Soc., **112**(1965), 131.
(18)　M. Nagumo, M. Nakamura and K. Takai：Metall. Mater. Trans., A, **32A**(2001), 339.
(19)　南雲道彦：Zairyo-to-Kankyo, **56**(2007), 382.
(20)　大谷南海男：金属の塑性と腐食反応, 産業図書(1972), p. 191.
(21)　B. E. Wilde and C. D. Kim：Corrosion, **28**(1972), 350.
(22)　K. Sugimoto, K. Takahashi and Y. Sawada：Trans. JIM, **19**(1978), 422.
(23)　辻川茂男, 玉置克臣, 久松敬弘：鉄と鋼, **66**(1980), 2067.
(24)　P. Lacombe and R. N. Parkins：Proc. Int. Conf. on *Stress Corrosion Cracking and Hydrogen Embrittlement of Iron Base Alloys*, Ed. by R. W. Staehle, J. Hochmann, R. D. McCright and J. E. Slater, NACE(1977), p. 521.
(25)　M. O. Speidel：Corrosion, **33**(1977), 199.
(26)　深井　有：日本金属学会会報, **24**(1985), 671.
(27)　A. R. Toroiano：Trans. ASM, **52**(1960), 54.
(28)　日本鋼構造協会技術委員会安全性分科会接合小委員会ボルト強度班：JSSC, 6, No. 52(1970), p. 4.
(29)　吉澤四郎：表面, **18**(1980), 549.
(30)　C. D. Beachem：Met. Trans., **3**(1972), 437.
(31)　A. S. Tetelman and W. D. Robertson：Acta Metall., **11**(1963), 415.
(32)　N. J. Petch：Phil. Mag., **1**(1956), 331.
(33)　H. G. Vaughan and M. E. de Morton：J. Iron Steel Inst., **182**(1956), 389.
(34)　J. G. Morlet, H. H. Johnson and A. R. Troiano：J. Iron Steel Inst., **189**(1958), 37.
(35)　R. A. Oriani and H. Josephic：Acta Metall., **22**(1974), 1065.
(36)　近藤達男：防食技術(現 Zairyo-to-Kankyo), **26**(1977), 31.

(37) A. Thum and H. Ochs：Korrosion und Dauerfestigkeit, VDI Verlag (1937), p. 17.
(38) M. P. Mueller：Corrosion, **38**(1982), 431.
(39) 遠藤吉郎, 駒井謙治郎：材料, **14**(1965), 827.
(40) A. J. McEvily and R. P. Wei：*Corrosion Fatigue*- Chemistry, Mechanics and Microstructure, Proc. 1st International Conf. Corrosion Fatigue, Ed. by O. F. Devereux, A. J. McEvily and R. W. Staehle, NACE (1972), p. 381.
(41) P. C. Paris：*Fatigue, an Interdisciplinary Approach*, Syracuse Univ. Press (1965), p. 107.
(42) 駒井謙治郎：防食技術便覧, 腐食防食協会編, 日刊工業新聞社 (1986), p. 147.
(43) 庄子哲雄：金属学セミナー 腐食制御の理論と技術, 日本金属学会 (1988), p. 47.
(44) 小寺沢良一：改訂4版 金属便覧, 日本金属学会編, 丸善 (1982), p. 537.
(45) J. D. McAdam and G. W. Geil：Proc. ASTM, **41**(1928), 696.
(46) M. T. Simnad and U. R. Evans：Proc. Roy. Soc. London, **A188**(1947), 372.
(47) M. T. Simnad and U. R. Evans：J. Iron Steel Inst., **156**(1974), 531.
(48) H. H. Lee and H. H. Uhlig：Met. Trans., **3**(1972), 2949.
(49) 近藤達男：第20・21回西山記念技術講座 "鉄鋼材料の環境脆化", 日本鉄鋼協会 (1973), p. 159.

欧字先頭語索引

A
AES(Auger electron spectroscopy) ················· 101
APC-SCC(active-path-corrosion type stress-corrosion cracking) ············ 198, 205

B
Bockris 機構 ················· 64
Butler-Volmer の式(Butler-Volmer equation) ················· 58

C
CDC 地図(current density contour map) ················· 85
Cottrell の式(Cottrell equation) ················· 61
C_I 当量 ················· 123, 147
CTS(compact tension specimen) ················· 212

D
Drude の光学方程式(Drude's exact optical equations) ················· 92

E
Evans モデル ················· 159

F
Faraday の法則(Faraday's law) ················· 55
Fick の第2法則(Fick's second law) ················· 61

G
Gibbs の吸着等温式 ················· 16
Gouy layer ················· 23

H
HAZ(heat affected zone) ················· 192
HE-SCC(hydrogen-embrittlement type stress-corrosion cracking) ············ 198, 208
Henderson の式(Henderson equation) ················· 33
Heusler 機構 ················· 64
HKF 法 ················· 43

I
IHP(inner Helmholtz plane) ················· 23
IUPAC(The International Union of Pure and Applied Chemistry) ················· 35

K
KLA(knife line attack) ················· 193

231

L
LDA (local density functional approximation) ……13

M
Mott-Schottky の式 (Mott-Schottky equation) ……99
Mott-Schottky プロット ……99

N
Nernst の式 (Nernst equation) ……32, 37
NHE (normal hydrogen electrode) ……35
negative loop ……111

O
OHP (outer Helmholtz plane) ……23

P
Paris の経験式 ……225
pCl-pH 電極 ……184
pH_{dp} ……123
PI (pitting index) ……147
PSD (power spectral density) ……80
PTFE (polytetrafluoroethylene, 商品名 Teflon) ……83

S
SCC (stress-corrosion cracking) ……8, 197
Schottky 効果 (Schottky effect) ……47
Schottky 障壁 (Schottky barrier) ……126
SERT (slow extension rate technique) ……204
SIMS (secondary ion mass spectrometry) ……103
S-N 曲線 ……223
Sommerfeld 模型 ……47
SSCC (sulfide stress corrosion cracking) ……216
SSRT (slow strain rate technique) ……204
Stern-Geary の式 (Stern-Geary equation) ……73

T
Tafel の式 (Tafel equation) ……59
Tafel 勾配 (Tafel slope) ……59
Tafel 外挿法 (Tafel extrapolation) ……74
TR-SCC (tarnish-rupture type stress-corrosion cracking) ……198, 207

X
XPS (X-ray photoelectron spectroscopy) ……100, 101

総 索 引

あ

圧力平衡型外部照合電極 ･･ 83
圧力容器 ── オートクレーブ
アニオン選択透過性 ･･ 165
アノード（anode）･･ 4
アノード反応（anodic reaction）････････････････････････････････････ 4
アノード防食 ･･ 40
アルカリ処理による防食 ･･ 40
アルカリ脆性（caustic embrittlement）･････････････････････････････ 198
安定化鋼（stabilized steel）･･･････････････････････････････････････ 193
安定化炭化物形成元素 ･･ 193
安定化熱処理 ･･ 194
安定錆 ･･ 158

い

イオン選択透過性 ･･ 166
移行係数（transfer coefficient）･･･････････････････････････････････ 56
一次不働態化電位 ･･ 108
インピーダンス軌跡 ･･ 77, 119
インヒビター ･･ 185

え

HKF 法 ･･ 43
鋭敏化（sensitization）･･ 190
液間電位（liquid junction potential）････････････････････････････ 33
$S\text{-}N$ 曲線 ･･ 223
X 線光電子分光法（X-ray photoelectron spectroscopy；XPS）････ 100, 101
エネルギー状態（electronic eigenstate）････････････････････････ 48
エネルギーバンドギャップ ････････････････････････････････････ 116
エネルギーレベル速度論 ･･･････････････････････････････････････ 45, 52
エリプソメータ（ellipsometer，偏光解析装置）････････････････ 91
　　　　顕微── ･･ 113
エリプソメトリー（ellipsometry，偏光解析法）･･･････････････ 91
エロージョン・コロージョン（erosion corrosion）････････････ 8
塩化物割れ（chloride cracking）･･･････････････････････････････ 198
演算増幅器（operational amplifier）･･･････････････････････････ 62
延性ストライエーション（ductile striation）････････････････････ 227
エントロピー対応原理（correspondence principle of entropies）･･ 41
塩分付着速度 ･･･ 165

お

往復アノード分極曲線 ･･ 174

応力-歪み曲線 202
応力拡大係数(stress intensity factor) 212
応力拡大係数 K の変動幅 ΔK 225
応力腐食割れ(stress-corrosion cracking；SCC) 8, 197
　　活性経路腐食型── 198, 205
　　貫粒型── 201
　　水素脆性型── 198, 208
　　低サイクル── 226
　　変色皮膜破壊型── 198, 207
　　粒界型── 201
　　硫化物── 216
応力腐食割れ感受性 203
応力腐食割れの下限界応力拡大係数(threshold stress intensity factor for stress-corrosion cracking) 213
応力腐食割れの成長速度 211
応力腐食割れの防止策 214
オキシ水酸化鉄 160
屋外暴露環境のモデル化 169
遅れ破壊(delayed fracture) 218
オージェ電子分光法(Auger electron spectroscopy；AES) 101
オーステナイト系ステンレス鋼(austenitic stainless steel) 145
オートクレーブ(autoclave, 圧力容器) 83

か

海塩粒子(air-born salinity) 161, 165
海塩粒子付着量 169
海浜耐候性鋼(anti air-born salinity weathering steel) 165
外部照合電極(external reference electrode) 83
外部電位(outer potential) 29
外部ヘルムホルツ面(outer Helmholtz plane；OHP) 23
化学ポテンシャル(chemical potential) 27
拡散係数(diffusion coefficient) 61
拡散限界電流(diffusion limiting current) 61
拡散支配型水素脆性 215
拡散層(diffusion layer) 61
拡散電位(diffusion potential) 33
拡散電流(diffusion current) 61
拡散二重層(diffuse double layer または Gouy layer) 23
角度分解 XPS(Angular-resolved XPS) 101
過剰品質(over quality) 2
加水分解反応 183
カソード(cathode) 4
カソード反応(cathodic reaction) 4, 81
カソード防食 40
カチオン選択透過性 166

総索引　235

活性化エネルギー(activation energy) ···55
活性経路腐食···205
活性経路腐食型応力腐食割れ(active-path-corrosion type stress-corrosion cracking；
　APC-SCC)···198, 205
過電圧(overvoltage)···57
過不働態溶解···108
過不働態溶解開始電位(initial potential of transpassivity)·······················108
ガルバニ電位(Galvani potential)···29
環境強度設計···202
環境脆化(environmental degradation)···197
環境中の腐食因子···135
還元溶解··180
乾食(dry corrosion)··7
関数発生器(function generator)···62
貫粒型応力腐食割れ(transgranular stress-corrosion cracking)················201

き

気体腐食(gaseous corrosion)···7
Gibbsの吸着等温式··16
擬劈開破壊···221
キャビテーション・コロージョン(cavitation corrosion)····························8
吸着原子(ad-atom)··18
吸着中間生成物···64
鏡像力(image force)··45
局所密度汎関数法(local density functional approximation；LDA)············13
局部的脱成分腐食(local dealloying)··8
局部電池モデル(local cell model)···4
局部電流(local current)···4
局部腐食(localized corrosion)··8
均一腐食(uniform corrosion)··8
キンク(kink)··17
金属間化合物··193

く

クロム欠乏帯(chromium depleted zone)··189
クロム当量··123, 147

け

結晶方位···22
顕微エリプソメータ··113

こ

高温水環境の電位-pH図··40
高温腐食···8
交換電流(exchange current)···53, 56

高純度鉄……………………………………………………………149
高純度フェライトステンレス鋼（high-purity ferritic stainless steel）……………143
孔食（pitting corrosion）………………………………………8, 173
孔食電位（pitting potential）……………………………………173, 174
孔食の防止策……………………………………………………185
孔食発生イオン…………………………………………………176
孔食抑制イオン…………………………………………………176
光電位（photopotential）…………………………………………97
高電場下のイオン移動機構（high-field assisted ionic migration mechanism）……122
光電分極法（photoelectric polarization method）………………97
光電流（photocurrent）…………………………………………97, 129
光電流作用スペクトル…………………………………………97
交流インピーダンス法…………………………………………75
コットレル効果（Cottrell effect）………………………………20
コットレルの式（Cottrell equation）……………………………61
コットレル雰囲気（Cottrell atmosphere）………………………20
混成電位（mixed potential）……………………………………67
混成電位の理論…………………………………………………70
コンパクトテンション試験片（compact tension specimen；CTS）……212

さ

再固溶化熱処理…………………………………………………193
材質記号…………………………………………………………140
最大過不働態溶解電流密度（maximum current density in transpassivity）……108
再不働態化性ピット発生電位（repassivating pitting potential）……174
材料温度…………………………………………………………169
擦過腐食（fretting corrosion）…………………………………10
錆安定化処理……………………………………………………168
3-パラメータエリプソメトリー（3-P ellipsometry）……………93
酸化還元系（redox 系）…………………………………………50
酸化還元電位（redox potential）………………………………50
酸素消費型腐食（oxygen consumption type corrosion）………5
三電極法…………………………………………………………79

し

ジェリウム（jellium）模型………………………………………13
時季割れ（season cracking）……………………………………198
自己触媒機構（auto-catalytic mechanism）……………………159
仕事関数（work function）………………………………………47
自己不働態化……………………………………………………145
湿食（wet corrosion）……………………………………………7
実用耐食合金……………………………………………………135
四面体位置（tetrahedral interstice）……………………………217
準照合電極（quasi reference electrode）………………………83
純鉄…………………………………………………………………63, 149

小傾角粒界(small angle boundary) ……………………………………………………20
照合電極(reference electrode) ……………………………………………………35
硝酸塩割れ(nitrate cracking) ………………………………………………………198
状態密度(state density) ……………………………………………………………48
食孔 ⟶ ピット
触媒毒(catalyst poison) ……………………………………………………………216
ショットキー効果(Schottky effect) ………………………………………………47
ショットキー障壁(Schottky barrier) ……………………………………………126
人工ピット …………………………………………………………………………184
人工不働態皮膜 ……………………………………………………………………180
刃状転位(edge dislocation) …………………………………………………………19
侵食率(肉厚減少速度, penetration rate) …………………………………………135
振幅反射係数比(relative amplitude ratio) …………………………………………92

す

水素化物脆化(hydride embrittlement) ……………………………………………215
水素侵食(hydrogen attack) …………………………………………………………215
水素脆性(hydrogen embrittlement) ……………………………………… 8, 198, 215
　　　拡散支配型—— ……………………………………………………………215
　　　析出支配型—— ……………………………………………………………215
水素脆性型応力腐食割れ(hydrogen-embrittlement type stress-corrosion cracking；HE-SCC) …………………………………………………………………………198, 208
水素脆性感受性 ……………………………………………………………………219
水素脆性の防止法 …………………………………………………………………222
水素発生型腐食(hydrogen evolution type corrosion) ………………………………4
水素誘起割れ(水素ふくれ)(hydrogen-induced cracking) ………………………215
水素溶解量 …………………………………………………………………………219
水溶液腐食(aqueous corrosion) ……………………………………………………7
隙間構成物質 ………………………………………………………………………180
隙間構造 ……………………………………………………………………………186
隙間付き金属電極 …………………………………………………………………186
隙間腐食(crevice corrosion) …………………………………………………… 8, 186
隙間腐食再不働態化電位(crevice corrosion repassivation potential) ……………186
隙間腐食の防止 ……………………………………………………………………188
隙間腐食発生電位(crevice corrosion initiation potential) …………………………186
ステップ(step) ………………………………………………………………………17
ステンレス鋼(stainless steel) ……………………………………………110, 138, 177
　　　オーステナイト系—— ……………………………………………………145
　　　高純度フェライト—— ……………………………………………………143
　　　スーパーオーステナイト—— ……………………………………………147
　　　二相—— ……………………………………………………………………147
　　　フェライト系—— …………………………………………………………142
　　　マルテンサイト系—— ……………………………………………………140
スーパー 12 Cr 鋼 …………………………………………………………………142
スーパーオーステナイトステンレス鋼 …………………………………………147

せ

正孔擬似フェルミ準位(hole quasi-Fermi level) ……128
脆性破壊(brittle fracture) ……213
析出支配型水素脆性……215
絶対電位(absolute potential) ……29
絶対電極電位(absolute electrode potential) ……32
絶対反応速度論……45
絶対標準電極電位(absolute standard electrode potential) ……32
絶対平衡電位(absolute equilibrium potential) ……32
セル構造(tangled array) ……207
全分極曲線(total polarization curve) ……72
全面的脱成分腐食(general dealloying) ……8
全面腐食(general corrosion) ……8

そ

相対可逆電極電位(relative reversible electrode potential) ……35
相対的位相差(relative phase retardation) ……92
相対的反射率変化(relative reflectivity) ……93
その場(in-situ)測定……89, 91

た

大気汚染物質……159
大気腐食(atmospheric corrosion) ……156
大傾角粒界(large angle boundary) ……20
耐孔食指数(pitting index；PI, pitting resistance equivalent) ……147
耐孔食性……175
耐候性鋼(weathering steel) ……161
対称因子(symmetry factor) ……56
耐食合金(corrosion resistant alloy) ……133
耐食性発現機構……133
脱不働態化 pH (depassivation pH；pH_{dp}) ……123
Tafel 外挿法(Tafel extrapolation) ……74
Tafel 勾配(Tafel slope) ……59
Tafel の式(Tafel equation) ……59
弾性的歪みエネルギー……19
炭素鋼(carbon steel) ……152

ち

直線分極抵抗法(linear polarization method) ……73

つ

通過反応(transfer reaction) ……54

て

低サイクル応力腐食割れ……226

定電位分極曲線(potentiostatic polarization curve)····················61
定電位分極法(potentiostatic polarization method)····················61
低歪み速度引張応力腐食割れ試験(slow strain rate technique；SSRT，または slow extension rate technique；SERT)····················204
ディンプル破壊····················221
鉄錆の生成経路····················161
テラス(terrace)····················17
転位(dislocation)····················19
転位構造····················207
転位の自己エネルギー(self-energy)····················19
電位-pH 図(potential-pH diagram)····················37
電荷移動抵抗(charge transfer resistance)····················60
電気化学インピーダンス(electrochemical impedance)法····················75
電気化学ノイズ(electrochemical noise)····················79
電気化学ポテンシャル(electrochemical potential)····················28
電気的等価回路····················76
電気二重層(electrical double layer)····················23
電極(electrode)····················30
電極インピーダンス法····················75
電極系(electrode system)····················30
電子擬似フェルミ準位(electron quasi-Fermi level)····················128
電子状態····················13
電子のポテンシャルエネルギー····················45
電子密度分布····················13
電池の起電力(electromotive force)····················33

と

透水性多孔質樹脂塗膜····················168
動電位分極曲線(potentiodynamic polarization curve)····················62
特異吸着(specific adsorption)イオン····················23
突発型ノイズ····················79
トンネル孔食····················205

な

ナイキスト図(Nyquist diagram)····················77
内部照合電極(internal reference electrode)····················83
内部電位(inner potential)····················29
内部ヘルムホルツ面(inner Helmholtz plane；IHP)····················23
ナイフラインアタック(knife line attack；KLA)····················193
流れ錆····················168

に

二次イオン質量分析法(secondary ion mass spectrometry；SIMS)····················103
二次不働態化電位(secondary passivation potential)····················108
二相ステンレス鋼(duplex stainless steel, austeno-ferritic stainless steel)····················147

ニッケルリン化物 ……………………………………………………………………… 193

ね
ネスト(nest) ……………………………………………………………………… 159
熱液絡電位(thermal junction potential) ……………………………………… 83
ネルンストの式(Nernst equation) ……………………………………… 32, 37

は
配向双極子 ………………………………………………………………………… 28
破壊靱性(fracture toughness) …………………………………………………… 213
破壊力学 …………………………………………………………………………… 211
バーガースベクトル(Burgers vector) …………………………………………… 19
八面体位置(octahedral interstice) ……………………………………………… 216
ハロゲンイオン …………………………………………………………………… 176
パワースペクトル密度(power spectral density；PSD) ……………………… 80
半結晶点(half-crystal site) ……………………………………………………… 18
バンドギャップ …………………………………………………………………… 97
反応座標-ポテンシャルエネルギー図 ………………………………………… 55
反応速度論 ………………………………………………………………………… 54

ひ
光増感電解酸化(photosensitized electrolytic oxidation) …………………… 130
非金属介在物 ……………………………………………………………………… 178
微視的ボイド(void) ……………………………………………………………… 208
微小空洞 ── マイクロキャビティ
非晶質状態(amorphous state) …………………………………………………… 50
歪み速度 …………………………………………………………………………… 203
非その場(ex-situ)測定 ……………………………………………………… 89, 100
ピット(pit，食孔) ………………………………………………………………… 173
ピットの成長 ……………………………………………………………………… 183
皮膜の伝導形式 …………………………………………………………………… 97
標準化学ポテンシャル(standard chemical potential) ……………………… 27
標準自由エネルギー変化(standard free energy change) …………………… 36
標準水素電極(normal hydrogen electrode；NHE) …………………………… 35
標準フェルミ電位(standard Fermi potential) ………………………………… 51
表面過剰濃度(surface excess concentration) ………………………………… 15
表面キャラクタリゼーション(surface characterization) …………………… 89
表面原子空孔(surface vacancy) ………………………………………………… 18
表面格子欠陥 ……………………………………………………………………… 17
表面自由エネルギー ……………………………………………………………… 14
表面水膜の厚さ …………………………………………………………………… 156
表面張力 …………………………………………………………………………… 14
表面電位(surface potential) ……………………………………………………… 29
表面偏析 …………………………………………………………………………… 16
疲労亀裂成長速度 ………………………………………………………………… 225

総索引　*241*

疲労限度(fatigue limit) ……………………………………………………………… 223
品質不十分(under quality) ……………………………………………………………… 2

ふ

Faradayの法則(Faraday's law) ……………………………………………………… 55
ファラデーインピーダンス(faradaic impedance) ……………………………… 78, 118
Fickの第2法則(Fick's second law) …………………………………………………… 61
フェライト系ステンレス鋼(ferritic stainless steel) ……………………………… 142
フェルミ準位(Fermi level) ………………………………………………………… 47, 48
　　　　正孔擬似―― …………………………………………………………… 128
フェルミ分布関数(Fermi function) ……………………………………………… 48
負荷繰返し速度(周波数) …………………………………………………………… 225
不感性域(immunity) ………………………………………………………………… 39
負帰還(negative feedback) ………………………………………………………… 62
複合電極反応(complex electrode reaction) ……………………………………… 4
複合電極反応系 ……………………………………………………………………… 70
複素屈折率 …………………………………………………………………………… 91
複素振幅反射係数比(complex-amplitude reflection coefficient ratio) ……… 91
腐食(corrosion) …………………………………………………………………… 1, 7
　　活性経路―― ……………………………………………………………… 205
　　気体―― …………………………………………………………………… 7
　　局部―― …………………………………………………………………… 8
　　局部的脱成分―― ………………………………………………………… 8
　　均一―― …………………………………………………………………… 8
　　高温―― …………………………………………………………………… 8
　　擦過―― …………………………………………………………………… 10
　　酸素消費型―― …………………………………………………………… 5
　　水素発生型―― …………………………………………………………… 4
　　水溶液―― ………………………………………………………………… 7
　　隙間―― ……………………………………………………………… 8, 186
　　全面―― …………………………………………………………………… 8
　　全面的脱成分―― ………………………………………………………… 8
　　大気―― …………………………………………………………………… 156
　　溝状―― …………………………………………………………………… 155
　　メカノケミカル―― …………………………………………………… 10, 197
　　溶接部―― ………………………………………………………………… 191
　　粒界―― …………………………………………………………… 8, 189
腐食域(corrosion) ……………………………………………………………… 39
腐食科学(corrosion science) ……………………………………………………… 1
腐食環境 ………………………………………………………………………… 135
腐食工学(corrosion engineering) ……………………………………………… 1
腐食コスト(cost of corrosion) ……………………………………………………… 2
腐食状態図(corrosion phase diagram) ………………………………………… 39
腐食制御(corrosion control) ……………………………………………………… 1
腐食電位(corrosion potential) ……………………………………………… 67, 107

腐食電流(corrosion current)··4, 69
腐食反応の分極曲線··72
腐食疲労(corrosion fatigue)··8, 223
腐食疲労強度(corrosion fatigue strength)·································223
腐食疲労の防止法···228
腐食疲労破面···227
不働態(passive state あるいは passivity)······························80, 107
不働態域(passivation)··39
　　本質的な――···180
不働態維持電流密度(current density in passive state)·····················108
不働態化(passivation)··80
不働態化過程··118
不働態化完了電位(potential of complete passivity)························108
不働態化現象(passivation phenomenon)··························61, 67, 107
不働態化電位(passivation potential)··107
　　一次――··108
　　隙間腐食再――··186
　　二次――··108
不働態皮膜(passive film)··80, 107
不働態皮膜被覆金属電極···125
部分分極曲線(partial polarization curve)····································72
フラットバンド状態(flat band state)··127
フラットバンド電位(flat band potential)·································99, 127
プラナ構造(planar array)··207
プルベー図(Pourbaix diagram)··37
分極(polarization)···57
分極曲線(polarization curve)···58, 107
分極抵抗(polarization resistance)··60
分極電位(polarization potential)···45, 57

へ

平衡定数(equilibrium constant)···36
平衡電位(equilibrium potential)······································31, 35, 56
平衡偏析(equilibrium segregation)······································21, 193
ヘルムホルツ層(Helmholtz layer)··23
変換係数··73
偏光(polarized light)··91
偏光解析装置 ―→ エリプソメータ
偏光解析法 ―→ エリプソメリー
変色皮膜破壊型応力腐食割れ(tarnish-rupture type stress-corrosion cracking；TR-SCC)
　··198, 207
変色皮膜破壊機構(tarnish-rupture mechanism)····························207
変調可視紫外反射分光法(modulated UV-visible reflection spectroscopy)·······94
変調反射率変化··94

ほ

保護電位（protection potential） ……………………………………………………… 175
ポテンシャル障壁（potential barrier） ………………………………………………… 46
ポテンショスタット（potentiostat） …………………………………………………… 61
ボルタ電位（Volta potential） …………………………………………………………… 29
本質的な不働態域 ………………………………………………………………………… 180
本多-藤嶋効果 …………………………………………………………………………… 130

ま

マイクロキャビティ（microcavity；微小空洞） ……………………………………… 178
マイクロ複合 pCl-pH 電極 …………………………………………………………… 184
膜厚減少速度 ……………………………………………………………………………… 180
膜厚減少速度対電位曲線 ………………………………………………………………… 179
膜電位（membrane potential） ………………………………………………………… 166
マルテンサイト系ステンレス鋼（martensitic stainless steel） …………………… 140

み

溝状腐食 …………………………………………………………………………………… 155

む

無定型オキシ水酸化鉄 …………………………………………………………………… 158

め

メカノケミカル反応（mechanochemical reaction） ……………………………… 10, 197
メカノケミカル腐食（mechanochemical corrosion） …………………………… 10, 197

ゆ

遊離電荷 …………………………………………………………………………………… 28

よ

溶解機構 …………………………………………………………………………………… 64
溶質欠乏帯（depleted zone） …………………………………………………………… 21
溶接熱影響部（heat affected zone；HAZ） ………………………………………… 192
溶接部腐食（weld decay） ……………………………………………………………… 191
溶体化処理（solution treatment） ……………………………………………………… 145

ら

らせん転位（screw dislocation） ……………………………………………………… 19

り

理想的アニオン選択透過膜 ……………………………………………………………… 167
理想的カチオン選択透過膜 ……………………………………………………………… 167
リバー状模様（river pattern） ………………………………………………………… 227
粒界（grain boundary） ………………………………………………………………… 20
粒界型応力腐食割れ（intergranular stress-corrosion cracking） ………………… 201

粒界析出（grain boundary precipitation）……………………………………………21
粒界破壊………………………………………………………………………………221
粒界腐食（intergranular corrosion）………………………………………………8, 189
粒界偏析（boundary segregation）……………………………………………………21
硫化物応力腐食割れ（sulfide stress corrosion cracking；SSCC）…………………216
硫化物割れ（sulfide cracking）………………………………………………………198
臨界腐食速度（critical corrosion rate）………………………………………………227
臨界不働態化電流密度（critical passivation current density）………………………108

る

ルギン細管（Luggin capillary）………………………………………………………63

れ

連続型ノイズ……………………………………………………………………………79

ろ

露点……………………………………………………………………………………169

わ

ワールブルグインピーダンス（Warburg impedance）………………………………77
ワールブルグ係数………………………………………………………………………78
割れ停止電位…………………………………………………………………………209
割れ発生臨界電位……………………………………………………………………209

材料学シリーズ　監修者

堂山昌男
東京大学名誉教授
帝京科学大学名誉教授
Ph. D., 工学博士

小川恵一
元横浜市立大学学長
Ph. D.

北田正弘
東京芸術大学名誉教授
工学博士

著者略歴　杉本　克久（すぎもと　かつひさ）
1969 年　東北大学大学院工学研究科金属工学専攻博士課程修了，工学博士
1969 年　東北大学助手　工学部金属工学科勤務
　　　　　講師，助教授を経て
1988 年　東北大学教授　工学部金属工学科勤務
1997 年　東北大学教授　大学院工学研究科金属工学専攻勤務（職制変更）
2003 年　定年退官，東北大学名誉教授

受賞　日本金属学会論文賞，功績賞，学術功労賞，腐食防食協会協会賞，
　　　日本鉄鋼協会里見賞，その他

検印省略

2009 年 3 月 10 日　第 1 版 発 行
2020 年 7 月 15 日　第 2 版 発 行

材料学シリーズ

金属腐食工学

著　者 ©　杉　本　克　久
発行者　　内　田　　　学
印刷者　　馬　場　信　幸

発行所　株式会社　内田老鶴圃　〒112-0012 東京都文京区大塚 3 丁目 34 番 3 号
　　　　　　　　電話 (03) 3945-6781(代)・FAX (03) 3945-6782
http://www.rokakuho.co.jp/　　　　　　　　印刷・製本/三美印刷 K.K.

Published by UCHIDA ROKAKUHO PUBLISHING CO., LTD.
3-34-3 Otsuka, Bunkyo-ku, Tokyo, Japan

U. R. No. 570-2

ISBN 978-4-7536-5635-6 C3042

水素脆性の基礎
水素の振るまいと脆化機構
南雲 道彦 著 A5・356 頁・本体 5300 円

金属の疲労と破壊
破面観察と破損解析
Brooks・Choudhury 著／加納 誠・菊池 正紀・町田 賢司 訳
A5・360 頁・本体 6000 円

金属疲労強度学 疲労き裂の発生と伝ぱ
陳 玳珩 著 A5・200 頁・本体 4800 円

鉄鋼の組織制御 その原理と方法
牧 正志 著 A5・312 頁・本体 4400 円

鉄鋼材料の科学 鉄に凝縮されたテクノロジー
谷野 満・鈴木 茂 著 A5・304 頁・本体 3800 円

金属の相変態 材料組織の科学 入門
榎本 正人 著 A5・304 頁・本体 3800 円

基礎から学ぶ 構造金属材料学
丸山 公一・藤原 雅美・吉見 享祐 著
A5・216 頁・本体 3500 円

新訂 初級金属学
北田 正弘 著 A5・292 頁・本体 3800 円

結晶塑性論
多彩な塑性現象を転位論で読み解く
竹内 伸 著 A5・300 頁・本体 4800 円

材料の速度論
拡散，化学反応速度，相変態の基礎
山本 道晴 著 A5・256 頁・本体 4800 円

材料における拡散
格子上のランダム・ウォーク
小岩 昌宏・中嶋 英雄 著 A5・328 頁・本体 4000 円

ポーラス材料学 多孔質が創る新機能性材料
中嶋 英雄 著 A5・288 頁・本体 4600 円

再結晶と材料組織 金属の機能性を引きだす
古林 英一 著 A5・212 頁・本体 3500 円

稠密六方晶金属の変形双晶
マグネシウムを中心として
吉永 日出男 著 A5・164 頁・本体 3800 円

合金のマルテンサイト変態と形状記憶効果
大塚 和弘 著 A5・256 頁・本体 4000 円

ハイエントロピー合金
カクテル効果が生み出す多彩な新物性
乾 晴行 編著 A5・296 頁・本体 4800 円

材料強度解析学
基礎から複合材料の強度解析まで
東郷 敬一郎 著 A5・336 頁・本体 6000 円

高温強度の材料科学
クリープ理論と実用材料への適用
丸山 公一 編著／中島 英治 著
A5・352 頁・本体 7000 円

材料工学入門 正しい材料選択のために
Ashby・Jones 著／堀内 良・金子 純一・大塚 正久 訳
A5・376 頁・本体 4800 円

材料設計計算工学
計算熱力学編 増補新版
CALPHAD 法による熱力学計算および解析
阿部 太一 著 A5・224 頁・本体 3500 円

材料設計計算工学
計算組織学編 増補新版
フェーズフィールド法による組織形成解析
小山 敏幸 著 A5・188 頁・本体 3200 円

TDB ファイル作成で学ぶ
カルファド法による状態図計算
阿部 太一 著 A5・128 頁・本体 2500 円

材料組織弾性学と組織形成
フェーズフィールド微視的弾性論の基礎と応用
小山 敏幸・塚田 祐貴 著
A5・136 頁・本体 3000 円

3D 材料組織・特性解析の基礎と応用
シリアルセクショニング実験およびフェーズフィールド法からのアプローチ
日本学術振興会第 176 委員会
新家 光雄 編／足立 吉隆・小山 敏幸 著
A5・196 頁・本体 3800 円

材料の組織形成 材料科学の進展
宮﨑 亨 著 A5・132 頁・本体 3000 円

材料電子論入門
第一原理計算の材料科学への応用
田中 功・松永 克志・大場 史康・世古 敦人 著
A5・200 頁・本体 2900 円

金属の高温酸化
齋藤 安俊・阿竹 徹・丸山 俊夫 編訳
A5・140 頁・本体 2500 円

表示価格は税別の本体価格です．

http://www.rokakuho.co.jp/